ELOGIOS SOBRE *L...*
SECRETAS DE L...

"Aprendí más de la primera parte de este ... ... de cualquier otra fuente en años. Buhner escribe con c... ... ...onerencia sobre descubrimientos complejos en la neurociencia y la neurocardiología. La segunda parte, donde el autor trata las perspectivas espirituales más elevadas de gigantes como Blake, Goethe y Walt Whitman, es digna en sí misma de considerarse poesía, pues ofrece a los lectores una manera singular de adentrarse en los reinos trascendentes. De los libros verdaderamente magníficos que se publica en la actualidad, *Las enseñanzas secretas de las plantas* es sin duda el más gratificante que he tenido el privilegio de leer".

JOSEPH CHILTON PEARCE, AUTOR DE *THE BIOLOGY OF TRANSCENDENCE* [LA BIOLOGÍA DE LA TRASCENDENCIA]

"En este maravilloso libro, Stephen Buhner nos demuestra que el corazón no es una máquina, sino el núcleo informado e inteligente de nuestro universo emocional, espiritual y perceptivo. A través del corazón, podemos percibir el espíritu vivo que se difunde por todo el mundo verde que es nuestro hogar natural. De lectura obligada para todo aquel que tenga corazón".

MATTHEW WOOD, HERBOLARIO Y AUTOR DE *THE BOOK OF HERBAL WISDOM* [EL LIBRO DE LA SABIDURÍA HERBOLARIA]

"*Las enseñanzas secretas de las plantas* es un libro maravillosamente escrito y una obra de arte, pues es, en la misma medida, una expedición poética a la esencia de las plantas y una guía sobre cómo utilizar los remedios botánicos en nuestras prácticas de sanación. En lo que se refiere a las plantas, Stephen Buhner es uno de los genios de nuestros tiempos. Al igual que Thoreau, Goethe y Luther Burbank, los maestros horticultores y hombres ecológicos que cita con tanta profusión en todo el libro, Buhner será recordado durante mucho tiempo por su profunda e introspectiva conexión con el mundo verde y por su capacidad de usar sus enseñanzas para conectarnos con el corazón de las plantas".

ROSEMARY GLADSTAR, AUTORA DE *ROSEMARY GLADSTAR'S FAMILY HERBAL* [LIBRO DE HIERBAS DE ROSEMARY GLADSTAR PARA LA FAMILIA] Y FUNDADORA DE LA ORGANIZACIÓN *UNITED PLANT SAVERS*

"Los escritos de Buhner son un poderoso llamamiento a que aunemos nuestros esfuerzos para restablecer el carácter sagrado de la Tierra".

BROOKE MEDICINE EAGLE, AUTORA DE *BUFFALO WOMAN COMES SINGING* [LA MUJER BÚFALA VIENE CANTANDO]

OTRAS OBRAS DE STEPHEN HARROD BUHNER

Sacred Plant Medicine:
Explorations in the Practice of Indigenous Herbalism
[Medicina con plantas sagradas:
Exploraciones sobre la práctica del herbalismo de los aborígenes]

One Spirit Many Peoples:
A Manifesto for Earth Spirituality
[Un espíritu, muchos pueblos:
Un manifiesto para la espiritualidad terrestre]

Sacred and Herbal Healing Beers:
The Secrets of Ancient Fermentation
[Cervezas sagradas y con hierbas sanadoras:
Los secretos de la fermentación en la antigüedad]

Herbal Antibiotics:
Natural Alternatives for Drug-resistant Bacteria
[Antibióticos naturales:
Alternativas naturales para combatir bacterias resistentes a los fármacos]

Herbs for Hepatitis C and the Liver
[Hierbas para la hepatitis C y el hígado]

The Lost Language of Plants:
The Ecological Importance of Plant Medicines for Life on Earth
[El lenguaje perdido de las plantas:
La importancia ecológica de los remedios botánicos para la vida en la Tierra]

Vital Man:
Natural Healthcare for Men at Midlife
[El hombre vital:
Cuidado natural de la salud para hombres de mediana edad]

The Fasting Path:
The Way to Spiritual, Emotional, and Physical Healing and Renewal
[El sendero del ayuno:
El camino a la sanación y la renovación espiritual, emocional y física]

The Taste of Wild Water:
Poems and Stories Found While Walking in Woods
[El sabor del agua silvestre:
Poemas y relatos descubiertos en paseos por los bosques]

LAS ENSEÑANZAS SECRETAS DE LAS PLANTAS

LA INTELIGENCIA DEL CORAZÓN EN LA PERCEPCIÓN DIRECTA DE LA NATURALEZA

STEPHEN HARROD BUHNER

Traducción por Ramón Soto

Inner Traditions en Español
Rochester, Vermont • Toronto, Canada

Inner Traditions en Español
One Park Street
Rochester, Vermont 05767 USA
www.InnerTraditions.com

Inner Traditions en Español es una división de Inner Traditions International

Copyright © 2004 por Stephen Harrod Buhner
Traducción © 2012 por Inner Traditions International

Título original: *The Secret Teachings of Plants: The Intelligence of the Heart in the Direct Perception of Nature,* publicado por Bear & Company, sección de Inner Traditions International.

Todos los derechos reservados. Ninguna parte de este libro puede ser reproducida ni utilizada en manera alguna ni por ningún medio, sea electrónico o mecánico, de fotocopia o de grabación, ni mediante ningún sistema de almacenamiento y recuperación de información, sin permiso por escrito del editor.

ISBN: 978-1-59477-414-0 (pbk.)

Impreso y encuadernado en los Estados Unidos

10 9 8 7 6 5 4

Diseño del texto por Jonathan Desautels y diagramación por Priscilla Baker
Este libro ha sido compuesto con la tipografía Sabon y la presentación, con la tipografía Bauer Text Initials

Si desea más información sobre la obra de Stephen Buhner y sus programas de enseñanza y talleres, la puede encontrar en **www.gaianstudies.org**.

Para Trishuwa
quien terminó de educar mi corazón

¿De dónde viene el poder
para mantenerse en la carrera hasta el final?
Viene de adentro.

RECONOCIMIENTOS

A Trishuwa, que se mantuvo firme; a Don Babineau, que dijo que este libro se debía escribir; a Kate Gilday, quien pidió que estas enseñanzas se compartieran; a Kathleen Maier, que fue anfitriona en los primeros fines de semana; a Dale Pendell, cuya obra creó la forma; a Robert Bly, por su autorización para utilizar sus traducciones de Goethe, Machado, Mirabai, Jiménez y Baudelaire y, especialmente, por su metáfora sobre el gran fardo que cada uno de nosotros arrastra; a Benoit Mandelbrot, por haber sido capaz de ver al mundo con ojos de niño; a Henri Bortoft, por las jirafas y por sus perspectivas; a Henri Corbin, por expresar lo indescriptible; a Rosita Arvigo y Matthew Wood por vivir una vida expresada a partir de la realidad de la inteligencia de las plantas; a James Hillman, por sus enseñanzas sobre el corazón; y a Goethe, Henry David Thoreau, Luther Burbank y Masanobu Fukuoka, cuyos escritos y vidas son un testamento de la inteligencia de la Naturaleza.

———

Los más sinceros agradecimientos a las siguientes editoriales y autores por permitir la reimpresión de fragmentos de sus obras:

de *Living with Barbarians: A Few Plant Poems* [Algunos poemas sobre plantas] por Dale Pendell, derechos reservados © 1999. Publicado por Wild Ginger Press, Sebastapol, California. Utilizado con autorización del autor.

de *The Taste of Wild Water: Poems and Stories Found While Walking in Woods* [El sabor del agua silvestre: Poemas y relatos descubiertos en paseos por los bosques] por Stephen Harrod Buhner, derechos reservados © 2003. Publicado por Raven Press, Randolph, Vermont. Utilizado con autorización del autor.

de *The Kabir Book* [El libro de Kabir] por Robert Bly, derechos reservados

© 1971, 1977, Robert Bly, derechos reservados © 1977, The Seventies Press. Reimpreso con autorización de Beacon Press, Boston.

de *Synergetics: Explorations in the Geometry of Thinking* [Sinergética: Exploraciones de la geometría del pensamiento] por R. Buckminster Fuller, Nueva York: Macmillan, 1975. © Patrimonio de R. Buckminster Fuller, con autorización de los albaceas.

de *Goethe's Scientific Consciousness* [La conciencia científica de Goethe] por Henri Bortoft, derechos reservados © 1986. Publicado por The Institute for Cultural Research, Kent, Inglaterra. Utilizado con autorización del autor.

de *The Thought of the Heart and the Soul of the World* [El pensamiento del corazón: El retorno del alma al mundo] por James Hillman, derechos reservados © 1995. Publicado por Spring Publications, Putnam, Connecticut, 2004. Utilizado con autorización de Spring Publications.

de *Fractal Physiology and Chaos in Medicine* [Fisiología fractal y caos en medicina] por Bruce West, derechos reservados © 1990. Publicado por World Scientific, River Edge, Nueva Jersey. Utilizado con autorización del editor.

de *News of the Universe: Poems of Twofold Consciousness* [Noticias del universo: Poemas de dos dimensiones de la conciencia] por Robert Bly, derechos reservados © 1980. Publicado por Sierra Club Books, San Francisco, California. Utilizado con autorización del autor.

CONTENIDO

NOTA AL LECTOR

Aunque la primera mitad de este libro es lineal, la segunda no lo es. La primera mitad está llena de explicaciones analíticas sobre los *cómo* y los *por qué,* mientras que la segunda está llena de poesía y acción. La primera mitad se denomina *sístole* y la segunda, *diástole,* lo que refleja las Naturalezas distintas de estas dos mitades. Son términos que suelen usarse para describir el funcionamiento del corazón. La sístole es cuando el corazón se contrae para expeler la sangre. La diástole es cuando el corazón se relaja y vuelve a llenarse de sangre. El presente libro refleja ese ciclo: el movimiento que se aparta del corazón y el relajamiento y el movimiento hacia dentro, a medida que el corazón vuelve a llenarse. No obstante, dado que nuestra cultura lleva mucho tiempo en la fase de sístole, quizás usted ya no quiera saber nada más de esa fase. Por eso le sugiero que, si no lo desea, no lea la primera mitad del libro, pues puede consultarla después si necesita alguna explicación.

Siéntase libre de saltar de una parte a otra del libro y leerlo en cualquier orden que desee, seleccionando los capítulos que le interesen y obviando los que no le interesen. No importa cómo lo lea, pues encontrará lo que necesite, si se deja guiar por su corazón.

Hace mucho tiempo, me di cuenta de que cada grano de cono-cimiento que adquiría, en la escuela de la Naturaleza, se iba añadiendo a cada grano que ya poseía. Me di cuenta también de que esos granos iban formando piedras de cimiento, que las pie-dras se iban acumulando hasta que yo tenía una subestructura y que, sobre esa subestructura, podía construirme una casa. Me he dado cuenta, además, de que en el sistema de la Naturaleza hay suficientes edificaciones como para construir una gran ciudad de sabiduría.

Ni yo ni nadie llegaremos a ver esa ciudad ya construida. Cuando más, a lo largo de nuestras vidas, cada uno de nosotros podrá erigir uno o dos edificios y, quizás, dar un vistazo a una o dos calles, plazas, parques y recintos del conjunto. Pero la ciudad en toda su sublimidad —sus bulevares interminables, sus monu-mentos imponentes, su gran Capitolio, sus empinados edificios, sus vistas y sus amplios panoramas— es algo que sólo podemos imagi-nar, pues la perspectiva que obtenemos proviene de las estructu-ras de conocimiento que nosotros mismos somos capaces de acu-mular, grano por grano, roca por roca, nivel por nivel, piso por piso, a través de la diligencia y el trabajo intenso, en uno o dos entre el total de los edificios que sabemos que están allí, en alguna parte, para ser erigidos. Cuando pienso en esto, me pregunto por qué algunas personas se contentan con no construir nada más que toscas chozas de conocimiento —una cabañita de aprendizaje egoísta, suficiente como para darles cobija mientras ganan su for-tuna, poder o fama— y ni siquiera intentan erigir alguna estruc-tura más noble a partir de la sabiduría que la Naturaleza ofrece con tanta libertad y generosidad, y que cualquier persona que acuda a ella puede recibirla con sólo pedirlo.

— LUTHER BURBANK

INTRODUCCIÓN

Los problemas importantes que hoy enfrentamos no pueden resolverse con el mismo nivel de pensamiento en el que nos encontrábamos cuando los creamos.

— ALBERT EINSTEIN

Toda la información técnica fue robada de fuentes fidedignas y con gusto defiendo este derecho.

— EDWARD ABBEY

EN OCCIDENTE LLEVAMOS MÁS DE 100 AÑOS inmersos en una particular modalidad de cognición particular, definida por su carácter lineal, su tendencia al reduccionismo y su insistencia en la naturaleza mecánica de la Naturaleza. Esta modalidad de cognición, que es verbal/intelectual/analítica, es hoy en día la predominante en la cultura occidental. Pero se nos hacen cada vez más obvios los problemas inherentes a ella y a las suposiciones que hace sobre la Naturaleza. Como dijo William James en *The Will to Believe [La voluntad de creer]*, "En torno a los hechos acreditados y ordenados de cada una de las ciencias siempre flota una suerte de nube de polvo de observaciones excepcionales, de sucesos insignificantes e irregulares y rara vez detectados, que siempre resultan más fáciles de ignorar que de atender. El ideal de toda ciencia consiste en llegar a un sistema cerrado y completo de verdades [y] los fenómenos que no se puedan clasificar dentro del sistema son paradojas absurdas y, por lo tanto, su veracidad debe ponerse en duda"[1].

En nuestros tiempos, esta nube de polvo de observaciones excepcionales se ha convertido en un torbellino de proporciones descomunales. La principal modalidad de cognición que han utilizado los practicantes de la ciencia durante el último siglo (analítica, lineal, reduccionista, determinista, mecánica) ha empezado a topar con los límites de sus suposiciones. Esto es así porque la particular modalidad de cognición utilizada por los científicos, y el sistema que ha surgido en consecuencia, sólo pueden mantener su coherencia si se excluye o ignora muchos sucesos que nunca han

1

encajado en el pulcro sistema que crearon. Las oscilaciones descontroladas que ahora están ocurriendo en la Naturaleza, desde el calentamiento global hasta los incendios forestales fuera de control, son uno de los aspectos de las consecuencias de esa actitud. Hemos empezado a cosechar el torbellino.

Existe, sin embargo, otra modalidad de cognición, que nuestra especie ha utilizado como su principal forma de conocimiento durante la mayor parte del tiempo que llevamos en este planeta. Pudiera llamarse la modalidad de cognición holística/intuitiva/profunda. Su expresión puede verse en la forma en que los pueblos antiguos y aborígenes recopilaban sus conocimientos acerca, por ejemplo, del mundo en que vivían y de los distintos usos de las plantas como medicinas.

Todos los pueblos antiguos y aborígenes decían que habían aprendido estos usos de las propias plantas. Aseguraban que para lograr esto no se valían de las capacidades analíticas del cerebro y que tampoco utilizaban el método de tanteo. En lugar de ello, decían que estos conocimientos provenían del corazón del mundo, de las propias plantas. Porque, insistían, las plantas nos podrían hablar si fuéramos capaces de responderles en el estado mental adecuado.

Si bien los pensadores occidentales en los últimos 200 años han desechado estas afirmaciones (por considerarlas diatribas supersticiosas de pueblos poco sofisticados, no cristianos y poco científicos), resulta muy curioso comprobar que las culturas antiguas y aborígenes de la Tierra, en épocas y lugares geográficos muy distintos, digan todas lo mismo. Evidentemente, no es posible que todos los seres humanos que jamás hayan vivido tengan el mismo nivel de ignorancia como para haber proyectado sobre el mundo exactamente el mismo tipo de pensamientos ilusorios o supersticiosos. Del mismo modo, es evidente que todos los seres humanos que hemos vivido en los últimos 200 años, y especialmente en el último siglo, no podemos habernos vuelto de pronto tan sabios e inteligentes que sólo nosotros entendamos la verdadera naturaleza de la realidad. Los miles de millones de personas que vivieron antes que nosotros no pueden haber estado tan profundamente equivocadas.

Hay una tremenda arrogancia —y peligrosas perturbaciones del medio ambiente— en hacer caso omiso de la sabiduría de nuestros antepasados, quienes aseguraban que lo que había aprendido del mundo no se lo debían a la capacidad de sus mentes de funcionar como computadoras analíticas y orgánicas, sino a la capacidad de sus corazones como órganos de percepción.

Esta modalidad de cognición más antigua no ha desaparecido por el simple hecho de que otra modalidad se haya vuelto predominante. Lo cierto es que esta capacidad de aprender directamente del mundo y de las plantas nunca se ha circunscrito a las culturas antiguas y aborígenes, aunque no sea común hoy en día. Fue utilizada por el gran poeta alemán Goethe a principios del siglo XIX en su descubrimiento de la metamorfosis de las plantas, por Luther Burbank a principios del siglo XX en su creación de la mayoría de las plantas alimenticias que hoy en día consumimos como si fuera lo más natural del mundo. Fue utilizada por George Washington Carver en su labor de desarrollo del cacahuete como alimento, y actualmente la utiliza Masanobu Fukuoka, el gran agricultor japonés, para crear cultivos que siempre rinden más que los cultivos de agricultores que utilizan métodos más científicos. La misma capacidad fue utilizada por Henry David Thoreau, quien era mucho más que un simple naturalista, e incluso por Barbara McClintock, quien ganó el Premio Nobel por su labor relacionada con los transposones y la genética del maíz. Lo cierto es que esta forma de acopiar conocimientos es inherente a la manera en que estamos estructurados como seres humanos. Nos parece tan natural como los latidos de nuestros corazones. Se trata de una cognición que no es de un carácter vago o indefinido, como a menudo afirman los reduccionistas. Es sumamente elegante, sofisticada y exacta. Los entendimientos que se pueden obtener a través de esta antigua modalidad de cognición superan todo lo que puede descubrir lo que en día llamamos ciencia, y todo lo que ésta puede expresar sobre la esencia de los seres humanos o del mundo del que son parte.

Este acopio de conocimientos directamente de la dimensión silvestre del mundo se denomina *biognosis* (que significa "conocimiento proveniente de la vida") y, como es un aspecto de nuestra naturaleza humana que es inherente a nuestro cuerpo físico, es una aptitud que todos tenemos la capacidad de desarrollar. De hecho, todos la usamos (aunque sea en grado mínimo) en nuestras vidas cotidianas sin ser conscientes de ello.

Es imperativo que, como especie, recuperemos esta antigua modalidad de cognición, pues vivimos en tiempos peligrosos. Las amenazas contra nuestra existencia y contra la existencia del propio planeta que habitamos nunca han sido más nefastas. Provienen de formas de pensar que no son sostenibles, que guardan escasa relación con el mundo real y que constituyen un error inevitable inherente al fanatismo lineal y al *mecanomorfismo* (la tendencia a ver el mundo como una máquina) de las perspectivas contemporáneas. Son amenazas que se derivan del dominio de una modalidad de cognición en particular, a exclusión de todas los demás.

A fin de corregir este desequilibrio, debemos recuperar la sensatez, rescatar la capacidad que todos tenemos de ver y entender el mundo que nos rodea (una capacidad que se ha ido incorporando en nuestro ser a lo largo de la evolución) en formas mucho más sostenibles y sofisticadas que lo que la ciencia reduccionista podrá jamás llegar a alcanzar.

En este libro le diré cómo ocurre este antiguo modo de acopio de información y cómo se puede usar, tanto en términos generales como específicos. Puede aplicarse a cualquier cosa: desde el descubrimiento de los usos medicinales de las plantas hasta la comprensión de la realidad viva de un sistema orgánico dañado, desde la agricultura hasta la interrelación entre los hongos miceliales y los árboles, desde la inteligencia de las ballenas hasta el funcionamiento interconectado de los ecosistemas.

Pero esta modalidad de cognición es mucho más que un método para acopiar información más precisa y sostenible sobre el mundo. En última instancia, constituye una manera de ser, de la misma forma que en la actualidad lo es (lamentablemente) la modalidad lineal de cognición. Y, al igual que la manera de ser, tiene que ver íntimamente con factores distintos a la mera extracción de conocimientos del corazón del mundo. Tiene que ver con nuestra interconexión con la red vital que nos rodea. Con la totalidad, en lugar de concentrarse en sus partes. Con la propia travesía humana en que todos participamos. Con quiénes somos y quiénes debemos llegar a ser, íntimamente, durante el tiempo que nos toca en esta vida. Porque, más que otra cosa, somos expresión de la vitalidad de este mundo y todos nacimos por una razón. El restablecimiento de nuestra propia conexión a tierra, de la que provenimos y a partir de la que se ha expresado nuestra especie a lo largo de la evolución, nos abre a dimensiones de la experiencia que son esenciales para poder llegar a la máxima expresión de nuestro ser.

Sin embargo, para comprender cómo es posible acopiar conocimientos del corazón del mundo, sin el dominio de la mente analítica ni de los procesos reduccionistas de tanteo, es fundamental empezar por entender dos cosas: que la Naturaleza no es lineal y que el corazón es un órgano de percepción.

SÍSTOLE

DE LA NATURALEZA
y el CORAZÓN

Los colores del Oscuro han penetrado en el cuerpo de Mira;
*   otros colores se han desvanecido.*
Hacer el amor y comer poco —ésas son mis perlas perlas y mis
*   cornelianas.*
Las cuentas para cánticos y la raya en la frente —ésos son mis
*   brazaletes.*
Como me enseñaron, con eso tengo suficientes argucias
*   femeninas.*
Apruébenme o no; canto loas a la energía de la montaña, día
*   y noche.*
Tomo el camino que por siglos tomaron los seres humanos
*   extasiados.*
No robo dinero ni golpeo a nadie; ¿de qué me acusarás?
He sentido el vaivén de los hombros del elefante . . .
*   ¡y ahora quieres que me monte en un asno? ¡No hagas bromas!*
                                                    — MIRABAI

PRÓLOGO DE
LA PRIMERA PARTE

He desperdiciado gran parte de la vida al creer lo que se me había enseñado, que la capacidad de pensar es lo que nos hace mejores, que el cerebro es superior al corazón.

— DIARIO DEL AUTOR, JUNIO DE 2001

Como muchos otros en este siglo, poco después de nacer encontré que era una persona desplazada y me he pasado la mitad de la vida buscando un lugar que me corresponda. Ahora que lo he encontrado, debo defenderlo.

— EDWARD ABBEY

RECUERDO LA PRIMERA VEZ que oí el sonido del corazón de mi bisabuelo.

Nací prematuro y los médicos me pusieron en una cuna cerrada, un tipo de cuna protectora. Raras veces alguien me tocaba o me cargaba, e incluso no se me amamantaba a menudo. Así estuve durante dos semanas, cuando me tocaban sólo para limpiarme o darme el biberón, según un horario estricto.

Al término de esas dos semanas, mi familia vino a buscarme. Me llevaron a casa de mi abuela, donde se habían reunido los familiares. Recuerdo el momento en que mi bisabuelo me tomó en sus manos y me apretó contra su pecho. Recuerdo la calidez de sus manos, la sensación al mismo tiempo áspera y suave de su camisa blanca almidonada. Luego me percaté de los olores: los del almidón y los de su cuerpo y de los cigarrillos que fumaba. Recuerdo además el sonido de su respiración, su lenta y suave inhalación y exhalación y, por debajo de todo eso, mucho más profundamente, el eco encubierto de su corazón.

Esos sonidos entrelazados me llamaban, como una sinfonía de aliento y corazón, que me cubría, como las aguas que bañan las costas de una isla. Cada una de sus inhalaciones y exhalaciones me atraía; mi cuerpo se movía con su flujo y reflujo. Sus ritmos me empujaban hacia un lado y otro, y la costa quedaba atrás. Las corrientes me llevaban hacia aguas que nunca había conocido. Al yo exhalar, él inhalaba, cuando él exhalaba, su respiración se integraba a mi vida. Mi corazón absorbía sus ritmos, dos latidos al unísono.

Mi diminuta vida quedaba sostenida en el abrazo de sus olas más antiguas y poderosas. Y esas olas eran mi lenguaje; llevaban consigo un significado mucho más antiguo que el de las palabras, que me decía que era querido y que era parte de algo que siempre existiría. Me murmuraba que en este lugar estaba mi lugar; en este corazón, mi corazón. Pero, aún más profundamente, por debajo de todo aquello, había una sustancia, un alimento del alma que yo necesitaba para seguir siendo humano, que venía a mí en aquel momento de unidad. Lo respiré con todas mis fuerzas, con cada latido de mi corazón. Este alimento era tan importante para mi espíritu como la leche materna lo había sido para mi cuerpo. Algo en mí se abrió, una pequeña puerta en mi interior, y a través de ella penetró esa sustancia, este intercambio de la esencia del alma. Mi propia esencia también fluyó y mi bisabuelo la asimiló y su espíritu se regocijó.

Y, ¿qué es la vida sin este vínculo, esta conjunción de dos seres vivos? Sin este intercambio de esencia del alma, ¿qué es la vida sino un alimento insípido en algún lugar polvoriento y vacío? Y entonces, ¿qué somos nosotros sino diarios abandonados y estrujados, relatos de ayer que el viento arrastra por una calle desolada y oscura?

A veces en el verano visitaba a mis bisabuelos en la granja que tenían en las profundidades rurales de Indiana. Mi bisabuelo y yo íbamos a caminar a los bosques y, a veces, mientras pescábamos, me tendía cerca de él a la orilla del estanque que él mismo había excavado. En ese momento sentía cómo su olor entraba en mis pulmones y, al acomodarme más en aquel lugar boscoso, volvía a percatarme de aquella suave inhalación y exhalación, y a sentir una vez más la atracción de las aguas antiguas. Aquella fuerza del alma fluía hacia mí y entraba en mi respiración como la vida misma. Mientras estábamos así, hubiera parecido que el agua y las plantas y los árboles que nos cubrían, e incluso la propia Tierra, eran parte a su vez de aquel intercambio. Como si ellos también supieran lo que estaba sucediendo y nos dieran su bendición y su sonrisa.

Mi bisabuelo falleció cuando yo tenía once años y, tres años más tarde, mi familia se mudó a Texas. Vivíamos en una casa en una nueva parcelación donde las casas y las calles habían sido esculpidas con precisión geométrica en la misma pradera texana. Se trataba de un modelo matemático de la vida comunitaria, creado en la oficina de algún arquitecto formado en la universidad, impuesto a la fuerza mediante *bulldozer,* hormigón y humanidad, sobre las diversas texturas del terreno.

A veces, cuando los trabajadores se habían marchado, iba hasta los lindes de la parcelación, donde se estaban construyendo nuevas casas, y entraba en ellas.

> *El olor de la madera nueva,*
> *el serrín disperso*
> *que resplandecía al sol.*
> *Las placas de madera contrachapada sobre el suelo,*
> *y el eco vacío de mis pasos.*

Recuerdo esas imágenes, sonidos y olores pero, principalmente, lo que nunca he olvidado son las sensaciones que sentía en esos lugares. Esas casas tenían algo triste, algo vacío y desamparado. Entonces, empecé a ver, a medida que llevaba más tiempo viviendo en esa parcelación, que esas mismas impresiones las encontraba en los rostros de mis vecinos. Había como una extraña perplejidad, como si algo en ellos les dijera: "Tenemos todo lo que se supone que necesitamos para ser felices. Entonces, ¿por qué nos sentimos tan vacíos y afligidos?"

A veces iba más allá de aquellas casas en construcción, hasta los campos de maíz que estaban junto a las calles y casas geométricas. El maíz también estaba ordenado en filas, como otro tipo de arquitectura impuesta a la tierra por la fuerza. A veces desaparecía en aquellos campos, entre los maizales que crecían más altos que yo, un mundo en cada pliegue y en cada línea. Pero a veces caminaba aún más lejos, hasta los bosques que empezaban más allá. Eran bosques desaliñados y desordenados, no como los que yo había conocido en la granja de mi bisabuelo. Había marcas de hacha y *bulldozer,* plantas aplastadas por el paso de vehículos, pequeños tocones de grandes árboles entre las pocas partes del bosque a las que se les había permitido seguir existiendo.

> *En esos lugares no es posible respirar profundamente; el pecho apenas*
> *se alza al tomar el aire. El corazón late precipitadamente en esos*
> *momentos, con un tronar mudo y suave. Como un pajarito minúsculo*
> *que quiere liberarse y revolotea desesperadamente dentro del pecho.*

Entre tales paisajes venidos a menos alcancé la pubertad. Sabía que llegaría un momento en que mi rostro sería como el de mis vecinos. Que una parte de mí moriría allí y que en mis ojos también se notaría aquella extraña perplejidad. Por eso decidí presentar mis documentos de emancipación anticipada e irme de casa. El recuerdo de lo que había compartido con mi bisabuelo me llamaba, tiraba de mí para que dejara atrás [la seguridad de] aquella orilla y me adentrara en aguas que nunca había conocido. Un tiempo después, en la locura de San Francisco en 1969, conocí a un hombre interesante.

El cabello rojo de Larry apuntaba hacia arriba, como una sierra oxidada cuyas púas afiladas representaban un desafío al peine y a la gravedad. Su barba, como un extraño reflejo en un lago de aguas tranquilas, parecía ser la repetición en un espejo de la imagen de sus propios cabellos rojizos y desaliñados. Cuando hablaba, su rostro se llenaba de energía y los ojos se le agrandaban, dejando ver su parte blanca en forma muy destacada. En esos momentos, sus manos no necesitaban excusa para gesticular a los cuatro vientos como una forma de enfatizar lo que quería decir. Mientras hablaba, lo miré a los ojos y percibí tierras desconocidas y pueblos salidos de leyendas antiguas. Sus fuertes manos estaban llenas de callos. Y sus relatos no se parecían a ninguno que yo hubiera escuchado antes.

Después de terminar la preparatoria, Larry se había ido a las montañas y había construido una cabaña. Vivió así un año, alimentándose con poco y hablando menos. Luego se dedicó a navegar en goletas de altos mástiles y en pequeñas lanchas de carreras, y así recorrió el mundo. Lo alcanzó un tifón cerca de las costas de Madagascar. Se convirtió en la imagen de un hombre que se esforzaba entre velas, cuerda y madera, en una configuración tan antigua como la historia, mientras los cielos descargaban su ira, las olas del mar se henchían y el barco resultaba destrozado al fin contra la costa.

Un día, mientras lo oía hablar, sentí un vuelco en mi corazón y me embargó una extraña sensación. En ese momento supe que para mí también había algo en las montañas, algo que tenía que encontrar.

Es así; de improviso, el destino nos encuentra y nos encamina.

La primera vez que me adentré con mi auto en las Montañas Rocosas, aquellas grandes cumbres se empinaban y se elevaban por encima de donde alcanzaba la vista. La carretera serpenteaba entre ellas, siguiendo el cauce de un río que corría a sus pies desde mucho antes de que las pirámides tocaran el cielo. Aquellas cumbres, que parecían edificios de oficinas; extraños, salvajes y no geométricos, eran como centinelas a lo largo de la carretera y proyectando sus sombras sobre el fondo del cañón. Yo pasaba de la sombra a la luz y de nuevo a la sombra, siguiendo el camino que me había deparado el destino. Seguí conduciendo y, a medida que avanzaba, me alejaba más de la civilización, de regreso al tiempo, a la dimensión silvestre del mundo.

Muchas veces sentí miedo, pues hay lugares en la carretera donde, a un lado, las montañas alcanzan grandes alturas y, al otro, se abren precipicios en los que no se llega a ver el fondo. A veces no hay barreras de protección y no podía evitar imaginarme lo que sucedería si, por alguna razón, abandonara la seguridad del camino, perdiera el control del vehículo y saliera despedido hacia el vacío en una infinita caída hacia las profundidades del barranco. Así que me aferré al volante y me dejé llevar por la carretera a lugares cada vez más lejanos.

Al cabo de un tiempo, llegué a un lugar donde la carretera pasaba por la cima de una colina y vi que, si seguía avanzando, la carretera empezaría a descender de nuevo, hacia las profundidades de los valles, y me llevaría de vuelta a las tierras bajas, a la humanidad y a la geometría de la civilización.

Hay algo en nosotros que a veces nos hace ir hasta la cima, hasta llegar lo más alto posible y lo más lejos que nos lleve el camino. Así que, mucho más allá de los lindes de los bosques y de los lugares donde vivía la gente, encontré un lugar donde podía detenerme. Recuerdo el sonido que hacían las piedras bajo el peso del auto que lentamente se iba deteniendo, el ruido del portazo, el olor a motor caliente y aceite quemado, y el sonido de mis pasos sobre la gravilla cuando por primera vez estuve a 3.600 metros sobre el nivel del mar.

Entonces hice una pausa y cobré conciencia del silencio: era el silencio más profundo que en mi vida había conocido. Sentía los latidos del corazón dentro de mi cuerpo y la circulación de la sangre, y oía el lento y sutil susurro de mi respiración. De repente, el poder del lugar embargó todos mis sentidos. El tamaño de las montañas entró en mi ser y percibí su peso e incluso su edad, y me sentí diminuto y pequeño, consciente de algo que había existido desde mucho antes de que surgiera la humanidad y que seguiría existiendo mucho después de que los humanos desapareciéramos.

A mi derecha había un sendero que se abría paso entre flores silvestres y piedras y unos ralos arbustos de tojo. Por aquí y por allá se elevaban salientes rocosos, como proas irregulares de barcos salvajes en cuyas cubiertas me encontraba y, para mantener el equilibrio, me veía obligado a inclinarme en sentido contrario a sus bamboleos, como un marinero que perdía la estabilidad ante la furia del mar. El aire era frío y poco denso y traía consigo un olor que penetró en mí y nunca me ha abandonado. Su recuerdo nunca se me borrará, por mucho tiempo que pase en ciudades.

El sendero continuaba hacia arriba, con las huellas de quienes habían pasado por allí antes que yo. Seguí avanzando y, cada cierto tiempo, tropezaba con arroyos que surgían de un manantial y se precipitaban por las pendientes, deseosos de alcanzar el río allá, en lo bajo. Cuando tomé su agua entre mis manos y me la llevé a la boca para probar su sabor silvestre, el frío de aquel hielo líquido me penetró hasta los huesos. Al llevármela a la boca, aquella agua helada se abrió paso por los más profundos recovecos de mi cuerpo. Había algo en el agua que penetró en mi ser, algo silvestre que el agua de ciudad ya no conoce.

El camino me llevó hasta una hendidura entre aquellos salientes irregulares, y entonces dio paso a un pequeño claro protegido. Las grandes moles de piedra lo rodeaban, de modo que el sitio quedaba protegido del viento, como si las montañas lo rodearan con las palmas de sus manos. Un arrendajo gris, una especie de pájaro siempre presente en las alturas, revoloteaba por allí y se posó en el círculo de piedras que me rodeaba. El pájaro hizo con su cabeza un gesto de interrogación y me dijo algo que casi me resultaba familiar. Pasó mucho tiempo antes de que me diera cuenta de lo que me había dicho.

En el centro del claro había una piedra de granito de forma irregular, con los costados cubiertos de líquenes de tonos naranja y verdosos. Me incliné para palpar la textura de su superficie, que se deshacía y producía una sensación cálida al tocarla. Entonces me senté y me recosté contra la piedra, sintiendo la calidez del sol sobre mi rostro y la áspera superficie de la piedra contra mi espalda. Aquel día, la cálida luz solar olía de una forma que nunca he podido describir, como si tuviera olor propio. También me llegaron otros olores, de la roca contra la que estaba apoyado, de las hierbas y flores silvestres que me rodeaban . . . del aire mismo. Y sentí que las tensiones empezaban a abandonar mi cuerpo. Empecé a respirar profundamente, como si me sostuvieran las manos del lugar secreto que había encontrado.

Entonces empecé a escuchar los tenues sonidos del lugar: el crujir de las piedras que tenían un lado al sol y el otro a la sombra. El suave batir del viento. La brisa que bajaba hasta tocar las plantas, las flores silvestres y los verdes tallos de hierba que se doblaban levemente bajo su caricia. Sentí cómo su suave contacto alcanzaba mi rostro y sus dedos me seguían los contornos de las mejillas, me chocaban contra el mentón y me alborotaban el cabello. Con aquel lento y suave murmullo, el suspiro y la respiración del mundo me penetraban y fluían en torno a mí, como las aguas en la costa.

Cada uno de sus movimientos ejercía atracción sobre mí y me hacía desplazarme con su flujo y reflujo. Sus ritmos me arrastraban, me hacían soltar las amarras y la costa iba quedando atrás. Las corrientes me llevaban hacia delante, hacia aguas que nunca había conocido. El aire que yo exhalaba era el que el mundo inspiraba; a su vez, el aire que el mundo exhalaba era ahora mi vida.

Entonces, lentamente, mi corazón empezó a latir con los ritmos del claro del bosque y mi diminuta vida quedó sostenida en el abrazo de sus olas más antiguas y poderosas. Y esas olas eran mi lenguaje; llevaban consigo un significado mucho más antiguo que el de las palabras, que me decía que era querido y que era parte de algo que siempre existiría. Me murmuraban que en este lugar estaba mi lugar, en este corazón, mi corazón. Pero, aún más profundamente, por debajo de todo aquello, había una sustancia, un alimento del alma, que yo necesitaba para hacerme humano y que ahora estaba recibiendo. Lo respiré con todas mis fuerzas, con cada latido de mi corazón. Este alimento era tan importante para mi espíritu como la leche materna lo había sido para mi cuerpo. Algo en mí se abrió, una pequeña puerta en mi interior, y a través de ella penetró esa sustancia. Mi propia esencia también fluyó y el claro del bosque la recibió y se regocijó. En ese momento establecí un vínculo con el mundo, como lo había hecho con mi bisabuelo tanto tiempo atrás.

Y, ¿qué es la vida sin este vínculo? ¿Qué es la vida sin ese intercambio de esencia del alma entre el lado humano y el lado silvestre del mundo? Sería como un alimento insípido tomado en algún lugar polvoriento y vacío, erigido con precisión geométrica sobre una planicie vacía. Una vida matemática impuesta a la fuerza mediante bulldozer, hormigón y humanidad. Y entonces, ¿qué somos nosotros sino diarios abandonados y estrujados, relatos sin significado, que el viento arrastra por una calle desolada y oscura?

Así que había encontrado lo que buscaba, lo que había entrado a formar parte de mi ser a través del corazón de mi bisabuelo. Mi vista estaba un tanto desenfocada, los colores de la tierra eran luminosos, sus sonidos creaban una armonía que repicaba de los patrones rítmicos del mundo. Había encontrado mi lugar.

Al cabo de un rato abandoné aquel claro, volví a encontrar el sendero y eché a andar hasta que llegué a la cima de la colina. Allí me detuve y miré hacia todas partes; sentí que mi visión era como aves que volaban hasta lo alto sobre corrientes de luz. Mis ojos alcanzaban distancias que antes me hubieran parecido imposibles. Mi vista tocaba suavemente los grandes pliegues de aquellas montañas y se elevaba desde sus valles hasta sus cumbres. Sentí una ráfaga de viento y, de repente, sin razón evidente, empecé a reír con una alegría desenfrenada y profunda que me inundaba. El viento tomó mi risa en sus manos y la transportó hasta el lado silvestre del mundo.

Entonces fijé mi vista a la distancia y, al otro lado de los valles, a lo lejos, alcancé a ver un muro irregular de lluvia que caía de las oscuras nubes suspendidas en lo alto y plegadas hasta tocar la Tierra. A un lado estaba el sol; al otro, la oscuridad de la lluvia, que avanzaba hacia mí como una cortina de encaje gris, colgada de las oscuras nubes repletas de agua. La lluvia barría lo que encontraba a su paso y se retorcía al viento. Luego las nubes se entreabrieron con un extraño movimiento y el sol se abrió paso entre ellas, vertiendo su luz a través de aquella cortina, como de encaje gris. Se formó un arcoiris más abajo de donde me encontraba y, bajo su colorido arco, quedó enmarcado un resplandeciente lago azul cuya superficie revuelta por el viento seguía las irregularidades del terreno.

Sentí un movimiento dentro de mi espíritu y entré en contacto con algún aspecto de las montañas que, desde sus imponentes alturas, despertaba de su contemplación y se percataba de mi minúscula presencia en lo bajo. Lo que parecía observarme era algo más antiguo que la humanidad y muy ajeno a ella, y su mirada me estremeció al sentirme revelado por un instante. Entonces volvió al mismo estado de contemplación en que se encontraba durante siglos y milenios, en los que vivió una vida tan alejada de mi experiencia como lo están el sol de las estrellas.

No mucho tiempo después regresé al auto y volví a emprender camino, hasta que llegué a un lugar que se encontraba más abajo, hasta donde llega la gente. Allí encontré una antigua cabaña y la reconstruí. Allí viví y empecé a entablar una relación con el aspecto silvestre del mundo. De vez en cuando, iba a las montañas y recorría a pie sus bosques.

Entre las tierras altas busqué hongos y plantas silvestres y seguí los rastros de los hombres montañeses y de los indios que pisaron esa tierra antes que ellos. Me adentré en lugares silvestres y trate de escuchar sus cantos pues, en ese momento, el mundo era joven y yo me sentía renovado, con toda una vida ininterrumpida por delante de mí.

Aunque en la escuela me habían enseñado que el mundo silvestre era frío e inhóspito, carente de sentimientos y sometido a la ley de la garra y el colmillo, yo no lo sentí así. Ese mundo me proporcionó todo lo que quise y empezó a enseñarme una verdad que no me habían enseñado en la escuela, una verdad sencilla en cada una de sus líneas, movimientos y giros. Porque la Naturaleza no sabe mentir.

El hecho de que en la Naturaleza no existan las líneas rectas parece una observación muy simple. Pero es una puerta que conduce al corazón de la propia Naturaleza.

LA NATURALEZA

✢ ✢ ✢ ✢ ✢

Cuando los diagramas geométricos y los dígitos
Dejen de ser las claves hacia los seres vivos,
Cuando los que se pasan el tiempo cantando o besando
Conozcan verdades más profundas que los grandes sabios,
Cuando la sociedad vuelva una vez más
A la vida soberana y al universo,
Y cuando la luz y la oscuridad vuelvan
A unirse y procreen algo completamente transparente,
Y cuando la gente vea en poemas y en cuentos de hadas
La verdadera historia del mundo,
Entonces toda nuestra Naturaleza retorcida dará la vuelta
Y huirá tan pronto se pronuncie una sola palabra secreta.

— NOVALIS

CAPÍTULO UNO

EL CARÁCTER NO LINEAL DE LA NATURALEZA

En la profundidad del inconsciente humano hay una gran necesidad de encontrar un universo lógico que tenga sentido. Pero el universo real siempre está un paso más allá de la lógica.

— FRANK HERBERT

Se nos está haciendo evidente que la visión concentrada no basta. Tiene que haber un retorno de la especialización excesiva al generalista capaz de ver totalidades.

— CHANDLER BROOKS

A la mayoría de los seres humanos sólo les interesa la ciencia en tanto puedan ganarse la vida con ella; veneran incluso los errores cuando esto les proporciona medios de subsistencia.

— GOETHE

Muy poco veremos si se nos exige comprender lo que vemos. ¡Qué poco puede medir un hombre con la cinta métrica de su comprensión! ¿Cuántas cosas más grandes podría ver entretanto?

— HENRY DAVID THOREAU

COMO MUCHOS EN LOS AÑOS SETENTA, fui a la universidad para escapar de los reclutamientos para la guerra de Vietnam. Cuando me matriculé no sabía lo que quería estudiar, pues no había ido a aprender, por lo que estudié cualquier cosa que me pareciera interesante. Hice incursiones en filosofía y en letras, pero al final la corriente me arrastró hasta las costas de la matemática. Aunque mi aprendizaje en aquella época parecía un tanto aleatorio, no lo era. Buscaba explicaciones, algo que me ayudara a dilucidar las experiencias profundas que había tenido. Estas experiencias eran muy importantes para mí porque en mis mitos culturales apenas encontraba trazas de ellas.

Por supuesto (aunque entonces no lo sabía), el alma del mundo no se puede encontrar en la filosofía, ni en las humanidades, ni en las matemáticas (ni siquiera en las ciencias). Reside en otra parte, un lugar inalcanzable para la mente lineal. Sin embargo, para muchas personas que andan a la deriva, las matemáticas son como un amante que hace promesas y ofrece un lugar seguro donde guarecerse de la tormenta. "Aquí", les dice, "no sólo haya explicaciones, sino una promesa de control total". Las reglas son diáfanas y comprensibles; la imprevisibilidad se desvanece.

¿Qué decir de la constante pi?

Y, como descubrieron los matemáticos, hay algunas cosas irritantes que simplemente se pueden redondear, como la constante pi. Casi se pudiera decir que la matemática es una profesión para quienes necesitan tener control. Tiene muy poco que ver con la vida o con el mundo real.

Las matemáticas no pueden eliminar los prejuicios, no pueden atenuar la terquedad, no pueden calmar el espíritu partidista, no pueden hacer nada en el ámbito moral.

— GOETHE

Quienquiera que sea verdaderamente observador se dará cuenta rápidamente de que el espacio euclidiano no está presente en una cadena montañosa (la topología tampoco lo está, pero eso es harina de otro costal). En las montañas, no hay líneas rectas, rectángulos, esferas ni ángulos geométricos de valor predecible. Aunque esta observación es muy sencilla, y resulta evidente a cualquier niño de cuatro años, la cultura occidental la ha pasado por alto durante siglos, llegando a desarrollar una perspectiva basada en suposiciones de previsibilidad euclidiana. Pero la vida no es lineal, sus formas no son predecibles para la mente lineal y guardan escasa relación con la realidad matemática elaborada por Euclides, o sea, con las matemáticas que a todos nos enseñan en la escuela como geometría.

Cuán difícil es ver lo que tenemos ante nuestras narices.

La palabra *geometría* se deriva del vocablo griego *geometria: geo* significa Tierra y *metria* significa medir, es decir, "medir la Tierra". Sin embargo, el término se ha corrompido y actualmente no se aplica a la medición de la Tierra, sino a algo que no tiene nada que ver con la geometría: la medición del espacio euclidiano. Esto puede parecer un señalamiento ridículo, pero es que toda nuestra cultura se basa en la ilusión que Euclides creó con sus matemáticas. Esa ilusión, que consideramos tan verosímil, en realidad tiene muy poco que ver con el mundo real y absolutamente nada que ver con entornos naturales como las montañas, los océanos y los lugares donde el agua toca tierra, es decir, las costas. Los litorales y las líneas euclidianas en realidad no tienen nada en común. Los litorales carecen específicamente de suavidad, lo que los hace más complicados que cualquier línea que Euclides jamás hubiera imaginado.

LAS LÍNEAS COSTERAS

Cuando se nos muestra un mapa de una tierra rodeada de agua por todas partes, como sucede con islas como Madagascar, es inevitable que también veamos su litoral. Para obtener el área en kilómetros cuadrados de una isla como ésta, los geógrafos miden el litoral, calculan las distancias existentes de una costa a la otra y nos dicen que Madagascar tiene un área de 587.041 kilómetros cuadrados. Esto es una forma de aplicar al mundo la geometría euclidiana. Pero no es real.

Al calcular las medidas de un litoral mediante el uso de la geometría euclidiana, se modifica considerablemente la realidad viva de dicho litoral. Para comprender por qué esto tiene tan poco que ver con el mundo real, hay que recordar exactamente cómo son los litorales en el mundo real y no en mapas. Es importante dejar que la realidad de su ser entre en su experiencia personal de modo que, tal vez, la pueda empezar a ver de nuevo con ojos infantiles. Porque, al hacer esto, resulta obvio lo poco que tiene que ver la geometría que se nos enseña con el mundo real en que vivimos.

> *No se da a menudo que alguien sea capaz . . . de concebir la verdad*
> *y soportar su paso en forma viva e intacta a través de nosotros . . .*
> *Sobre todo, el hombre tiene que ver antes de que pueda hablar . . .*
> *No se trata de ver con el ojo de la ciencia, que es estéril, ni con el de la*
> *poesía juvenil, que es impotente . . . Según usted vea, así podrá hablar*
> *a la postre.*
>
> — HENRY DAVID THOREAU

Cuando uno se fija en línea costera, lo que encuentra es un borde irregular, con algunas porciones que penetran más en el agua y otras, menos. Para medir esta línea irregular, los especialistas en geometría euclidiana "redondean" las irregularidades. En esencia, toman un valor aproximado de la irregularidad de la línea costera para que la complejidad de un litoral vivo encaje en el espacio euclidiano de forma que su modelo, su manera de pensar, lo pueda medir. Siempre es importante recordar, sin embargo, que sólo se trata de un valor aproximado. Nunca es real.

Una forma de comprender cómo se miden los litorales consiste en imaginar que la línea que miden los geógrafos es como un sendero que rodea a toda la isla a lo largo de la costa. Tales senderos rara vez siguen el borde exacto de la costa; se encuentran un poco más tierra adentro y sus giros y vueltas son mucho menos pronunciados que los de la costa propiamente dicha. Seguir la silueta exacta de una costa, con cada pequeña vuelta, sería sumamente difícil. Pero si el sendero se sitúa un poco más tierra adentro, como para facilitar su recorrido, esto tiene más relación con la comodidad y la facilidad que con el propio litoral. Así pues, para hacer que la línea costera sea más exacta, imagínese que el sendero se acerca más y más al borde del agua, de modo que sigue con cada vez más precisión el esbozo irregular de la costa. Y puede ver que, mientras más cerca del agua esté el sendero, más irregular se vuelve. Mientras más ondulante es, más giros y vueltas hay que hacer al andar por él. Mientras más giros y vueltas hay que dar, más hay que caminar y más larga es la distancia que hay que recorrer.

Y así, mientras más cerca se esté al borde exacto donde se encuentran el agua y la tierra, más largo será el sendero. No obstante, llegará un momento en que, si el sendero sigue acercándose cada vez más al agua, un ser humano sería demasiado grande como para seguir todos los giros y vueltas cada vez más exactos a lo largo de la costa. Por eso, imagínese que quien lo recorre no es un ser humano, sino un ratoncito. El tamaño del ratón le permite acercarse mucho más al borde del agua y seguir con más facilidad todos los giros y vueltas. Al hacerlo, por supuesto, el sendero será mucho más largo para el ratón que lo que fue para el ser humano, porque ahora hay muchos más giros y vueltas, y todos tienen que ser recorridos y medidos. Esto puede dar resultado durante un tiempo pero, si se sigue acercando el sendero hasta el borde exacto del agua, ni siquiera el ratón será lo suficientemente pequeño para seguir todos los diminutos giros y vueltas. Así pues, para seguir más de cerca el borde del agua, tendríamos que buscar a un ser aún más pequeño, quizás una hormiga. Debido a su tamaño, la hormiga puede acercarse aún más y seguir con mayor exactitud los diminutos giros y vueltas del litoral. De nuevo, mientras más de cerca siga el camino de la hormiga el contorno exacto de la costa, más giros y vueltas habrá. La longitud del litoral se hace mayor y mayor a medida que quien la recorre se hace menor. A la postre, incluso la hormiga será demasiado grande para poder seguir todos los giros y vueltas, por lo que quizás sea necesario imaginarnos ahora a un microbio que recorre la costa. Su tamaño le permite seguir la línea costera con mayor precisión aún y, de nuevo, la línea pasa a tener muchos más giros y vueltas, y a ser mucho más larga.

> *Todos los experimentos muestran que, mientras más de cerca se inspeccionen las líneas "rectas" de los matemáticos, más evidente se nos hace que no son rectas.*
>
> — BUCKMINSTER FULLER

El hecho de cambiar el tamaño del caminante en la imaginación no es más que una forma de dar mayor aumento a la línea del litoral. Mientras más pequeño sea el punto de vista, más grande y larga resulta la costa. Como el nivel de aumento siempre puede ser mayor, la línea del litoral siempre puede ser más larga. Otra forma de expresarlo es que la longitud de un litoral va aumentando mientras más cerca uno se encuentre del borde del agua y mientras mayor sea la precisión con que uno sigue el propio litoral. Mientras más grande sea la escala aplicada, más giros y vueltas hay que hacer para seguir el litoral y más extensa se vuelve la línea que uno está midiendo. (De ahí también se deduce que la línea del litoral —el sendero que sigue el caminante— se vuelve cada vez más fina a medida que se incrementa la precisión con que uno se acerca a donde se encuentran el agua y la tierra, y que el nivel de aumento se hace mayor. Si el recorrido a lo largo de la costa lo hiciera un átomo, la línea entonces resultaría sumamente larga y fina).

> *Veo que me pongo a inspeccionar una especie de gránulos pequeños, sobre la corteza de los árboles, diminutos escudos o apotecias que surgen de un pedúnculo, esa es mi inclinación mental, y digo que estoy estudiando líquenes. Ésa es simplemente la perspectiva que se me ofrece. Es una perspectiva reducida, común y poco nutritiva. Seguro que podría adoptar perspectivas más amplias. El hábito de observar las cosas a nivel microscópico, como los líquenes sobre los árboles y las piedras, realmente me impide ver cualquier otra cosa cuando estoy dando un paseo. ¿No sería noble estudiar el escudo del sol sobre el pedúnculo del cielo, con su tono cerúleo, dispersando sus infinitas esporas de luz por todo el universo? ¿No es cierto que para un experto*

en líquenes, el escudo (o, más bien, la apotecia) de un liquen es desproporcionadamente grande en comparación con el universo? La diminuta apotecia de la pertusaria, nunca detectada por el leñador, ocupa actualmente un espacio tan grande en mi vista que me impide ver gran parte del mundo.

— HENRY DAVID THOREAU

La Naturaleza es así. Si tomamos alguna parte de la Naturaleza y la examinamos, sus bordes serán irregulares, llenos de curvas y sin rectitud. Por eso, para medir partes de la Naturaleza y hacerla accesible al pensamiento lineal (o, según algunos, al pensamiento "práctico"), a todos se nos enseña a redondear los bordes, a crear límites concretos y bien diferenciados entre un objeto y el siguiente. Pero, en realidad, esto sólo nos da una aproximación, una conjetura. Y, sea cual sea nuestro poder de aumento, no llega a ser más que una estimación de lo real. Durante mucho tiempo, los científicos no hicieron el menor caso a esto (y esa actitud ha tenido consecuencias terribles). Se pasaban el tiempo viendo la Naturaleza a través de los ojos de Euclides y Newton (que también pensaba así) e hicieron caso omiso del detalle más sencillo de la Naturaleza, algo que cualquier niño puede notar de inmediato: su carácter infinito.

Nunca he conocido a un clérigo ni a un profesor que pudiera ser de mente más estrecha, ni más intolerante que algunos científicos o pseudocientíficos . . . Una mente cerrada define a la intolerancia. Es la exaltación de las autoridades. La estrechez mental es la ignorancia que no desea aprender. Y una de las verdades trascendentales que he aprendido en mi universidad [de la Naturaleza] es que, desde el momento en que uno llega a una conclusión definitiva sobre algo, que toma esa conclusión como un hecho al que no se le puede añadir ni quitar nada, y se resiste a escuchar cualquier nueva evidencia, significa que ha llegado a un centro intelectual muerto, y que sólo una buena carga de dinamita podrá volver a encenderle el motor . . . El conocimiento calsificado representa para el mundo un peso muerto no importando en que el ámbito de la actividad intelectual humana se encuentre . . . Cualquier aferramiento obstinado a doctrinas desgastadas, trátese de religión, política, moral o ciencia, es siempre dañino y condenable.

— LUTHER BURBANK

De modo que la idea de medir cuantitativamente la Naturaleza, de medir un litoral, la propia idea de la "longitud del litoral", como observa el matemático Benoit Mandelbrot, "resulta ser un concepto escurridizo que se escapa entre los dedos de quien quiera entenderlo. Todos los métodos de medición conducen a la postre a la conclusión de que la longitud de un litoral típico es muy grande y resulta tan difícil de determinar, que sería mejor considerarla infinita. Por lo tanto . . . la longitud es un concepto inadecuado"[1].

En la Naturaleza, una totalidad contiene las partes, pero a su vez una totalidad mayor encierra al todo que contiene las partes. Al ampliar nuestro campo visual, lo que se considera como una totalidad se convierte, de hecho, en nada más que una parte de un todo mayor. No obstante, otra totalidad contiene a este último en una serie concéntrica que continúa hasta el infinito.
— MASANOBU FUKUOKA

Así pues, la longitud de los litorales citada en los libros de texto de las escuelas nunca es precisa pues, con un aumento cada vez mayor, el verdadero litoral en el mundo real se vuelve más y más largo. Para poder medir la longitud de un litoral, los geógrafos reducen las irregularidades que son inherentes a la Naturaleza y a los verdaderos litorales. Sólo de este modo se puede utilizar su método de medición. Pero esa reducción de las irregularidades pasa por alto una faceta esencial de la Naturaleza —su carácter no lineal. En la realidad, los litorales se acercan continuamente a una longitud infinita, y cualquier suposición de que sean finitas y mensurables impone a un sistema no lineal una modalidad lineal de cognición. Así, siempre hay algo que queda fuera, y ese algo es sumamente importante.

LA SUBJETIVIDAD DE LA CIENCIA

Cualquier medición de la Naturaleza que reduzca sus irregularidades para facilitar el proceso de medirla, deja de ser objetiva. De hecho, es altamente subjetiva.

El observador, al determinar el grado de medición (o aumento) que se utilizará y, por lo tanto, la forma en que se reducirán las irregularidades de las líneas, interfiere en el objeto de la medición. El observador interviene en cualquier descripción resultante de la Naturaleza mediante la sutil alteración de su descripción, que depende de su preferencia por uno u otro nivel de aumento. Se trata de un error imposible de rectificar porque proviene de la propia forma de pensar. Proviene de la aplicación de una modalidad de cognición lineal y estática a una realidad no lineal, siempre cambiante y en flujo. El hecho de que esta descripción resultante se tome entonces como una representación precisa de la Naturaleza inyecta irrealidad en nuestra conciencia colectiva. Se nos aparta levemente de la Naturaleza y todo lo que hacemos empieza a experimentar perturbaciones que van creciendo a medida que pasa el tiempo y que vamos tomando más decisiones sobre la base del error original de la descripción.

Lo cierto es que, en el mundo real, en la Naturaleza, la cuantificación siempre constituye una proyección de decisiones humanas arbitrarias. Siempre es subjetiva. La Naturaleza no contiene cantidades fijas ni mensurables.

Pero, ¿qué me dice de las cuatro piedras que se ven allá?

Como estamos tan completamente inmersos en el mundo imaginario de Euclides debido a nuestra cultura y a lo que nos enseñan en la escuela, a menudo creemos que existen cantidades en la Naturaleza. Se nos muestra un grupo de naranjas y pensamos que representa una cantidad: por ejemplo, siete naranjas. Pero el número y la cantidad no son lo mismo. Como advierte Gregory Bateson: "Es posible tener exactamente tres tomates. Pero nunca se pueden tener exactamente tres galones de agua. La cantidad siempre es un valor aproximado"[2].

La Naturaleza puede contener números, pero nunca contiene cantidades, sino sólo *cualidades*.

Estoy empezando a sentir mareos

Y cuando se nos enseña, y llegamos a creer, que el pensamiento riguroso, el pensamiento científico, sólo se obtiene mediante la exactitud de la cuantificación, tomamos por un camino que, en lugar de ser un reflejo del mundo real, es un reflejo del tipo de pensamiento que estamos aplicando (y de proyecciones inconscientes, no sometidas a examen). No tiene casi nada que ver con el mundo real ni con la Naturaleza. Es, de hecho, una locura.

Los eruditos tienen en su mayor parte una manera enferma de ver el mundo. Para ellos, el mundo no es más que unas cuantas ciudades y ciertas agrupaciones desafortunadas de hombres y mujeres,

que serían insignificantes entre las hierbas de las praderas . . .
Cuando me alejo de la protección de mi tejado, encuentro muchas
cosas que los científicos no han considerado.

— HENRY DAVID THOREAU

En la niñez, por supuesto, comprendemos instintivamente el carácter casi infinito y abierto de la Naturaleza. La instrucción escolar es la que nos hace perder nuestra comprensión natural (y nuestra falta de miedo) sobre el carácter no lineal del mundo. Si a un niño se le pide que adivine la longitud de un litoral en particular, con mucho gusto lo hará. Pero si se le explican las distintas perspectivas del ratón, la hormiga y el microbio, inmediatamente se darán cuenta de que cualquier litoral puede llegar a ser tan larga como uno desee. Entonces el niño reirá, porque sabrá que la Naturaleza sigue hasta el infinito. Los niños experimentan esta verdad cada día de sus vidas cuando juegan en los mundos secretos que encuentran en los patios de sus casas.

(Los litorales, como todas las cosas de la Naturaleza, son de longitud finita, aunque sus límites exactos nunca se puedan encontrar. Aunque son finitos, se aproximan a una longitud infinita. Ésa es precisamente la razón por la que son fruncidos, para poder extender su longitud y acercarse en el mayor grado posible a la infinitud).

Los adultos, al presentárseles este ejercicio de pensar en los litorales, son los únicos que sienten temor ante lo que significa, los únicos que sienten que los fundamentos de su realidad empiezan a derrumbarse y, por eso, se rehúsan a aceptar sus implicaciones.

Un ser vivo finito comparte la infinitud o, más bien, tiene algo
infinito dentro de sí. Mejor dicho: en un ser vivo finito los conceptos
de la existencia y la totalidad eluden nuestra comprensión; por eso
debemos decir que es infinito, del mismo modo que decimos que la
inmensa totalidad que contiene a todos los seres es infinita.

— GOETHE

Por supuesto, hace mucho tiempo que la humanidad se dio cuenta de que había algo equivocado en la aplicación del pensamiento lineal a la vida. Esta idea quedó captada (inevitablemente) en la expresión humana gracias al griego Zenón de Elea, aunque éste expresó la paradoja en forma de relato como una carrera entre Aquiles y una tortuga. Según la paradoja de Zenón de Elea, entre la pared y usted hay una distancia que debe recorrerse antes de poder tocar la pared. Esa longitud, o sea, la línea que va de la pared a usted, se puede dividir a la mitad, y esa mitad, a su vez, también se puede dividir a la mitad y así, sucesivamente, por la eternidad. De modo que nunca es posible llegar a la pared, pues habría que recorrer una distancia infinita para acercarse a ella.

Las líneas rectas son hipótesis que, por axioma, se contradicen y se cancelan a sí mismas.

— BUCKMINSTER FULLER

Cuando al fin logramos internalizar esta paradoja, a menudo sentimos miedo (a veces su ingestión va acompañada de náuseas), porque pone en entredicho los fundamentos del pensamiento lineal al que nos hemos habituado. La mayoría de las personas, una vez que comprenden e internalizan esta idea (y sienten el miedo que engendra) la desestiman como algo sin sentido y sin pertinencia. Pero es una idea que revela una verdad profunda acerca de la Naturaleza del pensamiento lineal y sus limitaciones. Es obvio que uno puede llegar a la pared, así que debe haber alguna equivocación (de ahí el carácter paradójico del fenómeno). Lo que está errado no radica en la propia paradoja, sino en la forma de pensar que la produce. Tiene que ver con el hecho de aplicar a la vida el pensamiento lineal, pues la vida no es lineal y nunca lo ha sido.

(La revoltura de estómago que puede acompañar al reconocimiento del carácter no lineal de la Naturaleza, o a la ausencia en ella del concepto de cantidad, no es más que una *experiencia* de lo malsano y aberrado que es el pensamiento lineal cuando se usa como una ventana dominante para ver el mundo a través de ella. Las repercusiones de esta forma de pensar es visible en la destrucción de la vida salvaje, en la tala de las selvas tropicales y en el control de los ríos a traves de represas).

Euclides definió las dimensiones de la materia física en la forma que ahora todos damos por cierta: el punto no tiene dimensiones; la línea tiene una dimensión; el rectángulo, dos; la esfera, tres. Pero, si lo piensa, se dará cuenta de que nunca ha visto ninguna forma sin dimensiones, ni unidimensional ni bidimensional, pues no existen ni han existido en la Naturaleza. Sólo existieron en la mente de Euclides y ahora, por desgracia, en la nuestra.

Los planos no se pueden demostrar mediante experimentos. Tampoco los sólidos.

— BUCKMINSTER FULLER

Cada una de estas dimensiones cada vez mayores, en el mundo de Euclides, se encuentra en un ángulo de 90 grados en relación con la dimensión que la precede. Estamos acostumbrados a pensar en los objetos físicos a través de esta matriz, esta definición de las dimensiones de la materia. Se nos enseña que vivimos en un espacio tridimensional. Pero Euclides limitó sus matemáticas a objetos (imaginarios) para los que todas las dimensiones coincidían. Por eso se nos enseña en la escuela que las formas son regulares y matemáticamente mensurables. Aplicamos constantemente este tipo de pensamiento a toda la Naturaleza, pero lo cierto es que la Naturaleza no es regular y sus formas no son de dimensiones concordantes ni predecibles. Las dimensiones cada vez mayores de la Naturaleza no se encuentran necesariamente a 90 grados de las dimensiones precedentes. (De ahí el carácter no lineal, el caos, del fenómeno).

Las formas en torno a las que Euclides conformó sus matemáticas son excepcionalmente raras en la Naturaleza: las montañas no son cónicas, la Tierra no es esférica y las líneas rectas no existen.

Un buen día alguien escribirá un informe patológico sobre la física experimental y arrojará luz sobre todos los engaños que subvierten nuestro razonamiento, enturbian nuestro juicio y, lo que es peor, se interponen a cualquier progreso real. Los fenómenos tienen que liberarse de una vez por todas de la tenebrosa cámara de tortura del empirismo, el mecanicismo y el dogmatismo.

— Goethe

Absolutamente cualquier objeto en la Naturaleza presentará el mismo tipo de dinámica desconcertante que presentan los litorales cuando se les examina a profundidad. La supuesta bidimensionalidad de un plano rectangular y la supuesta tridimensionalidad de una montaña se aproximarán a un tamaño infinito según vaya incrementándose el nivel de aumento de la medición. (Las dimensiones de longitud, anchura y altura no existen en forma que se pueda medir linealmente. Carecen por completo de cantidad). El mundo euclidiano no es el mundo real y su sistema de medición solamente funciona con precisión en su mundo imaginario. Lo que ocurre en la Naturaleza es algo muy distinto y tratar de entenderlo con la mente lineal se vuelve complicado, pues la Naturaleza está tan distante de las líneas como lo están del sol las estrellas.

La ciencia no ha hecho ningún hallazgo experimental de ningún

fenómeno que se pueda describir como un plano de superficie recta,
ni sólida ni continua, ni como línea recta ni como algo infinito.
— BUCKMINSTER FULLER

Lo cierto es que lo que Euclides dejó fuera de su mundo matemático no era otra cosa que *la vida.* Cuando la vida fluye a través de lo que denominamos espacio tridimensional, lo modifica. Las líneas suaves dan vueltas, se fraccionan, hacen zigzag y se doblan sobre sí mismas en todas las direcciones. Y todo esto ocurre no sólo a lo largo de la propia línea dimensional —de la línea de una, dos o tres dimensiones de que se trate— sino *entre* las propias líneas dimensionales. En consecuencia, las formas en la Naturaleza están compuestas por dimensiones discordantes. Una montaña no es ni un cono ni una pirámide que posee tres dimensiones bien claras y definidas, cada una a 90 grados en relación con la otra. Cuando la vida fluye a través del espacio físico, cada línea dimensional de una montaña se fracciona y se pliega, y su longitud se aproxima al infinito.

Del mismo modo, la propia dimensionalidad de la montaña no es una constante, sino que fluctúa aproximadamente entre los valores de dos y tres (una dimensión fraccional) porque, cuando la vida fluye a través de lo que conocemos como las tres dimensiones, no sólo se fragmentan las líneas dimensionales de altura, ancho y profundidad, sino que el espacio a través del que fluyen también se rompe y se fragmenta. De modo que esta dimensionalidad de las montañas siempre está interviniendo en otra dimensión con distintos grados de intervención en distintos puntos a lo largo de sus líneas fraccionales casi infinitas. Mientras mayor sea la dimensión de un objeto no lineal, como una montaña, mayores serán las oportunidades de que determinada región del espacio contenga una parte de dicho objeto. Así pues, nunca se puede establecer donde comienza y dónde termina la montaña. Parece tener principio y fin pero, con la mente lineal, nunca sabremos con exactitud dónde está ese fin y ni siquiera sabremos si en realidad existe.

Lo cierto es que nunca se puede conocer todo sobre ningún objeto mediante su simple observación. Por ejemplo, para aprender una parte de la verdad esencial acerca de las hierbas, hay que estudiar a la vaca . . . Cada hecho es relativo y, si se coloca fuera de su posición relativa, a menudo deja evidentemente de ser un hecho.
— LUTHER BURBANK

Podemos ver las repercusiones que tuvo la vida cuando cayó sobre la tierra, en las cumbres serradas y salientes que llamamos montañas. Pero, ¿sobre qué distante orilla terminan esas repercusiones? ¿Terminan en las arenas de las playas? Por muy pequeñas que sean, por muy invisibles que resulten para la mente lineal, ¿no siguen estando presentes? Y, del mismo modo que la sombra del roble está presente en la semilla, ¿el águila no está presente en la montaña? Y, si el águila vuela hasta el campo, ¿no es como si la montaña estuviera ahora en el campo? Las aguas comienzan en las nieves de las montañas pero, cuando fluyen hasta el mar, ¿no significa esto que parte de la montaña se encuentra ahora en el océano?

Las estructuras no lineales —las formas que se encuentran en la Naturaleza— son los remanentes visibles del paso de la vida por la materia.

(Incluso esta manera de hablar es excesivamente reduccionista. La pregunta de "¿qué vino primero, la gallina o el huevo?" es un producto de la mente lineal. La linealidad es una ilusión. *La vida* vino primero, y a ellas son inherentes todas las formas de vida).

Cada forma tiene su propia identidad particular y la mente lineal la clasifica como montaña, o litoral o árbol (aunque el hecho de clasificar algo nunca equivale a conocerlo). Vemos esas formas como entidades estáticas, como si estuviéramos fuera de ellas. Para la mente lineal parecen ser estáticas e invariables. Pero no lo son.

No es posible salir del Universo. El Universo no es un sistema, ni una forma, sino un escenario. Uno siempre está dentro del Universo. Sólo es posible salir de los sistemas.

— BUCKMINSTER FULLER

Cuando la mente lineal observa la Naturaleza en su totalidad o en parte, se hace una imagen de ella, congelada en un instante temporal. Si la mente lineal observa un proceso de movimiento, cambiante, como el vuelo de un pájaro, toma una serie de imágenes, una a continuación de la otra. Cada imagen muestra la presencia del pájaro en una ubicación distinta y en un momento distinto. Sin embargo, estas instantáneas unidas una por una no son el vuelo del pájaro, por mucho que así le parezca a la mente lineal. Incluso si fuera posible ir con la rapidez de una cámara de cine, de todos modos sólo se captarían momentos estáticos del vuelo del pájaro. Ni siquiera una película puede captar el vuelo de un ave, pues las películas no son más que una serie de instantáneas que pasan muy rápidamente. Así se da la apariencia del vuelo. No importa cuán rápida sea la velocidad de obturación de la cámara, pues en todas esas series de imágenes siempre faltará algún diminuto fragmento de tiempo. En este proceso se reproduce la apariencia de un ser vivo, pero sólo es una apariencia. La mente lineal y sus cámaras cinematográficas siempre dejarán fuera ese pequeño fragmento de tiempo, que es precisamente donde reside ese fenómeno tan difícil de describir pero tan fácil de sentir que conocemos como la vida. Es algo que siempre reside fuera de los momentos congelados que la mente lineal puede asimilar.

Un conjunto formado por un número infinito de partes incluye además un número infinito de partes desconocidas. Éstas se pueden representar mediante un número infinito de brechas, que impiden que el conjunto jamás se restituya por completo.

— MASANOBU FUKUOKA

Cuando los científicos concentran su investigación en un objeto en particular, toman con la mente lineal una imagen de los momentos y los movimientos de ese objeto vivo a través del supuesto espacio tridimensional. Lo separan y lo aíslan. Toman un pedazo de la Naturaleza, lo separan del flujo de la vida y el tiempo y lo estudian, para tratar de entender la Naturaleza y la vida o, algo que quizás consideran más simple, como la hoja de una planta. Sin embargo, una vez que el objeto se saca de su contexto vivo y se separa de la matriz dentro de la que existe, deja de ser lo que ellos creen que es. Esta separación poco natural nunca puede producir el resultado que desean, por lo que todo lo que decidan sobre la base de esta separación siempre terminará en forma errada.

Una de nuestras grandes limitaciones es nuestra tendencia a fijarnos solamente en la imagen estática, en la confrontación única. Queremos respuestas de una sola imagen; queremos imágenes claves. Pero hemos ido descubriendo que no existen.

— BUCKMINSTER FULLER

LOS FRACTALES, LA NO LINEALIDAD Y EL CAOS DETERMINISTA

De modo que . . . cualquier observación detallada de un objeto natural revela una estructura altamente irregular. Mientras más grande sea el nivel de aumento de la vista, más irregular será la superficie del objeto.

Como casi todas las formaciones naturales de la Tierra son irregulares, y las hay por trillones y trillones, no se pueden describir por medio de la geometría euclidiana ni de las matemáticas newtonianas. Esto fue reconocido por Benoit Mandelbrot, quien siempre había tenido la costumbre de ver el mundo con la misma perspectiva de un niño y de hacer preguntas difíciles. Como no encontraba en ningún idioma (incluido el de las matemáticas) una palabra que describiera las formas infinitas e irregulares de la Naturaleza, inventó una: fractales.

Mandelbrot creó el término a partir de la raíz latina *fractus,* que significa "algo que se descompone en partes de formas irregulares". De esa misma raíz provienen los términos *fracción* y *fragmento.* Por lo tanto, un fractal es algo que tiene una forma irregular y no periódica. O sea, es fraccional, fragmentado. (Y este uso de la palabra fracción o fractal para describir la Naturaleza evoca la importante conclusión de que todo lo que vemos, incluido nuestro propio ser, es sólo una parte fraccional de una totalidad muy grande).

El hecho de que los objetos naturales tengan forma fractal significa que son irregulares o desarticulados. El término es antónimo de *álgebra,* que viene de la raíz árabe *al-jabr* y significa "volver a unir partes rotas". (Originalmente se usaba para referirse al procedimiento de componer huesos rotos). La geometría euclidiana se vale del álgebra para medir las formas y busca establecer vínculos en la Naturaleza no lineal mediante la reducción de sus irregularidades hasta convertirlas en algo que se pueda entender con la mente lineal, y que supuestamente se pueda controlar y predecir. Pero los fractales no son euclidianos y están íntimamente relacionados con la vida misma. No son un sistema estático de formas tridimensionales. Las líneas fractales —la geometría fractal de la Naturaleza— son las formas que se crean cuando la vida fluye *a través* del espacio físico. Y *siempre* están en fluctuación. Desde la perspectiva de nuestro limitado y escaso tiempo de vida, siempre pasamos por alto el hecho de que la vida aún sigue fluyendo por el espacio físico. Nunca se ha detenido. La vida de una montaña transcurre con mucha más lentitud que la nuestra, pero su forma *nunca* es estática ni invariable. Siempre está fluyendo a lo largo de las dimensiones y entre una dimensión y otra, en formas constantemente fluctuantes y nunca predecibles. Esta comprensión va en contra de preconcepciones profundamente arraigadas (no de niño, sino de adulto) y de sesgos que tenemos como especie acerca de la materia y la Naturaleza, acerca de lo que está vivo y lo que no lo está. Para que las culturas humanas pudieran permitir a los científicos hacer una disección tan detallada de la

Naturaleza, era preciso convertir a la Naturaleza en un objeto carente de vida. De lo contrario, nadie lo hubiera tolerado.

Cuando permitimos
que la ciencia nos convenciera
de que en la materia no existen
el alma ni la inteligencia,
las formas físicas de la Tierra
pasaron a ser simplemente lápidas
que indicaban el lugar donde antaño
se movían por el mundo los espíritus.
Comenzó entonces en serio
la autopsia
del mundo material.
Sus partes diseccionadas
ahora están dispersas por todo el territorio
y nosotros, deprimidos, andamos
entre estatuas sin vida,
sólo formas de vida accidentales
sobre la superficie rocosa de una esfera
que gira en torno al sol.

La puerta de metal está abierta.
Otros tipos de flores
asienten bajo la luz del sol
al otro lado de esa cerca de hierro forjado.

El reconocimiento del carácter no lineal de la Naturaleza confunde a la mente lineal. Para comprender verdaderamente a la Naturaleza nos vemos obligados a pensar fuera de nuestros marcos euclidianos, a abandonar la cantidad por la calidad. Para la mente lineal, esta supresión de las limitaciones dimensionales, cuantitativas, basadas en la definición de objetos vivos o muertos, implica la supresión de todos los puntos (mentales) de referencia. Es inherentemente aterrador. Como observa Mandelbrot: "Casi todos los estudios casuísticos que hacemos entrañan un síndrome de divergencia. Es decir, determinada cantidad, de la que normalmente se espera que sea positiva y finita, resulta ser infinita o desaparece. A primera vista, este comportamiento indebido parece sumamente raro e incluso aterrador pero, si se vuelve a examinar minuciosamente, se concluye que es aceptable . . . *siempre que estemos dispuestos a utilizar nuevos métodos de pensamiento*"[3].

> *Se plantea una tarea mucho más difícil cuando la sed de cono-*
> *cimiento de una persona despierta en ella el deseo de ver los objetos*
> *de la Naturaleza por su propio valor y en relación con otros objetos*
> *. . . así se pierde la vara de medir que nos ayudó cuando examina-*
> *mos las cosas desde el punto de vista humano.*
>
> — GOETHE

El carácter fractal de la Naturaleza, la no linealidad de los objetos verdaderos en el mundo real, pueden considerarse como una dimensión más de todas las formas naturales. Y esta dimensión tiene que tomarse en cuenta al describir la Naturaleza. Porque, de lo contrario, se estaría describiendo otra cosa. La idea de describir la Naturaleza, de dar nombre a un objeto, es un acto maravilloso pero peligroso. Cuando el ser humano le ha dado nombre a algo, tiene la tendencia a creer que lo entiende y, una vez que así piensa, deja de experimentarlo en forma fresca y renovada cada vez que se encuentra con dicho objeto o fenómeno. Si el propio nombre resulta impreciso, esto da comienzo a nivel cultural e individual a una cadena de sucesos cuyos resultados no se podían predecir en el acto inicial de nombrar el objeto.

> Semen *es el término latino*
> *que se refiere al óvulo latente y fertilizado,*
> *de una planta:*
> *la semilla.*
> *Desde el punto de vista químico,*
> *el producto de la eyaculación del hombre*
> *se asemeja más al polen de las plantas.*
> *Por eso,*
> *en realidad*
> *sería más preciso*
> *llamarle*
> *polen de mamífero.*
>
> *El hecho de llamarlo*
> *semen*
> *significa imponer*

una perspectiva loca
en lo más profundo de nuestra cultura:
la de que los hombres aran a las mujeres
y plantan en ellas su simiente
cuando, en realidad,
lo que hacen
es polinizar
flores.

Entonces,
¿no significa esto que todo entre nosotros cambia?

En última instancia, la vida hay que experimentarla. La vida no es una mera descripción. Para experimentarla, para llegar hasta la esencia de las cosas y ver realmente el rostro de la Naturaleza (no sólo describirlo a través del marco de un observador imaginario, desinteresado y objetivo) es preciso usar una modalidad de cognición no lineal. Porque, como se dio cuenta Frank Herbert: "la vida siempre está un paso más adelante que la lógica".

CAPÍTULO DOS

LA AUTOORGANIZACIÓN
DE LA VIDA

La intuición matemática desarrollada de esa manera [mediante la enseñanza de matemáticas con una perspectiva lineal] no equipa adecuadamente a los estudiantes para lidiar con los extraños comportamientos que exhiben los sistemas no lineales más sencillos . . . y sin embargo, esos sistemas no lineales ciertamente no son la excepción, sino la regla.

— R. M. MAY

En todas las cosas hay un patrón que es parte de nuestro universo. Este patrón posee simetría, elegancia y gracia, cualidades que uno siempre encuentra en los conceptos que capta el verdadero artista. Es posible encontrarlo en el cambio de las estaciones, en la manera en que la arena se agolpa a lo largo de un barranco, en los racimos del arbusto del chaparro o en los dibujos de sus hojas.

— FRANK HERBERT

En el espíritu humano, así como en el universo, no hay arriba ni abajo; todo tiene los mismos derechos con respecto a un núcleo común, que manifiesta su existencia secreta precisamente a traveés de la relación armónica de todas las partes con él.

— GOETHE

EN LA NATURALEZA, SI UNO EXAMINA DE CERCA CUALQUIER LÍNEA, notará su carácter fractal, pues será una línea fruncida e irregular. Si mira una sección de esa línea fruncida a través de un microscopio o con un gran aumento, esta perspectiva aumentada le revelará a su vez arrugas más pequeñas dentro de las más grandes. Y si se sigue aumentando la imagen

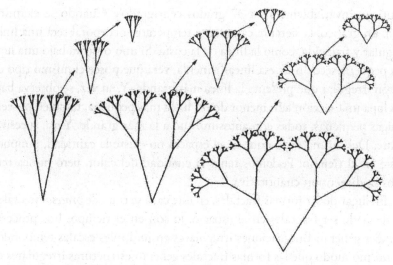

Figura 1.1. Autosimilitud en las líneas fractales

de esa parte más pequeña, se revelarán arrugas aún más diminutas y así, sucesivamente, durante mucho rato.

Notará que cada serie de arrugas más pequeñas es de forma muy similar a la de la arruga más grande con la que comenzó (vea la figura 1.1). Esto es válido para todos los objetos naturales, como los árboles con sus ramificaciones, las formaciones coralinas, los litorales accidentados, las cordilleras escarpadas, el corazón y el sistema circulatorio, las hojas de las plantas y el cerebro y el sistema nervioso central. Así, para ser más precisos, el fractal se puede describir como un objeto no lineal compuesto por subunidades (y subunidades de éstas) que se asemejan a la estructura que las contiene.

> *He aquí la grandeza de la Naturaleza, que es tan sencilla y que sus más grandiosos fenómenos los repite siempre en pequeño.*
>
> — GOETHE

Todos los objetos fractales poseen esta propiedad, conocida como autosimilitud. Si bien son altamente irregulares, también presentan patrones. No son simplemente un fenómeno caótico y aleatorio. Lo que es aún más difícil para la mente lineal, esto también se aplica a cualquier proceso o *propiedad* que puedan tener los objetos, como la velocidad, presión y temperatura.

Cada propiedad de un objeto natural, al examinarla, presentará un carácter fractal. Por ejemplo, la temperatura del cuerpo humano *nunca* se mantiene invariablemente a 37 grados centígrados. Cuando se examina sobre un gráfico, la siempre cambiante temperatura corporal será una línea irregular y fruncida, como la línea de la costa. Si uno observa bajo una lupa una pequeña sección de esa línea fruncida, verá que posee el mismo tipo de patrón irregular que presenta la línea más grande. Y, su vez, se observa bajo una lupa una sección aún menor de esa línea más pequeña, también poseerá arrugas pequeñas, todas con autosimilitud a la más grande. Y así, sucesivamente. Del mismo modo que en el espacio no existe la cantidad, tampoco existe en el tiempo. Podemos tener la cualidad del calor, pero nunca tenemos su dimensión cuantitativa.

En lugar de ser formas fractales, en este caso se trata de *procesos* fractales. En lugar de ser fractales en el espacio, lo son en el tiempo. Los procesos fractales generan fluctuaciones irregulares en múltiples escalas temporales, del mismo modo que las formas fractales generan estructuras irregulares en múltiples escalas formales. Y resulta que las fluctuaciones de estos procesos son a menudo *oscilaciones*. Van y vienen, aumentan y disminuyen en intensidad, como un patrón de onda de sonido o como las olas en el océano.

Al reconocer que existen los patrones fractales, existe la tendencia a volver a aplicar la linealidad de pensamiento y considerar que, si bien las (supuestas) líneas y planos de la Naturaleza son fractales, el patrón subyacente siempre es regular y previsible. Pero también se trata de una imprecisión. Los patrones de oscilación subyacentes son en sí mismos expresiones de no linealidad. Los propios patrones expresan la dimensionalidad fractal.

es un hábito difícil de romper

Este tipo de patrón fractal oscilatorio resulta sumamente vívido cuando examinamos los litorales, pues éstos experimentan considerables alteraciones debido a las mareas. El movimiento de la luna y el pozo gravitatorio que lo acompaña ejercen atracción sobre las aguas de la Tierra a medida que la luna avanza en su órbita alrededor de nuestro planeta. Así, siguiendo la atracción de la luna, las aguas pasan de la marea baja a la marea alta. Este cambio de mareas es un movimiento oscilatorio, enganchado en fase con los movimientos de la luna. De este modo, el propio litoral es una identidad constantemente cambiante cuya orientación exacta en el espacio y el tiempo siempre está fluctuando. Esta oscilación posee cierta regularidad, pero no es lineal. Al examinar la oscilación de las mareas y, por lo tanto, los cambios que experimenta cualquier costa en particular, se revela el hecho de que las oscilaciones constituyen procesos fractales no lineales. Cualquier examen estricto de este carácter no lineal revelará que contiene cada vez menores subunidades y sub-subunidades de oscilación y que todas presentan autosimilitud.

Con todo, esta imagen es aún excesivamente reduccionista, es una perspectiva del mundo en la que se hace demasiado énfasis en los objetos, en cosas que tengan forma y a veces movimiento, todo con algún fundamento mecánico. Pero es que nada en el mundo es meramente mecánico; no hay nada que no posea vida.

> *Los virólogos han estado demasiado ocupados, por ejemplo, intentando aislar los códigos genéticos de ADN y ARN, para detenerse a considerar la significación sinergética que tiene para la sociedad el hecho de que no existe ningún umbral físico entre lo animado y lo inanimado.*
>
> — BUCKMINSTER FULLER

Las formas materiales aparentemente estáticas de las montañas y el agua son el cuerpo y la sangre de un ecosistema vivo, la Tierra, y nunca se pueden ver con precisión como objetos aislados de la totalidad. Forman un organismo vivo completo.

> *Al realizar investigaciones en los límites entre la física y la fisiología, quedé sorprendido al encontrar que los límites se desvanecían y que surgían puntos de contacto entre los reinos de lo viviente y lo no viviente. Los metales responden ante estímulos, experimentan fatiga, hay ciertos fármacos que los estimulan y venenos que los "matan".*
>
> — JAGADIS CHANDRA BOSE

Tenemos que llegar a un nivel mayor en la complejidad de todo esto para verlo más claramente; el nivel de incomodidad para la mente lineal tiene que ser mayor.

LA AUTOORGANIZACIÓN MOLECULAR

Cuando un gran número de moléculas se congregan en estrecha cercanía, llegará un momento en que los movimientos aleatorios de los miles y miles de millones de moléculas mostrarán una alteración repentina en su comportamiento, pues todos comenzarán a sincronizarse espontáneamente. Empiezan a moverse y a vibrar en conjunto. Empiezan a actuar al unísono, a cooperar activamente y a acoplarse fuertemente en una sola entidad, como un todo interactivo que exhibe un estado de ser colectivo y ordenado macroscópicamente. Se convierten en un sistema singular vivo en el que las subunidades más pequeñas (las moléculas) no son más que una parte. (Un ejemplo muy sencillo de esto es el de montar bicicleta. Al lograr el equilibrio, el ser humano y la bicicleta se convierten en un solo sistema autoorganizado). Durante la sincronización molecular, las moléculas se combinan en un sistema *autoorganizado*. En tales momentos, una entidad ha cobrado existencia, la vida ha fluido a través del espacio físico. Y los bordes de este nuevo sistema autoorganizado son de Naturaleza fractal. Aunque ahora el sistema está organizado, no es lineal, no es una forma ni sistema euclidiano. Ha entrado en existencia algo nuevo, no lineal.

> *Cualquier cosa que aparezca en el mundo tiene que dividirse para poder aparecer. Lo que se ha dividido vuelve a buscarse a sí mismo y puede volver sobre sí y reunificarse . . . al reunirse las mitades así intensificadas se genera un tercer fenómeno u objeto, algo nuevo, superior, inesperado.*
>
> — Goethe

Hemos comenzado, por supuesto, con un fenómeno altamente autoorganizado: la molécula. A su vez, esta partícula está compuesta por subunidades y sub-subunidades más pequeñas, que también están autoorganizadas y muestran fractalización. Y, como la mente lineal que toma instantáneas del vuelo de un pájaro, si alguna parte o alguna subunidad se separa de la totalidad y se ve aisladamente, el ínfimo instante entre una instantánea y la otra se pierde. Lo esencial es precisamente lo que está contenido en ese instante ínfimo. La vida nunca se encontrará en el ADN ni en ninguna otra *parte* de la totalidad. La vida es el fenómeno que es más que la suma de sus partes, lo que ocurre en el momento de la autoorganización, la *cualidad* no lineal que cobra existencia en el momento de la sincronía.

En ese momento de autoorganización, el sistema empieza a mostrar además otros rasgos que no se limitan a la sincronía. Es decir, empieza a *actuar* como unidad, a mostrar *comportamientos*. El sistema completo, firmemente acoplado, empieza a actuar sobre sus partes microscópicas con objeto de estimular nuevas sincronizaciones, que a menudo son mucho más complejas. Una continua corriente de información empieza a fluir en uno y otro sentido, con suma rapidez, entre la totalidad macroscópica y ordenada y las subunidades microscópicas más pequeñas y vuelve a empezar otra vez para que la estructura autoorganizadora se estabilice, manteniéndose en forma activa su equilibrio dinámico recién adquirido. Esta corriente de información también incluye inmediatamente el entorno externo, donde tiene lugar un rápido flujo similar de información, a fin de potenciar aún más la estabilidad. Ahora el sistema muestra comportamientos *emergentes*.

La autoorganización inicia la fractalización de la materia, los comportamientos emergentes inician la fractalización del tiempo.

Algunos de estos comportamientos serán fenómenos sencillos, por ejemplo, fluctuaciones de temperatura, velocidad y presión. Algunos son mucho más complejos.

En sistemas autoorganizados, la información de la subunidad más pequeña (que se transmite a la totalidad mayor en forma de indicios químicos, flujos electromagnéticos, ondas de presión, etc.) crea una respuesta en el sistema que la contiene, que se vuelve a transmitir al sitio inicial en forma de nuevo pulso de información. Esta forma de onda informacional viaja a través del sistema y afecta y altera todo lo que toca. Y estas pulsaciones viajan en uno y otro sentido, con extrema rapidez, durante todo el tiempo en que el propio sistema mantenga su autoorganización.

Estos pulsos de información son procesos fractales. Están compuestos por subunidades y sub-subunidades que son autosemejantes al pulso o proceso informacional general. Su función es aumentar la estabilidad general del sistema, y muestran los mismos tipos de patrones no lineales presentes en todos los fractales. Estos comportamientos emergentes conforman un complejo sistema de retroalimentación controlada cuyas propiedades de funcionamiento similares en deferentes escelas del sistema hace que aumente su estabilidad. Porque no sólo al gran nivel macroscópico, sino además a los niveles más pequeños de subunidad y sub-subunidad, estos pulsos de información interactúan, estabilizan al sistema desde su menor subunidad microscópica hasta cada subunidad siguiente, hasta llegar al propio sistema que los contiene, en una cascada casi infinita.

Estos tipos de sistemas espontáneamente autoorganizados existen a muchos niveles distintos de complejidad en los organismos vivos. Un sistema a un determinado nivel de complejidad —una molécula— puede unirse con otros para formar sistemas que se autoorganizan a nuevos niveles de complejidad, como las células. Cuando se une un número suficiente de sistemas autoorganizados, todos los grupos autoorganizados empiezan de repente a sincronizarse y a formar una unidad coherente mayor. A medida que las agrupaciones de cada nivel se unen hasta formar nuevos niveles de complejidad, van surgiendo tipos de autoorganización completamente nuevos, cuya forma y comportamiento no se pueden entender ni predecir a partir de ningún estudio de los sistemas que les antecedieron. El hecho de separar y examinar en forma aislada cualquier parte de la totalidad (por ejemplo, una célula o un órgano) vuelve a pasar por alto la esencia del asunto. Ese fenómeno diminuto que ocurre en el momento de la autoorganización es más que la suma de las partes.

> *El hombre occidental cree firmemente que la Naturaleza es una entidad que posee una realidad objetiva independiente de la conciencia humana, una entidad que el hombre puede conocer a través de la observación, el análisis reductivo y la reconstrucción... En sus esfuerzos por aprender sobre la Naturaleza, el hombre la ha reducido a pequeños pedazos. Definitivamente ha aprendido así muchas cosas, pero lo que ha examinado no ha sido la Naturaleza propiamente dicha.*
>
> — MASANOBU FUKUOKA

Mientras más se esfuerza la mente lineal por comprender esta realidad, más escurridiza se vuelve. Un sistema autoorganizado es una entidad viva, siempre cambiante, que cobra existencia por su propia voluntad, en un gesto de consentimiento y cooperación que nunca es estático.

> *Pero estos intentos de división también produce muchos efectos desfavorables cuando se llevan al extremo. Está claro que los seres vivos se pueden diseccionar en las partes que los componen, pero de esas partes sería imposible restablecerlos y devolverles la vida.*
>
> — GOETHE

Y, aunque la mente (lineal) estimulada puede concentrarse a veces en la totalidad del sistema —mediante la aplicación de una jerarquía de importancia a mayores niveles de complejidad—las propias subunidades no son ni más ni menos importantes que la totalidad. Los procesos biológicos son consecuencia de una red dinámica, interactiva, no lineal, en la que las partes desempeñan un papel igualmente importante. El propio sistema no podría existir sin las subunidades que se autoorganizaron. Y la supresión de demasiadas subunidades debido a la creencia errada de que no son importantes provocarán la pérdida de la autoorganización y de los comportamientos emergentes. En los estudios de los ecosistemas, esto se conoce como *cascada trófica*. Ocurre cuando se destruyen demasiadas partes del ecosistema, y éste, que es autoorganizado y no lineal, empieza a desmoronarse.

Lo que llamamos partes en cada ser vivo son tan inseparables de la totalidad, que sólo se pueden comprender en el contexto de dicha totalidad.

— GOETHE

El sistema completo y todas sus partes no son competitivos, sino cooperativos. Conforman un sistema. Son una totalidad.

ACERCA DE PAYASOS Y MONOCICLOS

En algún punto que nunca se puede predecir, el número cada vez mayor de moléculas atraviesa un *umbral,* más allá del cual tiene lugar el momento de la autoorganización. Por una parte, no hay nada más que movimientos moleculares aleatorios; por la otra, hay una repentina autoorganización y comportamiento emergente. (Este mismo umbral no es como una línea delimitadora; de hecho, se parece mucho a un litoral y, como los litorales, su orientación exacta en el espacio y el tiempo tiene altos y bajos). En el momento en que se cruza el umbral, en que tiene lugar la autoorganización, el nuevo sistema vivo entra en un estado de equilibrio dinámico. Y, para mantener la autoorganización, el sistema constantemente procura mantener ese estado de equilibrio dinámico, como un payaso que se mantiene en equilibrio sobre un monociclo.

Dado que el monociclo no es estático ni estable, como una silla, para mantener el equilibrio en él es preciso ajustar constantemente la orientación del ser humano y el monociclo en el espacio y el tiempo. Cuando un payaso se equilibra sobre un monociclo, tiene que moverse constantemente para acá y para allá en respuesta a las perturbaciones que ocurran. Siempre hay pequeños factores que afectan su equilibrio e, instintivamente, a medida que aprende a controlar el monociclo, el payaso hará automáticamente pequeños ajustes en sus respuestas de equilibrio para no caerse.

Así pues, un payaso que se mantiene en un mismo lugar, sentado encima de un monociclo, es un ejemplo de un sistema dinámico que cambia constantemente en respuesta a las modificaciones de su entorno; en este caso, el payaso siempre hace pequeños movimientos para poder mantener el equilibrio. Si el payaso se queda completamente estático, se caerá junto con el monociclo. Ambos se desestabilizarán y dejarán de conformar un sistema completo autoorganizado. Se caerán, cada uno por su lado.

Los movimientos del payaso son expresiones de las correcciones precisas que son necesarias para estabilizar un punto de sostén inestable. Y esas correcciones precisas tienen lugar en respuesta a la *información* que viene codificada en cualquier perturbación que afecte a su equilibrio dinámico. Cada perturbación se interpreta con extrema rapidez. La información codificada en ella le comunica al payaso (a un nivel muy inferior al de la mente consciente) el efecto exacto que esta perturbación tendrá sobre su equilibrio. Su cuerpo entiende la información e idea una compleja respuesta coordinada de todo su ser para poder mantener el equilibrio.

Esto es lo que se denomina caos determinista, es decir, dinámica no lineal. Existe un intrincado orden subyacente —el de la estabilización del payaso sobre el monociclo— pero nunca se pueden predecir las acciones que deben ocurrir para lograr esa estabilización. El estado en que se encuentra el payaso es muy cercano al umbral entre el equilibrio y la caída, entre la estabilidad y la pérdida de la estabilidad. El payaso percibe constantemente las modificaciones o perturbaciones (o sea, la *información*) que influyen en su equilibrio y se deja guiar por ellas.

Así son todos los organismos vivos, los sistemas autoorganizados: todos poseen una exquisita sensibilidad ante las perturbaciones del equilibrio existente en el momento en que se autoorganizaron. Recuerdan efectivamente ese momento de equilibrio y están sintonizados con él. El propio umbral representa para ellos una identidad viva. Monitorean muy detalladamente su mundo interno y externo a través de acoplamientos extremadamente precisos, en miles de millones de puntos de contacto, para procesar la energía, la materia y la información que van recibiendo. Estos acoplamientos ocurren en el espacio a través de sus geometrías fractales no lineales y, en el tiempo, a través de sus procesos fractales no lineales.

Los sistemas autoorganizados son identidades vivas que practican continuamente la comunicación, tanto interna como externa. No son unidades aisladas ni estáticas que se puedan entender por separado. El hecho de examinarlas en forma aislada mata a la propia entidad viva y el hecho de concentrar la atención en el objeto y no en sus comunicaciones —su intercambio de información basado en la búsqueda de equilibrio— revela muy poco sobre la verdadera naturaleza del objeto de estudio.

Acabo de pasar por el proceso de matar [a una tortuga de caja] en nombre de la ciencia; pero no me puedo excusar por este asesinato y veo que tales acciones, por mucho que sirvan a la ciencia, son incompatibles con la percepción poética e influirán en la calidad de mis observaciones.

— HENRY DAVID THOREAU

Es importante el hecho de que en las superficies de los sistemas autoorganizados haya geometría fractal, pues éste es en realidad un aspecto altamente sofisticado y crucial del mantenimiento de la estabilidad. Los pliegues y fraccionamientos que tienen lugar entre una dimensión y otra en los organismos vivos les permiten acoplarse y entrar en contacto con el mundo que los rodea en un número de puntos casi infinito, muchos más que si sus bordes fueran simplemente líneas rectas. Cuando cualquier organismo frunce su superficie exterior (o cualquier superficie interior), produce un gran aumento en el área de esa superficie y la longitud de sus bordes. Este aumento potencia en grado significativo la capacidad del organismo de recopilar información de sus entornos externo e interno. Además, cuando el organismo frunce su *funcionamiento,* produce un gran aumento en el número de posibles respuestas de comportamiento a su disposición. El hecho de contar con un número de respuestas casi infinito le permite al organismo potenciar al máximo sus opciones de comportamiento ante cualquier potencial fluctuación interna o externa del entorno que sus contactos casi infinitos le vayan revelando. Dado que un sistema autoorganizado nunca puede saber exactamente cuáles sucesos desestabilizadores podrían ocurrir en el futuro, el hecho de tener a su disposición un número casi infinito de respuestas hace que aumente en gran medida sus probabilidades de supervivencia.

La naturaleza fractal de los organismos vivos hace que sea posible tener un área superficial casi infinita, con lo que se obtienen puntos de interacción casi infinitos y la máxima flexibilidad en respuesta a las fluctuaciones ambientales.

Así pues, todos los sistemas autoorganizados y no lineales exhiben un enorme abanico de comportamientos en sus esfuerzos constantes por mantener su equilibrio. La modificación de cualquier parámetro interno o externo hace que el sistema retroceda levemente sobre el umbral de la autoorganización y, momentáneamente, pase a un estado de *desequilibrio.* Esto lo obliga a modificar casi instantáneamente sus comportamientos para volver a conseguir el equilibrio, igual que el payaso sobre el monociclo.

Estas modificaciones no son predecibles y pueden tener lugar en la forma o el comportamiento del sistema o en ambos. Cada bifurcación distinta —cada canal distinto que se forma en respuesta a una perturbación externa o interna— da lugar a distintas expresiones de forma y comportamiento, así como de estados de almacenamiento y transferencia de la información. Por lo tanto, incluso si hay dos sistemas que sean idénticos en el momento de su autoorganización, experimentarán una divergencia cada vez mayor entre sí con el paso del tiempo. Las perturbaciones que experimenta cada uno nunca serán las mismas, nunca se pueden predecir y habrá leves diferencias entre las respuestas de cada sistema. En el momento del desequilibrio, cada sistema vivo hace una elección entre los millones y millones de formas disponibles para restablecer el equilibrio. Y esa elección nunca se puede predecir.

ah, el libre albedrío

Con el paso de largos períodos de tiempo, los organismos similares presentarán tal grado de divergencia que parecerán muy distintos a la vista en cuanto a forma y función. En ese caso, lo que uno ve es la complejidad divergente de la vida contenida en la Tierra. No solamente habrá plantas que tendrán todas el mismo aspecto, sino que también habrá múltiples formas que pueden resultar tan distintas entre sí que no parecerán estar relacionadas.

Cualquier cosa que detecte un sistema vivo autoorganizado —cualquier cosa que entre en contacto con él— afecta su equilibrio. Esto, a su vez, estimula al sistema a modificar su funcionamiento, aunque sea en grado mínimo, para poder mantener su equilibrio dinámico. Todos los sistemas no lineales, todos los organismos vivos, son así. Lo que les permite tener la capacidad de responder ante las minúsculas interacciones del mundo es el hecho de que no se encuentran en un equilibrio permanente ni en un estado estático. Se encuentran suspendidos, balanceodos, manteniéndose en tensión dinámica desde un diminuto momento fractal hasta el siquiente. No hay ningún estado al que vuelvan cuando se les perturba. Siempre están cambiando, modificándose, siempre a punto de caer en el desequilibrio debido a las perturbaciones del entorno, y siempre prestos a reorganizarse de nuevas maneras, con lo que restablecen su equilibrio dinámico.

Esto significa que los sistemas no lineales pueden cambiar de manera repentina y discontinua, creando formas físicas y comportamientos significativamente nuevos en un período muy breve. La producción de sustancias químicas puede cambiar tanto en una sola generación de plantas que vivan en distintos ecosistemas, que dos plantas consideradas idénticas podrían tener escasa relación química entre sí.

Como señala el doctor Ary Goldberger: "En el caso de los sistemas no lineales, no se cumple la proporcionalidad, pues cambios pequeños pueden tener efectos radicales e imprevistos. Una complicación añadida es el hecho de que los sistemas no lineales compuestos por múltiples subunidades no se pueden entender mediante el análisis individual de esos componentes. Esta estrategia reduccionista fracasa porque los componentes de redes no lineales interactúan entre sí, es decir, están acoplados. Son ejemplo de ello la 'diafonía' entre las células de marcapaso del corazón, o entre las neuronas en el cerebro. Su acoplamiento no lineal genera comportamientos que son imposibles de explicar mediante el uso de modelos (lineales) tradicionales"[1].

Comprendo perfectamente que hay científicos para quienes el mundo es meramente resultado de fuerzas químicas o de la interacción entre electrones. No pertenezco a esa clase.
— George Washington Carver

Los fenómenos que afectan el funcionamiento de un organismo, y las respuestas que éste produce, son de una magnitud muy amplia. Las perturbaciones (y las respuestas) pueden ser químicas, mecánicas, hormonales, electromagnéticas, gravitacionales, etc., en variaciones y formas casi infinitas. Pueden ser simples o complejas, periódicas, no periódicas, o pulsátiles, rápidas o lentas, y pueden incluir modulación de amplitud o de frecuencia.

El físico Friedemann Kaiser observa: "El tipo de estímulo externo no es pertinente (sea mecánico, químico, hormonal, electromagnético, etc.). Lo importante es la información que contiene la señal"[2].

Así, lo importante es la información, el significado codificado en la perturbación, no la forma en que se transmita. La forma es meramente uno de los muchos lenguajes de comunicación posibles. En última instancia, lo que es importante no es el comportamiento, sino el *significado* contenido en él. Lo importante no es la sustancia química que se libere, ni el movimiento del cuerpo, ni el campo electromagnético, sino la información, el significado que contenga.

Y durante mucho tiempo los científicos han dado por sentado que la Naturaleza carece de significado. Por eso han pasado sus vidas estudiando formas estáticas, muertas, cuando lo esencial son las propias comunicaciones de significado. (No es de sorprender entonces que, después de años de instrucción escolar, seamos tantos los que creemos que la vida carece de significado, o que los científicos hayan inventado el Prozac para ayudarnos a no darnos cuenta de cómo nos sentimos).

El experto en gramática suele ser alguien que no puede llorar ni reír, pero piensa que puede expresar las emociones humanas.
— Henry David Thoreau

Por mucho que diseccione las palabras y la estructura de la oración que está leyendo ahora, ese método de estudio nunca revelará su *significado*. Se puede examinar la historia de los idiomas, cómo una palabra evolucionó hasta convertirse en otra o se combinó con un vocablo de otro continente a través de una larga interacción, se puede estudiar la función de los verbos, adverbios (y su proliferación), sustantivos, adjetivos, interjecciones, participios sin antecedente, infinitivos partidos, vocales y consonantes, además de sus formas y sonidos, y su pronunciación y articulación adecuadas, pero el significado radica en otra parte. Está alojado dentro de la oración, pero no está presente en sus partes. En cierto sentido, esas partes se han "autoorganizado" para generar el significado, que no es la palabra, del mismo modo que el territorio no es el mapa.

Hay una tensión entre las palabras, algo que las une, un patrón que pasa al nivel consciente y que no está contenido en ninguna de las partes cuando éstas se consideran por separado.

Toda la vida es así. Hay tensión entre las partes, algo que las une, un patrón que pasa al nivel consciente y que no está contenido en ninguna de las partes cuando éstas se consideran por separado. Y ese algo que no está contenido en las partes es la esencia, el meollo, la intríngulis total.

> *La vida como un todo se expresa como una fuerza que no debe que-*
> *dar contenida en ninguna de sus partes.*
>
> — GOETHE

Casi siempre se considera que esta totalidad se encuentra fuera del ámbito de la ciencia porque no se presta al reduccionismo. En consecuencia, la mayoría de los científicos desconocen todo lo relativo a ella.

LA DINÁMICA NO LINEAL DE LOS
ORGANISMOS VIVOS

La autoorganización que tiene lugar cuando se sincronizan de repente miles y miles de millones de moléculas que fluctúan aleatoriamente es un rasgo característico de la vida y de su manifestación en innumerables formas.

(Por supuesto, esta descripción del fenómeno no es el fenómeno. Lo más importante es que cualquier sistema que se autoorganice puede *sentirse;* posee *cualidades.* En ese cambio de un momento al siguiente, algo nuevo entra en existencia, algo que nunca antes estuvo presente en este mundo y que nunca se repetirá. Una vida plena consiste en encontrar esos millones de millones de sistemas autoorganizados, *sentir* ese elemento extra que cobra existencia en el momento de su aparición y entra en contacto, interactúa y vive con ella).

Con el paso del tiempo, estas agrupaciones de sistemas moleculares sincronizados se fusionan en forma de células, los elementos básicos sobre los que descansa toda la complejidad de la vida. Las células, aunque diminutas, son sistemas vivos sumamente complejos que expresan autoorganización y comportamientos emergentes. Al igual que todos los sistemas vivos, son muy sensibles ante las perturbaciones externas. El número de perturbaciones que deben detectar y a las que deben reaccionar es enormemente grande, y muchas son extremadamente sutiles. El investigador Adam Arkin relata: "La programación celular que rige los ciclos de las células y su desarrollo debe funcionar perfectamente ante un entorno y fuentes de energía fluctuantes. Integra numerosas señales, químicas y de otro tipo, cada una de las cuales contiene, tal vez, información incompleta sobre sucesos que la célula debe seguir para poder determinar las subrutinas bioquímicas que debe activar y desactivar, o ralentizar y acelerar. Estas señales, que se derivan de procesos internos, de otras células y de cambios en el medio extracelular, llegan de modo asincrónico y tienen múltiples valores; es decir, no están meramente 'encendidas' o 'apagadas', sino que tienen múltiples valores de significado para el aparato celular. La programación celular posee además una memoria de las señales que ha recibido en el pasado y de su propia historia particular, escrita en los complementos y concentraciones de sustancias químicas que la célula contiene en cualquier instante"[3].

De hecho, todos los sistemas autoorganizados son inteligentes, porque tienen que serlo. Tienen que monitorear constantemente sus entornos, interno y externo; detectar perturbaciones; decidir sobre la base de esas perturbaciones cuál será el efecto probable y reaccionar en consecuencia para poder mantener su autoorganización.

El hombre quiere creer que su inteligencia y su capacidad de pensar y de tener ideas lo aparta de los órdenes a los que siempre se ha referido como "inferiores". El hombre preferiría creer, como lo hacían los antiguos griegos y romanos, que sus líderes y sus ilustres descendían directamente de los dioses y que el ser humano posee privilegios y prerrogativas naturales que se les niegan a los perros . . . cuando pienso en la manera en que mis perros han aprovechado las oportunidades que

*se les han presentado, no me puedo vanagloriar mucho de la superio-
ridad del hombre.*

— LUTHER BURBANK

Las células, al igual que todos los sistemas autoorganizados, se mantienen
muy cerca del umbral entre el desequilibrio y el equilibrio en una suerte de
criticalidad autoorganizada. Los sistemas que poseen criticalidad autoorganizada, como las células y las avalanchas, se encuentran próximos a estados
críticos. Una señal (por ejemplo, la vibración de una explosión o el ruido que
se produce al caminar sobre la nieve) los hace traspasar el umbral crítico y
caen en el desequilibrio. Los millones y millones de señales o perturbaciones
que influyen en las células afectan su equilibrio. Procesan la información
codificada en el estímulo que los volvió a empujar al desequilibrio y la utilizan para generar comportamientos que restablecen el equilibrio.

De este modo, las células, y todos los sistemas autoorganizados, se
tambalean constantemente entre el equilibrio y el desequilibrio. Los sistemas autoorganizados que conocemos por su cualidad de estar vivos, y los
comportamientos que de ellos provienen, no podrían existir sin el delicado
estado de equilibrio dinámico que ocurre entre el equilibrio y el desequilibrio. La vida surge a partir de la interacción constante entre el caos y el
orden. Sin la oscuridad, la luz carecería de significado o propósito.

En cualquier sistema vivo que esté muy próximo a la transición fásica
entre un estado sincronizado y uno no sincronizado, una pequeña señal
perturbadora produce un efecto muy grande, al hacer que el sistema entre
y salga de la sincronía a un ritmo regular. Pero, cada vez que un sistema de
este tipo se reorganiza, se encuentra en un *nuevo* estado de equilibrio. La
autoorganización y los comportamientos emergentes así producidos son
distintos de los que vinieron antes. De este modo, en los sistemas vivos la
novedad surge en los puntos de inestabilidad o de bifurcación. Las inestabilidades son fuentes indispensables de innovación biológica. A veces
estas inestabilidades conducen a una singular fusión de múltiples sistemas
autoorganizados hasta conformar nuevos organismos, como ha descubierto la investigadora microbiológica Lynn Margulis en sus trabajos sobre
las mitocondrias. A este fenómeno le ha dado el nombre de *simbiogénesis*.

*Ningún ser vivo es de naturaleza unitaria; siempre son una plural-
idad. Incluso los organismos que vemos en forma individual existen
como un conjunto de entidades vivas independientes.*

— GOETHE

Las mitocondrias son los generadores de energía de nuestras células, las "centrales eléctricas" intracelulares que posibilitan el metabolismo. Pero también son más que eso. Las mitocondrias era antiguamente bacterias con vida propia que hace mucho tiempo se incorporaron en las células. La investigadora Margulis descubrió que los "parientes silvestres" de las mitocondrias siguen viviendo como organismos independientes, de la misma manera en que lo hacían antes de que ocurriera la mencionada fusión evolutiva. Lo que descubrió Margulis es que dos tipos de células se unieron y se fusionaron en un nuevo organismo, que posee capacidades que las propias células no tenían antes de fusionarse.

Al igual que en el caso de las moléculas autoorganizadas, hubo un momento en que los dos organismos traspasaron un umbral. Al hacerlo, se unieron hasta formar un sistema autoorganizado con nuevos comportamientos emergentes. Empezaron a actuar al unísono, a cooperar activamente, hasta convertirse en una totalidad interactiva y firmemente acoplada que exhibía un estado existencial colectivo y ordenado macroscópicamente. Las investigaciones de Margulis demostraron que la evolución consiste en el surgimiento de la individualidad a partir del entremezclamiento de organismos que antes eran independientes; que la novedad evolutiva surge de la simbiosis o de la colaboración y fusión mutuas de distintos sistemas autoorganizados.

A medida que se unen más y más agrupaciones moleculares (o celulares) —cada una con autoorganización— más complejo se vuelve el sistema vivo. (Con todo, ningún sistema vivo, por complejo que sea, puede compararse con la complejidad de la matriz viva a partir de la cual fue expresado, o sea, la propia Naturaleza). Mientras más elementos interactivos haya, más sensible se vuelve el sistema vivo ante cualquier perturbación que afecte su equilibrio dinámico. Y como las acciones de estos sistemas son no lineales, la predicción de su comportamiento no puede realizarse a partir de un estudio de los elementos que lo componen ni reducirse al estudio de moléculas por separado y de su impacto sobre determinado sistema (como se hace normalmente en las investigaciones médicas y científicas). Para hacerlo, el sistema vivo tiene que verse como algo estático e invariable, salvo cuando se le introduce la molécula objeto de estudio.

Ningún sistema vivo es estático ni invariable. Todos existen en un estado de equilibrio dinámico cuya forma y comportamiento exactos se modifican de un milisegundo a otro en respuesta a perturbaciones externas. Y en cualquier momento dado se están registrando millones y millones de perturbaciones en todos los organismos vivos.

*La propia Naturaleza no tienen ningún modo de proceder establec-
ido e invariable. La Naturaleza no se limita a andar por un surco
trazado. No viaja según un programa establecido. Procede milímetro a milímetro, o kilómetro a kilómetro, siempre avanzando,
pero hacia un futuro sin mapas, sin planos, sin senderos.*

— Luther Burbank

Uno de los aspectos importantes de la no linealidad es el hecho de que
la percepción de los sistemas vivos se adapta muy rápidamente a los estímulos regulares y periódicos (y pronto deja de notarlos). Pero los estímulos
no lineales son siempre nuevos, no son nunca predecibles ni regulares.
Esto hace que el sistema nunca se habitúe a su capacidad sensorial de percatarse de las perturbaciones. Mientras más sofisticada sea su capacidad de
notar las perturbaciones, más elegantemente podrá responder ante ellas.
De hecho, los sistemas vivos han desarrollado mecanismos altamente sensibles para percatarse de perturbaciones muy débiles, sean de naturaleza
química, mecánica o electromagnética. Mientras más sensibles sean estos
sistemas incluso ante la perturbación más débil, más capacidad tendrán
de aumentar su estabilidad. Pueden detectar muy sutiles perturbaciones
que los científicos han asegurado que son demasiado débiles para producir
efecto alguno. (Como, por ejemplo, la presencia en el medio ambiente,
en minúsculas partes por billón, de sustancias químicas aplicadas a las
plantas).

De hecho, los sistemas sensoriales de los organismos vivos operan muy
cerca de los límites teóricos que se pueden calcular para percibir señales
débiles en un entorno ruidoso. Una de las habilidades de los sistemas que
poseen coherencia de largo alcance es el hecho de que pueden detectar
señales mucho más débiles que cualquier componente individual de ese
sistema. Tienen, además, la capacidad de amplificar esas señales.

CAPÍTULO TRES

LOS PROCESOS ENERGÉTICOS DE LA VIDA

Las células biológicas pueden verse como dispositivos altamente sofisticados de procesamiento de información que son capaces de discernir patrones complejos de estímulos extracelulares. En consonancia con esta perspectiva, se ha descubierto que, análogamente a los circuitos eléctricos, las redes de reacciones bioquímicas pueden realizar funciones computacionales como las de conmutación, amplificación, histéresis, o filtro con paso de banda de información de frecuencias.

— JAN WALLECZEK

Cuando, al ejercer sus facultades de observación, el hombre se aboca a confrontar el mundo de la Naturaleza, empezará por experimentar una gran compulsión a poner bajo su control lo que encuentre en ese mundo. No obstante, muy pronto estos objetos se le impondrán con tal fuerza que se verá obligado a reconocer su poder y rendir homenaje a sus efectos.

— GOETHE

El científico, al ser incapaz de ver la luz como algo distinto de un fenómeno puramente físico, es ciego ante la luz.

— MASANOBU FUKUOKA

EL ESPECTRO ELECTROMAGNÉTICO HA EXISTIDO desde hace mucho tiempo, desde mucho antes que los seres humanos. Nuestra utilización de ese espectro para trasmitir señales de radio y televisión no es en realidad tan innovadora como se nos ha hecho creer. La vida en todas sus formas ha utilizado el espectro electromagnético para la comunicación durante miles de millones de años.

El universo físico es una aglomeración de frecuencias.
— BUCKMINSTER FULLER

Todos los organismos vivos reciben constantemente señales electro-magnéticas. Y, al igual que las que recibimos por la radio, esas señales contienen enormes cantidades de información, que se puede usar para muchas cosas distintas. Sus usos van desde la regulación de la apertura de peque-ñas puertas en las células para dejar entrar los alimentos y dejar salir los desperdicios, hasta la sanación celular, el control de los latidos del cora-zón, la orientación de las aves migratorias según las líneas magnéticas de la Tierra, la comunicación entre los polinizadores y sus flores, las comunica-ciones entre miembros de una misma familia que han establecido vínculos estrechos entre sí y, por supuesto, muchas cosas más.

Las señales del espectro electromagnético, por ejemplo, las de cualquier estación radial en particular, pueden contener, y de hecho contienen, grandes cantidades de información. Mientras vamos conduciendo un automóvil podemos recibir un gran abanico de información: desde la noticia de una inundación repentina en la carretera, hasta el contenido completo de la Enciclopedia Británica, hasta una canción (que, a su vez, contiene una gran cantidad de información en su letra y su melodía). Si en el auto llevamos un teléfono móvil, no sólo podremos recibir información, sino enviarla. Si tenemos una planta de radioaficionado, nuestras transmisiones no sólo irán a una sola persona, sino a todos los que estén escuchando en esa frecuencia.

Aunque los seres humanos nos enorgullecemos de la tecnología de comunicaciones que hemos desarrollado, en realidad no somos más que novatos en la materia. La vida en la Tierra ha utilizado el espectro electro-magnético para enviar y recibir señales llenas de información altamente sofisticada durante casi 4.000 millones de años. El espectro electromag-nético es simplemente una faceta más del universo, otra dimensión por la que puede fluir la vida. Y, cuando la vida fluye a través del espectro elec-tromagnético, o de una frecuencia en particular, la fractaliza, del mismo modo que se fractalizan otras líneas dimensionales. La onda sinusoidal oscilatoria o frecuencia de banda ancha por la que fluye la vida se con-vierte en un fractal y sus bordes asumen el mismo tipo de configuración irregular que tienen los objetos sólidos. Cada vez que la vida fluye por esa frecuencia del espectro electromagnético, fractaliza esa onda de una forma distinta, porque el flujo de la vida siempre es no lineal. Lo interesante es el hecho de que esa singular información siempre está incorporada o codifi-cada en la forma en que se fractaliza la onda sinusoidal oscilatoria.

del mismo modo que está codificada
en las líneas dimensionales fractalizadas
de una montaña

Las ondas radiales transmiten información de un modo muy similar. Se crea una onda sinusoidal oscilatoria pura de una frecuencia en particular y esa onda se perturba, se fracciona la suavidad de su línea, por los tipos particulares de información que le aporta el emisor (las olas del océano son un ejemplo visual de ondas sinusoidales oscilatorias fractalizadas. Se mueven hacia arriba y hacia abajo, es decir, oscilan, y sus superficies son ásperas, es decir, fractalizadas). Los receptores de radio, cuando se sintonizan con la frecuencia de la onda original, son capaces de descodificar los sonidos (y la información) incorporados en las ondas perturbadas que reciben, y así es como podemos escuchar el informe del tiempo aunque nos encontremos a 50 kilómetros de la estación.

Cada vez que la vida fluye a través de algo, sea a través de la materia o de una parte del espectro electromagnético, lo fracciona, o sea, lo convierte en un fractal. Pero la forma misma en que la vida fractaliza cualquier cosa por la que fluya, implica la incorporación de información específica. (Y estas líneas fractales siempre están fluctuando, incluso en el caso de las montañas, por sólidas que parezcan).

La frecuencia es la unidad plural. Es una fraccionación multicíclica
de la unidad.

— BUCKMINSTER FULLER

Los sistemas vivos, igual que los receptores de radio, tienen una capacidad suprema de recibir —y descifrar— las ondas electromagnéticas. Pero, a diferencia de los receptores de radio, siempre funcionan en frecuencias de banda ancha, no de banda estrecha. El término "banda ancha" se refiere a todo el espectro electromagnético, no sólo a la estrecha banda de señales electromagnéticas que los humanos solemos utilizar para la televisión y la radio. Según Joseph Chilton Pearce, "el electromagnetismo es un término que abarca el abanico completo de la mayor parte de la energía que hoy conocemos, desde las ondas energéticas, que pueden dar lugar a la acción atómico-molecular, hasta las ondas radiales, las microondas, las ondas infrarrojas, ultravioletas y de luz visible, y desde los rayos X hasta los rayos gamma"[1].

Los organismos vivos son sumamente sensibles a todos los distintos fenómenos electromagnéticos que existen, y son capaces de descodificar la información incorporada en cada tipo de onda fractalizada que encuentran. Y todo lo que existe tiene en su naturaleza una dimensión electromagnética.

> *Cada elemento químico se puede identificar con precisión en el espectro electromagnético porque posee un conjunto único y singular de frecuencias.*
>
> — BUCKMINSTER FULLER

Parte de la información codificada en las ondas electromagnéticas fractalizadas no es en absoluto pertinente a los organismos vivos que entran en contacto con ellas. Así pues, dichos organismos pasan por alto esa información, del mismo modo que uno hace caso omiso de las conversaciones de fondo en una fiesta. Sin embargo, cuando esa información tiene algo que ver con los organismos que la reciben, éstos le prestan atención. (De la misma forma que uno presta atención al oír que alguien menciona su nombre desde el otro lado de una sala repleta de personas, o sea, cuando entramos en contacto con ondas sonoras fractalizadas en una fiesta). Los organismos vivos amplifican estas ondas electromagnéticas que contienen significado y las descodifican para poder escucharlas (igual que lo hacemos los humanos). Entonces utilizan la información y envían una respuesta a su punto de origen por medio de sus propias comunicaciones electromagnéticas particularmente fractalizadas. Todos los organismos vivos son al mismo tiempo transmisores y receptores; por lo tanto, estas comunicaciones siempre van en ambos sentidos.

> *Las ondas electromagnéticas siempre vuelven sobre sí mismas. Las líneas que deliberadamente no son rectas son circuitos de ida y vuelta.*
>
> — BUCKMINSTER FULLER

LAS CÉLULAS Y LAS ONDAS ELECTROMAGNÉTICAS

Cuando se forma una célula, una de sus partes más importantes es su exterior o membrana plasmática. Esta membrana es un importante órgano sensorial en todas las células. Posee miles de receptores distribuidos por toda su superficie, concebidos para detectar, entre otras cosas, perturbaciones, influjos de impulsos químicos, eléctricos, magnéticos, hormonales, de presión y mecánicos. (Hasta cierto punto, una célula es como si fuera una mina explosiva flotante, o sea, una esfera cubierta de protuberancias sensoriales que reaccionan con el contacto). La membrana celular es la intermediaria de las respuestas de la célula ante todos estos influjos, con inclusión de los impulsos eléctricos.

Una de las respuestas principales de una célula ante determinada actividad electromagnética consiste en abrir o cerrar pequeñas puertas en la superficie de la membrana. Esto permite la entrada y salida de partículas en la célula. Todas las diminutas puertas se activan mediante impulsos eléctricos. De hecho, cada célula contiene entre miles y millones de estas puertas, que se denominan canales iónicos activados por el voltaje, y se clasifican según el tipo de electrolito o de ión cuya entrada o salida de la célula permiten. Las puertas se abren y se cierran cuando la célula detecta y descodifica el campo eléctrico de los electrolitos, como los iones de calcio (Ca), potasio (K) y sodio (Na). Esta capacidad de las células es muy sofisticada: las células pueden reconocer diferencias muy sutiles en los campos eléctricos y detectar sus formas de onda, amplitudes y frecuencias. Seguidamente, las decodifican, determinan la forma de responder y dan inicio a la respuesta.

Las células reconocen además otras comunicaciones, otros lenguajes del entorno, no sólo el electromagnético. Entre estas variables se incluyen las fluctuaciones de temperatura y presión, así como las fluctuaciones magnéticas y químicas. Esta sensibilidad ante las comunicaciones sutiles en el espectro electromagnético no se limita a las células, sino que incluso las enzimas y las moléculas pueden reconocer y procesar distintas frecuencias y amplitudes electromagnéticas. Estos tipos de oscilación, o señales de onda, constituyen uno de los lenguajes principales que utilizan todos los sistemas autoorganizados.

Todo es cuestión de vibraciones: de respuesta ante las vibraciones. Todo lo que obtenemos es a través de vibraciones. En una cámara fotográfica, la placa recibe golpes de luz que queman en su superficie sensible la imagen que uno desea tomar. Si el fotógrafo realiza lo que se conoce como exposición temporal, los golpes de luz son suaves, pero tarde o temprano dejan su marca en la gelatina. Las partes más iluminadas queman la placa profundamente, y las partes negras o en sombra apenas producen una leve quemadura. Pero el trabajo lo realiza el insistente golpeteo de los rayos de luz. Todos los organismos vivos, desde las plantas y los peces, hasta los gatos, elefantes y seres humanos, estamos formados por tejidos que a su vez se componen de células. La fuerza vital se encuentra en las células, o sea, el protoplasma, que se compone de casi todos los elementos existentes en el universo, en partículas infinitamente minúsculas. Ahora bien, debido a que el protoplasma . . . se compone de casi todos los elementos existentes en la Naturaleza, a su vez responde a casi todo los elementos existentes en la Naturaleza. El protoplasma es la película sensibilizada que se encuentra en nuestras "placas fotográficas" del cuerpo y el intelecto; las vibraciones del entorno que nos rodea lo golpean y, gradualmente, dejan su marca.

— LUTHER BURBANK

El constante abrir y cerrar de estos canales iónicos activados por el voltaje (que tiene lugar miles y miles de millones de veces por segundo), el movimiento y la actividad de iones con carga eléctrica en la superficie de la célula, y su entrada y salida de ésta, genera constantes fluctuaciones eléctricas dentro de todos los organismos celulares y sobre la superficie de éstos. Todos los sistemas autoorganizados poseen una identidad electromagnética y los rodea un campo de fuerza, que se produce debido a esa constante actividad electromagnética. Y estos campos de fuerza siempre están entrando en contacto entre sí. En vista de que todos los campos de fuerza contienen tanta información acerca de los efectos que pueden producir sobre una identidad autoorganizada, todos los organismos poseen una capacidad muy desarrollada de detectar, transducir, procesar y almacenar la información contenida en las señales electromagnéticas.

De hecho, cualquier organismo, sin importar su nivel de complejidad, genera y utiliza campos eléctricos en su desarrollo, su funcionamiento y sus respuestas ante las perturbaciones externas. Estos campos eléctricos no sólo tienen una participación activa en el cierre y apertura de las células, sino, por ejemplo, en la organización de los tejidos. Los campos eléctricos producidos por los embriones se utilizan, de hecho, para dirigir la colocación y diferenciación de las distintas células que se convertirán en los órganos, el sistema esquelético y así, sucesivamente. Millones de otras funciones de los organismos vivos también se basan en señales eléctricas. La sanación es una de esas funciones.

Cuando la piel sufre una abrasión, hay un cortocircuito en el potencial eléctrico normal entre las capas interna y externa de la piel. Y, según observa Paul Gailey, "la herida proporciona un canal de retorno de baja resistencia y el campo eléctrico resultante dirige la migración de queratinocitos (nueva células dérmicas) hacia el área lesionada . . . este es un ejemplo sorprendente de autoorganización a través de la intermediación global de un campo eléctrico endógeno"[2].

A fin de facilitar este proceso, las membranas celulares poseen extraordinarias propiedades eléctricas. Cuando se despolariza una célula expuesta a un campo eléctrico por uno de sus lados, se hiperpolariza el otro lado y se crea así lo que se conoce como dipolo: un sistema con un campo positivo y otro negativo en sus extremos opuestos, tal como sucede con una batería eléctrica. Esto crea una carga diminuta entre un lado y otro de la membrana celular (entre la parte interior y exterior de la célula), lo que proporciona a la célula un potencial eléctrico, es decir, una energía que puede utilizar para realizar sus funciones. (Actualmente estas cargas reciben muchas veces el nombre de "potenciales de acción").

Si bien estas señales eléctricas son utilizadas por todos los organismos para promover su salud y buen funcionamiento, también son objeto de intercambio entre distintos organismos en todo el mundo vivo.

hora de expresar una metáfora

Imaginemos a una mujer que va en su auto a visitar a su hija. Para no aburrirse durante el camino, decide oír la radio. Pone su estación de radio preferida, donde están tocando una de sus canciones favoritas. La señal es potente y clara, y la mujer empieza a tararear la canción mientras conduce. Pero, al cabo de varios kilómetros, el transmisor de radio va quedando atrás y, lentamente, la señal radial comienza a debilitarse. La música empieza a mezclarse con un poco de ruido estático. Por supuesto, mientras mayor es la distancia, peor es la recepción. Sin embargo, como a la mujer de veras le gusta esta estación de radio y la canción que están poniendo, no quiere desistir de oírla. No quiere cambiar de estación. Sigue oyendo y, a medida que avanza, el sonido empeora más y más. Cada vez puede oír menos de la música que le gusta.

Parte del problema consiste en que el propio radiorreceptor interfiere con la señal de la estación radial. A medida que se debilita la señal de radio, las emisiones electromagnéticas producidas por los propios componentes del radiorreceptor empiezan a ser más fuertes en comparación con la señal. Lo que se conoce como relación señal-ruido se acerca al valor de 1, es decir, se van igualando la fuerza de la señal de radio y el ruido electrónico producido por el receptor. Mientras más alto sea el valor de la relación señal-ruido, más fuerte es la señal.

Las señales radiales se parecen mucho a las olas en el mar, pues tienen crestas y hondonadas y son oscilaciones. Pero, en lugar de ser agua, son

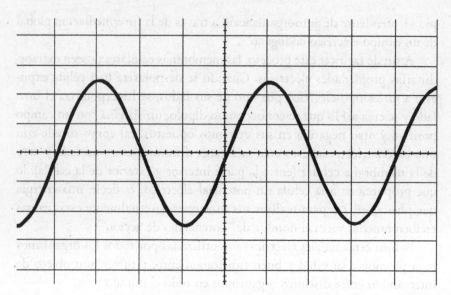

Figura 3.1. Una onda sinusoidal oscilatoria común

oscilaciones de energía electromagnética. Y la propia estación de radio ("1500 en el dial de su radio") es una oscilación en una frecuencia particular del espectro electromagnético. Las ondas oscilantes, sean de agua o de pulsaciones electromagnéticas, son como la imagen de la figura 3.1. Y, tal como sucede con todas las oscilaciones, cada cresta de este tipo de onda es más alta que la hondonada. De hecho, si uno traza una línea longitudinal por todo el centro de la onda oscilatoria que aparece en la figura 3.1, la distancia de la línea media hasta la cresta y de la línea media hasta el fondo de la hondonada será igual. Cada cresta es exactamente tan alta como tan baja sea la hondonada.

(En realidad, si invierte la ilustración, verá que cada cresta se convierte en una hondonada y cada hondonada en una cresta. Los nombres que les damos son expresiones lineales de algo que no es lineal. En el caso de las ondas radiales, no existe "arriba" ni "abajo" y, por supuesto, las ondas no son líneas en absoluto. No fluyen a través de planos bidimensionales, sino del espacio multidimensional, en todas las direcciones al mismo tiempo. Además, todo esto es una metáfora; no es real).

> *He estado pensando en la diferencia entre el agua*
> *y las olas. El agua*
> *que se eleva sigue siendo agua, la que cae,*

*también es agua, ¿alguien me puede dar un indicio
de cómo distinguir una de otra?
El hecho de que se haya inventado la palabra "ola",
¿significa que tengo que distinguir entre la ola y el agua?*

— KABIR

A medida que aumenta la distancia entre el automóvil y el transmisor de radio, las crestas y hondonadas de la señal de radio se vuelven cada vez menos pronunciadas; su amplitud se reduce. La amplitud es otra forma de referirse a los niveles máximos y mínimos que alcanzan las crestas y hondonadas. La función de los amplificadores en los equipos estéreo y con las guitarras eléctricas es hacer que las crestas y hondonadas sean mucho más grandes para que la señal sea extremadamente intensa (para que se oiga bien alto).

A medida que la relación señal-ruido se aproxima al valor de 1, las crestas y hondonadas empiezan a decrecer más y más y se asemejan cada vez más al ruido eléctrico aleatorio (de fondo) del propio radio (vea la figura 3.2). La información (la música) contenida en las crestas y hondonadas empieza a perderse. Cada vez que una cresta o una hondonada decrece lo suficiente como para quedar por debajo, o por detrás, del nivel del ruido de fondo, lo que se oye es ruido estático. Debido a que las crestas y hondonadas de

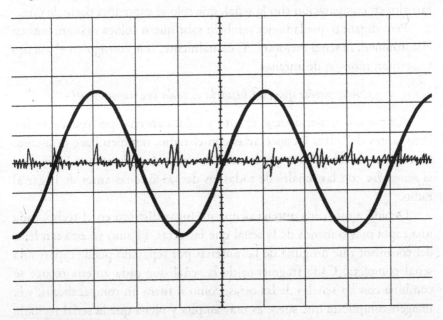

Figura 3.2. Onda de frecuencia oscilatoria con ruido de fondo en la línea media

las ondas electromagnéticas, sean señales o ruido de fondo, presentan fluctuaciones y no tienen regularidad matemática ni uniformidad de tamaño, algunas de ellas persisten en salir por encima del ruido de fondo, y por eso aún se puede oír un poco la música, aunque sea con mucha estática. A la postre, el ruido de fondo será tan alto que las ondas oscilatorias no podrán sobresalir por encima de éste y la señal se perderá por completo. Cuando la relación señal-ruido es elevada, la onda de frecuencia de la señal sobresale por encima y por debajo del ruido de fondo (figura 3.2); cuando la relación señal-ruido se aproxima al valor de 1, la onda oscilatoria de la señal empieza a quedar inmersa en el ruido. Y, aunque la señal sigue estando presente, ha quedado oculta bajo el ruido del propio sistema.

Pero digamos que la mujer de que hablamos lleva consigo en el auto un contenedor de helio líquido y sabe que, si la temperatura de los componentes electrónicos se reduce suficientemente, el ruido que producen será menor. Así que la conductora vierte helio líquido sobre el radio. A medida que los componentes del radio se van enfriando, producen cada vez menos ruido y la relación señal-ruido vuelve a aumentar. Al elevarse de nuevo el valor de esta relación, la recepción del radio mejora y la mujer sigue conduciendo, feliz otra vez. Pero, al hacerlo, se sigue alejando de la señal de radio y, lentamente, el valor de la relación señal-ruido empieza de nuevo a decaer. El problema ahora es el ruido estático producido por la antena: es tan alto en comparación con la señal, que sólo se capta una parte de ésta.

Pero digamos que la mujer también sabe que si coloca más antenas en el automóvil, la señal mejorará. Y, casualmente, trae consigo en el asiento trasero un montón de antenas.

¿No te parece que esta historia es cada vez menos real?

Así pues, la mujer detiene el auto y coloca antenas por todo el techo. Pero, antes de volver a conectarlas con el radio, también hace otra cosa: las conecta de tal manera que la señal entrante de cada antena individual *se promedia* con las señales de todas las demás antenas antes de llegar al radio.

Debido a que cada antena ocupa un lugar distinto en el techo, cada una capta más o menos de la señal que las otras. El auto ya está tan lejos del trasmisor que ninguna de las antenas por separado puede captar una señal completa. Cada fragmento de la señal que cada antena recoge se combina con las señales de las otras, como si fuera un rompecabezas, y la imagen compuesta que surge es más amplia y plena que la señal recibida por cada una de las antenas. Esta señal combinada es la que se hace llegar al radio. Mientras más antenas coloca la mujer sobre el auto, mejor será la señal.

De modo que la señal vuelve a mejorar y la mujer sigue conduciendo. Sin embargo, su hija vive muy lejos y, al seguir camino, tarde o temprano la señal vuelve a debilitarse. Ahora la señal radial es tan débil que está empezando a perderse entre el ruido de fondo producido por otros transmisores de radio en otros lugares, que trasmiten en la misma frecuencia, y entre el ruido eléctrico general del entorno. El valor de la relación señal-ruido frente a todo este ruido de fondo se aproxima a 1 y la onda oscilatoria de la señal de radio empieza a quedar por debajo, "ahogada". Lamentablemente para la mujer, ya no puede hacer nada más, salvo cambiar de estación.

Pero los organismos vivos son mucho más complejos que las personas, automóviles y radios.

Muchos utilizan procesos similares para potenciar las señales electromagnéticas del mundo que los rodea. Por ejemplo, los peces pueden detectar señales eléctricas extremadamente débiles que les permiten cazar a otros peces, de los que se alimentan.

Sobre las superficies exteriores de sus cuerpos, grandes agrupaciones de células se interconectan como un *conjunto de señales,* en forma muy parecida al conjunto de antenas montado sobre el automóvil de la mujer. Grandes cantidades de células (miles de millones) se enganchan entre sí, combinando de miles a millones de canales iónicos individuales a fin de facilitar la detección de señales eléctricas débiles. Porque, si una sola célula puede detectar la débil carga eléctrica de un ión de potasio, entonces millones o miles de millones de células, combinadas en un conjunto, pueden detectar con mucha mayor precisión los campos eléctricos, aunque éstos se encuentren muy lejos.

Estas células se conectan entre sí a través de lo que se conoce como *unión comunicante.* Una unión comunicante es un poro minúsculo que proporciona un canal iónico directo desde el citoplasma de una célula hasta el cito plasma de otra. Las células cardiacas son un claro ejemplo de este fenómeno. Forman uniones comunicantes cuando se ponen en contacto entre sí y se conectan tan bien que su agrupación se comporta como una sola célula gigantesca con una sola frecuencia de latido. El corazón es, en realidad, una gran agrupación de células autoorganizadas.

Las células, cuando operan individualmente según sus propias frecuencias, pueden sincronizarse al acercarse a otras células. Al igual que las moléculas, se pueden autoorganizar hasta formar una totalidad macroscópica y ordenada que es más que la suma de sus partes. Tales grupos de células se acoplan firmemente entre sí y forman aglomeraciones que presentan coherencia o autoorganización a larga distancia. Además, desarrollan comportamientos emergentes que son rasgos particulares de esa totalidad.

Las aglomeraciones de células, entrelazadas mediante uniones comunicantes, como las células cardiacas, son tan amplias y están acopladas tan estrechamente que tienen una capacidad suprema de sentir campos eléctricos extremadamente débiles, a niveles cercanos a los límites teóricos que tendría un sistema para captar esos campos eléctricos. Éste es exactamente el proceso que utilizan los peces en sus cuerpos para producir sus conjuntos de detección eléctrica, que son extremadamente sensibles.

Mientras más células se conectan entre sí en un organismo, menos tiempo le toma a éste la detección de perturbaciones eléctricas débiles en las membranas. Mientras más canales de iones participan en el proceso, más rápida es la detección de la señal. Para añadir aún mayor sensibilidad a todo este proceso, el ritmo de apertura y cierre de las compuertas de iones en estas células desempeña un papel fundamental: los ritmos más rápidos de apertura y cierre de las compuertas proporcionan una mayor promediación del ruido durante cualquier intervalo de tiempo y, por lo tanto, permiten obtener una señal más intensa. Las criaturas marinas como los tiburones y las mantarrayas no sólo interconectan sus células para crear conjuntos, sino que tienen un gran número de conjuntos, distribuidos por toda la superficie de su cuerpo. De este modo consiguen la promediación de señales con conjuntos individuales y también entre muchos conjuntos. Esto hace que aumente significativamente su capacidad de detectar una señal débil contra un ruido eléctrico de fondo. El número de conjuntos celulares en las criaturas marinas como los tiburones, mantarrayas y peces espátula es tan grande que la detección de una perturbación en los campos eléctricos ocurre en aproximadamente un milisegundo (la milésima parte de un segundo), o sea, sumamente rápido. Además, estas criaturas pueden modificar su temperatura interna (por medio de fluctuaciones naturales y de interacciones con la temperatura del agua que las rodea) para reducir la cantidad de ruido eléctrico interno que produce su funcionamiento fisiológico normal.

Para dar una idea de hasta qué punto estas criaturas son sensibles a las señales eléctricas, si se conectaran cables a ambos extremos de una batería de linterna de 1,5 voltios y cada extremo de los cables se colocara a 3.200 kilómetros de distancia uno de otro en el océano, los tiburones y las mantarrayas podrían detectar el campo eléctrico así producido. En realidad, son capaces de percibir un cambio en un campo eléctrico equivalente a una millonésima de voltio. Se ha descubierto que algunos peces son sensibles a campos eléctricos de hasta 25.000 millonésimas de voltio. Este nivel de sensibilidad es tan refinado que sería prácticamente suficiente para que el pez contara cada uno de los electrones que tocan la superficie de su piel.

En vista de que todos los organismos vivos emiten señales eléctricas como resultado de su funcionamiento fisiológico, cualquier pez que nade en el agua también emite débiles señales eléctricas.

y el agua salada es muy buena conductora de señales eléctricas

Los peces espátula (y los tiburones y mantarrayas) no sólo pueden detectar las señales débiles, sino discernir a partir de ellas el tipo de pez que las emite y si se trata o no de su alimento preferido. Pueden saber la cantidad de peces que hay, su tamaño, edad y nivel de salud; pueden además determinar la ubicación de los peces con tal precisión, que luego son capaces de encontrarlos en el inmenso océano en el que nadan.

Durante mucho tiempo

los científicos

pensaron que los organismos vivos no eran capaces de detectar campos tan débiles. Esto es debido a la gran cantidad de campos eléctricos distintos que hay en el mundo y al hecho de que producen mucho ruido de fondo: todos los organismos vivos del mundo, de los que hay billones y billones, emiten energía eléctrica. Los miles de millones de células acopladas dentro de cualquier organismo, tratan de detectar las señales eléctricas débiles, las cuales emiten también mucha energía eléctrica; en su movimiento a través del campo magnético de la Tierra, el agua también genera una leve corriente eléctrica; existen además las tormentas eléctricas, etc., etc.

Para un sistema de detección eléctrica, toda esta energía de fondo no es más que "ruido", o sea, emisiones eléctricas que no están relacionadas con la señal que se desea detectar. En el caso de los peces espátula, los tiburones y las mantarrayas, se trata de un ruido que no proviene de un pez que desean comer. Para hacerlo aún más complicado, los tejidos biológicos crean una fuerte protección ante los campos eléctricos. Los organismos vivos, incluidos los seres humanos, se protegen tan bien de la electricidad que un campo eléctrico externo de 1,000 V/m (voltios por metro) sólo producirá un campo eléctrico de aproximadamente 0,001 V/m dentro del cuerpo humano, lo que representa una reducción de seis órdenes de magnitud.

Según el pensamiento reduccionista, la combinación de esta protección y todo el ruido eléctrico de fondo, sería un obstáculo insalvable para la capacidad de un organismo de detectar campos eléctricos débiles. Pero los organismos vivos en realidad pueden extraer información de señales eléctricas entrantes extremadamente débiles, contra este fondo de procesos eléctricos naturales que producen ruido. Igual que un radio o un televisor convierten las señales en sonidos e imágenes, los organismos vivos pueden convertir una pulsación eléctrica en información utilizable.

Para detectar estas señales sumamente débiles, los peces no dependen únicamente de las fluctuaciones de temperatura y de la promediación de señales. En sus cuerpos hay también numerosas agrupaciones celulares fuertemente acopladas que, al detectar señales, oscilan con ellas en respuesta.

> *Detrás de cada causa hay un sinnúmero de otras causas. Cualquier intento de llegar hasta su fuente sólo consigue que nos alejemos aún más de la comprensión de la verdadera causa . . . La Naturaleza no tiene principio ni fin, antes o después, causa o efecto. La causalidad no existe. Cuando no existen los conceptos de adelante o atrás, o de principio o fin, sino solamente algo que se asemeja a un círculo o una esfera, se podría decir que hay una unidad de causa y efecto, pero igualmente podría decirse que la causa y el efecto no existen.*
> — MASANOBU FUKUOKA

Esto tiene el efecto de aumentar la amplitud o altura de la onda de la señal eléctrica y, por lo tanto, de amplificar la señal, o intensificarla. Pero ocurre un proceso de amplificación aún más elegante por medio de lo que se denomina resonancia estocástica. El término *estocástico* viene de "ruido".

LA RESONANCIA ESTOCÁSTICA

Cuando los organismos vivos acoplan un conjunto ceñido de células sincronizadas y oscilatorias, estas células pueden usar el propio ruido de fondo para aumentar la amplitud de una señal externa débil que les interese percibir.

Con todas las señales débiles y el ruido de fondo, hay un límite en el que ocurren dos fenómenos: el ruido se acerca al nivel en que puede invalidar cualquier señal entrante, y la fuerza de acoplamiento del conjunto celular es demasiado débil como para captar alguna señal entrante. Cuando se encuentran en estos umbrales, los organismos vivos son sumamente sensibles a las perturbaciones o pulsaciones de información. Como la información que pueden detectar en esas pulsaciones pudiera tener una fuerte influencia en su capacidad de mantener su equilibrio dinámico y, por consiguiente, su estado existencial autoorganizado, es esencial que los organismos vivos puedan detectar perturbaciones al nivel más bajo posible. Y han desarrollado maneras de hacerlo; maneras cercanas a los límites matemáticos calculables de esa detección. Uno de los métodos que los organismos utilizan es la resonancia estocástica.

Si nos remitimos a la Naturaleza e indagamos sobre sus procesos, discerniremos más de un destello de luz. Lo cierto es que la vida no es material y que la corriente vital no es una sustancia. La vida es una fuerza (eléctrica, magnética), una cualidad, no una cantidad.

—LUTHER BURBANK

La vida nunca ha estado limitada a las emisiones de banda estrecha que utilizamos en la radio y la televisión, sino que siempre ha utilizado la banda ancha, o sea, el espectro electromagnético completo. El número de frecuencias que portan información detectable para la vida es, por lo tanto, excepcionalmente grande. Todo el ruido de fondo ocurre además en la banda ancha.

Parte de este ruido de fondo oscila naturalmente en la misma frecuencia que la débil señal que el organismo desea detectar. Lo que ocurre durante la resonancia estocástica o resonancia de ruido es que estas frecuencias de fondo similares se fusionan con la señal débil dentro del propio organismo que las percibe, con objeto de aumentar la amplitud o intensidad de la señal débil. El ruido y la señal empiezan a resonar conjuntamente. En esencia, se enganchan y oscilan espontáneamente en armonía, de manera muy similar a como lo hacen las moléculas, y forman una totalidad coordinada y sincronizada. Tan pronto ocurre esto, comienza un intenso proceso de "retroalimentación" y "proalimentación" que fortalece la señal. De hecho, todos los organismos poseen mecanismos que les permiten "sintonizar con precisión" su dial electromagnético interno para amplificar las señales que reciben. Cuando la señal se sintoniza con precisión, se vuelve más fuerte, y cada vez más ruido de fondo se sincroniza con ella, haciéndola aún más fuerte. Este proceso es tan poderoso, que la fuerza de una señal débil puede ser aumentada diez mil veces.

> *Somos capaces de comprender las causas inmediatas y, por lo tanto, nos resultan muy fáciles de entender; por eso es que nos gusta pensar en forma mecánica acerca de fenómenos que, en realidad, pertenecen a un orden superior . . . así pues, los modos de explicación mecanicistas se convierten en la orden del día cuando pasamos por alto problemas que sólo pueden explicarse en forma dinámica.*
>
> — GOETHE

La capacidad de los organismos vivos de utilizar el ruido de fondo para potenciar la recepción de las señales es inherente a la gran sensibilidad que estos sistemas autoorganizados y emergentes poseen ante las perturbaciones externas. Y, como todos los organismos vivos se han desarrollado en un mar de señales electromagnéticas, como en muchos sentidos todas las cosas no son en realidad más que oscilaciones discretas de frecuencia, todos los organismos están íntimamente relacionados con estas señales. Han aprendido a usarlas de manera automática, del mismo modo que nuestros pulmones separan automáticamente el oxígeno de la atmósfera y nuestros cuerpos lo usan para su funcionamiento. Todos los organismos vivos están evolutivamente acostumbrados al ruido de fondo, todos alcanzaron su forma en entornos con este tipo de ruido y, por lo tanto, lo aprovechan para facilitar la detección y decodificación de las señales débiles.

> *Todos los fenómenos físicos, desde los más grandes hasta los más pequeños, se pueden describir como frecuencias de ocurrencia angular discreta de sucesos íntimamente contiguos, pero físicamente no contiguos.*
>
> — BUCKMINSTER FULLER

CAMPOS MAGNÉTICOS

Las células y los organismos vivos no sólo perciben, decodifican e interactúan con señales eléctricas extremadamente débiles, sino que perciben, decodifican e interactúan con señales magnéticas. Y los campos magnéticos contienen información, del mismo modo que la contienen las señales eléctricas.

Todos los organismos vivos crean y emiten campos magnéticos, así como también campos eléctricos. Estos campos afectan intensamente a los organismos vivos y su funcionamiento, pues estos organismos y todas las partes que los componen, incluso una simple enzima molecular, son son sensibles a los campos magnéticos y a la información que portan.

Las moléculas de las membranas celulares, con el paso de millones de años de evolución, han adquirido la capacidad de sentir, descifrar e interactuar con campos magnéticos de bajo nivel, en forma de señales que fluctúan, sea de manera periódica o aleatoria.

— TIAN TSONG

Se ha determinado que los campos magnéticos influyen directamente en una gran variedad de procesos fisiológicos: la actividad enzimática, las señalizaciones biológicas, el crecimiento celular y el metabolismo, así como la reparación de tejidos, entre otros. Estos pequeños cambios a diminutos niveles microscópicos, inducidos por el campo electromagnético, tienen profundos efectos. Producen cascadas ascendentes, que se traducen en cambios biológicos observables a nivel macroscópico, es decir, al nivel superior de todo el organismo.

Y estas minúsculas señales magnéticas se pueden amplificar, como las señales eléctricas. Las células biológicas no sólo amplifican los campos magnéticos con los que entran en contacto, sino que rectifican las señales que captan, aumentando su coherencia. Esta capacidad de interpretar y reaccionar ante la información codificada dentro de los campos magnéticos está incorporada en todos los sistemas biológicos y es una capacidad que cumple un propósito evolutivo.

Desde hace mucho se ha sabido que los salmones, las palomas y las abejas son capaces de captar las líneas de los campos geomagnéticos de la Tierra para orientarse en su entorno. Muchas aves utilizan las líneas magnéticas de la Tierra para guiarse a su destino correcto durante la migración. Esta sensibilidad de los pájaros, peces y abejas ante los campos magnéticos es sorprendente, en vista de la debilidad relativa del campo magnético de la Tierra.

Los campos magnéticos se miden en unidades denominadas tesla. El campo magnético de la Tierra tiene apenas 50 microteslas (cincuenta millonésimas de tesla). En comparación, el campo magnético de un diminuto imán de juguete es unas mil veces mayor que el campo magnético de la Tierra, es decir, tiene unos 50 militeslas (cincuenta milésimas de tesla).

Un examen más minucioso de los pájaros, abejas y peces con sensibilidad magnética ha revelado que todos contienen magnetita en sus cuerpos. La magnetita es un mineral que es muy sensible a los campos magnéticos. (La mena ferruginosa es una forma de magnetita que se utilizaba antiguamente para hacer agujas de brújulas. La mena ferruginosa presenta polarización, a diferencia de la magnetita. Uno de sus lados recibe la atracción del polo Norte magnético). Resulta ser que la presencia de magnetita en los organismos vivos es ubicua, pues se encuentra en todos ellos, desde las bacterias hasta los mamíferos. De hecho, los organismos vivos no recogen la magnetita de su entorno, sino que sus propios cuerpos la producen, bajo un control biológico preciso. Aunque casi nadie lo sabe, la mayoría de los seres humanos también tiene magnetita en su cuerpo. Este mineral se encuentra en el hipocampo, un órgano sumamente sensible ante las fluctuaciones de los campos magnéticos.

Los campos magnéticos débiles modulan las oscilaciones rítmicas del hipocampo. O sea, modifican su funcionamiento. Cuando el hipocampo detecta un campo magnético, decodifica la información contenida en éste y responde mediante un cambio en su funcionamiento. Tiene un mayor nivel de respuesta ante frecuencias magnéticas muy bajas, exactamente en el rango del campo magnético la Tierra, que ante frecuencias de alta intensidad. De hecho, el tejido del hipocampo es capaz de discriminar entre distintas frecuencias magnéticas, por ejemplo, entre los campos magnéticos de oscilaciones de 1Hz y 60Hz. (La frecuencia de 60 Hz es la que más comúnmente se utiliza en la electricidad producida por el hombre).

El hipocampo es un órgano muy importante para los seres humanos. Está muy involucrado en la interpretación de las relaciones espaciales, la memoria y la extracción de significado del inmenso mar de señales en que vivimos. Está además estrechamente sintonizado con el buen funcionamiento del corazón.

Fisiológicamente, el hipocampo es un objetivo principal para las moléculas que portan información, como la relacionada con el equilibrio iónico, la presión sanguínea, la inmunidad, el dolor, la condición reproductiva y el estrés. Participa directamente en el sistema de retroalimentación de la presión sanguínea, el eje hipotalámico-hipofisario-suprarrenal y el sistema inmunológico. El hipocampo también trabaja en estrecha coordinación con la amígdala, otra parte del cerebro, para modular la fisiología del cuerpo en respuesta a las emociones.

Aunque durante mucho tiempo se pensó que el cerebro no creaba nuevas neuronas después del nacimiento, ahora se sabe que el cuerpo envía constantemente células madres al hipocampo para que se conviertan en nuevas células neuronales. En respuesta a algunas emociones, como la ira y el miedo, el cuerpo produce una gran cantidad de cortisol. Mientras más cortisol se produce, o sea, mientras más estrés negativo sostenido se experimenta, más disminuye la capacidad del hipocampo de realizar su función.

La generación de células nerviosas en el hipocampo se reduce o se detiene cuando hay niveles sostenidos de cortisol.

No obstante, lo más interesante del hipocampo es la forma en que interpreta los significados. Todos los sistemas sensoriales del cuerpo convergen en el hipocampo; todos los impulsos sensoriales que recibimos fluyen hacia él y todos contienen una gran cantidad de información. El hipocampo descifra los significados contenidos en los impulsos sensoriales que recibimos y funciona como punto central de transferencia para muchos sitios distintos del neocórtex que, en su conjunto, representan o contienen los recuerdos.

En otras palabras, el hipocampo extrae patrones codificados dentro de las corrientes sensoriales y envía estos patrones decodificados a otras partes del cerebro para almacenarlos en forma de recuerdos y para su posterior procesamiento.

Si las abejas y las palomas utilizan las fluctuaciones del campo magnético a fin de decodificar la información que necesitan para orientarse en el espacio y determinar su rumbo, los seres humanos utilizamos el hipocampo para orientarnos dentro de la corriente de significado en la que nos encontramos diariamente. Una vez que se determina el significado, se codifica como recuerdo. Mientras más fuerte sea la corriente emocional que acompaña a los significados, más intensamente se codifica como recuerdo.

Los significados codificados en el lenguaje (o en cualquier comunicación, como las expresiones faciales) no se podrían decodificar si el hipocampo no funcionara adecuadamente. Este órgano descodifica e integra la información sensorial, pero no para proporcionar un mapa direccional, sino un mapa de la experiencia, de los significados a través de los cuales viajamos. El hipocampo no sólo es capaz de detectar la orientación del cuerpo en el espacio, sino que percibe la orientación del ser humano dentro de *los significados*. Y, de cierto modo esto es también lo que hacen los salmones, las abejas y los pájaros. Se orientan dentro de un significado con una *dirección*.

El hipocampo alcanza un mayor nivel de actividad cuando los datos sensoriales que recibe provienen del entorno real. No es de sorprender que esté diseñado con información compleja y no lineal del entorno, en contraste con la información lineal como las matemáticas o lo que proviene de la televisión.

Cada factor tiene sentido en la compleja red de interrelaciones, pero deja de tener sentido cuando se aísla de la totalidad. A pesar de

*esto, nos pasamos el tiempo extrayendo y estudiando en forma ais-
lada factores individuales. Esto quiere decir que los investigadores
intentan encontrar significado en fenómenos a los que han desprovisto de todo significado.*

— Masanobu Fukuoka

Las nuevas neuronas del hipocampo se han ido formando en respuesta
a las exigencias de este órgano para procesar información compleja y no
lineal que se recibe del entorno. De hecho, en el hipocampo es donde se
encuentra el mayor grado de cambio o plasticidad en el cerebro. Los entornos enriquecidos estimulan la formación de muchas más neuronas que los
entornos simples. Estamos concebidos para desempeñarnos en el alocado
mundo no lineal y esta inmersión es necesaria para que el hipocampo y
nuestro sistema nervioso central estén sanos.

En realidad, lo que esto significa es que todos los sistemas biológicos,
incluso los seres humanos, son altamente sensibles a los campos eléctricos
y magnéticos. La inmensa mayoría de las señales eléctricas y magnéticas
emitidas por los organismos vivos —incluida la Tierra— contienen información. Los organismos enteros, no sólo las partes que los componen,
emiten señales eléctricas y magnéticas a lo largo de todas sus vidas. Estos
campos codifican información altamente sofisticada acerca de los organismos vivos que los producen. Todas las formas de vida han quedado
arraigadas dentro de estos tipos de campos a lo largo de toda su historia
evolutiva, durante los miles de millones de años en que la vida ha existido
en la Tierra.

Y los organismos vivos han aprendido a hacer más que simplemente
utilizar estos campos fluctuantes como parte de su funcionamiento fisiológico o para seguir a sus presas. También los usan para comunicarse entre
sí. Captan comunicaciones entre uno y otro a través de los campos eléctricos
y magnéticos, reaccionan mediante la modificación de su funcionamiento y
envían respuestas codificadas en los campos que emiten. A su vez, los otros
organismos modifican su funcionamiento y también responden. Hay una
comunicación eléctrica y magnética extremadamente sofisticada que ocurre
constantemente entre billones y billones de organismos. Es una red de
comunicación tan compleja y detallada que no habría forma de entenderla
con la mente lineal y analítica.

*Un ser orgánico es tan multifacético en su exterior, tan variado
e inagotable en su interior, que no podemos encontrar suficientes*

puntos de vista ni desarrollar una cantidad suficiente de órganos de
percepción como para evitar matarlo cuando lo analizamos.

— GOETHE

Nosotros, como seres humanos, también pertenecemos a esta Tierra y, como todos los organismos vivos, poseemos, aunque atrofiada, la capacidad de entender estas comunicaciones y responder ante ellas. Resulta ser que lo que tantos practicantes de la Nueva Era llaman la "energía" de un objeto o fenómeno es realmente eso: la energía del objeto o fenómeno. Es la señalización eléctrica y magnética que emiten todos los seres vivos, no sólo como parte de su funcionamiento fisiológico, sino como parte de una compleja red de señalización entre todas las formas de vida en la Tierra.

No puede haber una división absoluta del universo energético en
partes aisladas o sin comunicación entre sí.

— BUCKMINSTER FULLER

Si bien a la larga es posible que se creen máquinas que puedan captar, decodificar y responder ante estas señales, los seres humanos siempre hemos poseído uno de los instrumentos más potentes jamás creados para cumplir esta función: el corazón humano. Este órgano es muchísimo más que una bomba muscular: es uno de los generadores y receptores electromagnéticos más potentes que se conocen. De hecho, es un órgano de percepción y comunicación altamente evolucionado.

EL CORAZÓN

La oscuridad de la noche se acerca con premura, y las sombras
del amor se abalanzan sobre el cuerpo y la mente.
Abre la ventana al oeste y desaparece en el aire
que hay dentro de ti.
Cerca de tu esternón hay una flor abierta,
Bebe la miel que rodea toda la flor.
Vienen las olas;
¡hay tal magnificencia cerca del océano!
Escucha: ¡Suenan grandes conchas marinas! ¡Suenan
campanas!

Kabir dice: Escucha, amigo, lo que tengo que decir:
¡El invitado que amo está dentro de mí!

— Kabir

CAPÍTULO CUATRO

EL CORAZÓN FÍSICO

EL CORAZÓN COMO
ÓRGANO DEL CUERPO

La criatura institucional, intolerante y conservadora, no puede decir nada de corazón. No puede enfrentar la vida con vida, sino sólo con palabras.

— HENRY DAVID THOREAU

La transfiguración de nuestra cultura occidental en un igualitarismo industrial con valores materialistas requirió en primer lugar la transformación del corazón según Harvey. El [corazón espiritual] tenía que empezar por convertirse en una máquina, y ésta convertirse en una pieza de repuesto, que se pudiera pasar de un tórax a cualquier otro.

— JAMES HILLMAN

No se necesita una cámara ni una grabadora de sonido para acercarse a los pájaros en el campo. Ninguna cantidad de investigación nos ayudará a aproximarnos más a ellos. Por mucho que investiguemos el corazón del pájaro, se desperdiciará el esfuerzo. Pero, al deshacernos de esas investigaciones, empezaremos a comprender los sentimientos de los pájaros.

— MASANOBU FUKUOKA

A LA MAYORÍA DE LOS PUEBLOS MODERNOS, si se les preguntara en qué lugar del cuerpo se encuentra su yo único, responderían que a dos centímetros y medio por encima de las cejas y unos cinco centímetros hacia dentro del cráneo. En cambio, la mayor parte de los pueblos aborígenes e históricos lo ubicarían en un lugar muy diferente. Señalarían hacia la zona del corazón. Durante casi toda nuestra historia de permanencia en la Tierra, era allí donde se ubicaban la inteligencia y el alma. El hecho de que haya cambiado su localización es más bien una expresión de la forma y el contenido de lo que nos enseñan en las culturas occidentales que de una verdad precisa. La conciencia es sumamente móvil y puede utilizar varias ubicaciones en el cuerpo que le permiten procesar la información que recibimos del mundo. La ubicación que la mayoría de los pueblos identifican hoy en día como su yo, en el cerebro, es sólo una de ellas.

Resulta interesante que, al orientarse la conciencia humana en distintas ubicaciones en el cuerpo, su *modalidad de cognición* también varía en función de ese cambio. La modalidad de cognición verbal/intelectual/ analítica tan usual entre los científicos es la que emplea el cerebro. Es de naturaleza lineal. Nos hemos habituado tanto a ella que a menudo olvidamos que existe otra forma de cognición: la modalidad holística/intuitiva/ profunda. Cuando la conciencia se localiza en el corazón y no en el cerebro, este segundo modo más holístico es el que se activa. Aunque la mayoría de las personas tienen una idea de lo que esto significa, resulta importante en aras de una comprensión más cabal del tema conocer en realidad qué es el corazón, qué hace y cuán sofisticado puede llegar a ser, pues este órgano opera simultáneamente en múltiples niveles de funcionamiento.

En su sentido más elemental, el corazón es una bomba que hace circular la sangre y genera ondas de presión por todo el cuerpo. Resulta, no obstante, que el corazón es mucho más que una simple bomba muscular (e incluso se cuestiona si de hecho es una bomba). Es un generador electromagnético que produce una amplia gama de frecuencias, una glándula endocrina que produce y libera numerosas hormonas y también es una parte del sistema nervioso central. Es, en realidad, un cerebro por derecho propio.

El corazón procesa y genera patrones complejos de múltiples sucesos fisiológicos: envía al cerebro y a todas partes del cuerpo mensajes hormonales, neurohormonales, eléctricos, magnéticos y químicos, así como información de temperatura y presión. Todo esto influye profundamente no sólo en el funcionamiento fisiológico y la salud, sino en cómo y cuán bien pensamos y sentimos, en suma, en nuestra conciencia.

EL CORAZÓN QUE BOMBEA

El corazón late cien mil veces en un día, 40 millones de veces en un año y unas tres mil millones de veces en los setenta u ochenta años de una vida humana. Siete litros de sangre por minuto, unos 400 por hora, circulan por vasos y arterias con una longitud combinada de 96.560 kilómetros (más de dos veces la circunferencia de la Tierra). Por consiguiente, en el nivel más elemental, el corazón es una bomba muscular sumamente potente y duradera. Localizado por lo general a la izquierda del centro del pecho, es en realidad dos bombas en una. Estas dos bombas son los lados izquierdo y derecho del corazón, que están separados por el tabique ventricular, una pared de finos tejidos.

> *Según Romanyshyn, la idea del corazón muerto surgió en la conciencia occidental en el momento en que Harvey concibió que el corazón estaba dividido.*
>
> — JAMES HILLMAN

Cada uno de estos lados del corazón posee una cavidad colectora (llamada aurícula) y una cavidad inferior (el ventrículo) donde se recibe la sangre y después se expulsa. La aurícula derecha recibe la sangre del cuerpo sin contenido de oxígeno y el ventrículo derecho la envía a los pulmones para que se oxigene. El mecanismo de bombeo del lado derecho del corazón es tan potente que, si se conectara a una manguera, impulsaría el agua hasta una distancia de 30 centímetros. El lado izquierdo es aún más potente. Recoge la sangre oxigenada de los pulmones y la envía a través de los 96.560 kilómetros de vasos sanguíneos a una presión que bastaría para impulsar el agua hasta una altura de dos metros. Cuando se agota el oxígeno en la sangre, recircula de nuevo a la aurícula derecha, que la envía a su vez desde el ventrículo derecho hasta los pulmones para su reoxigenación.

La presión sanguínea que miden los médicos se expresa por lo general con dos cifras, una a continuación de la otra, por ejemplo: 120/80. La primera se refiere a la presión generada por el lado izquierdo del corazón cuando su ventrículo se contrae y aumenta el movimiento de la sangre por el cuerpo, mientras que la segunda indica la presión que aún queda en el sistema cuando el ventrículo se relaja y la sangre vuelve a llenar las cavidades colectoras del corazón. Se les conoce como *sistólica* y *diastólica*, respectivamente.

Sin embargo, la presión sanguínea es el resultado no sólo de la fuerza de las contracciones del corazón, sino de la *resistencia* que hace el sistema vascular a la presión de esas contracciones. Por ejemplo, el grado de estrechamiento de los vasos sanguíneos determina cuánta presión hay en el sistema. Así pues, la presión sanguínea la crea la tensión existente entre la presión de la constricción del corazón y la resistencia periférica total a dicha constricción. A un nivel estrictamente mecánico, la presión sanguínea cambia cuando existe una fluctuación en el gasto cardiaco o en la resistencia periférica o en ambos. Los sensibles detectores de presión del cuerpo —denominados mecanorreceptores o barorreceptores— esparcidos por todo el árbol arterial perciben el nivel de presión en el sistema cardiovascular.

Cuando se abre la válvula que se encuentra entre el corazón y la aorta (el vaso sanguíneo grande por el que sale la sangre del corazón), la contracción del ventrículo izquierdo empuja la sangre hacia la aorta, lo que produce de inmediato una potente corriente que presiona las paredes aórticas y provoca un rápido engrosamiento o distensión de las paredes de los vasos sanguíneos. Existe una gran cantidad de barorreceptores en esta zona del sistema cardiovascular. Con cada latido del corazón, los barorreceptores reciben una descarga de impulsos de presión. Éstos asimilan la información codificada en la secuencia, fuerza, volumen y presión de cada sucesiva onda de presión y luego envían las señales resultantes por los nervios hasta el tronco encefálico y el sistema nervioso central.

Cada contracción del ventrículo izquierdo es, sin embargo, un tanto diferente. El corazón altera de manera sutil estas contracciones en respuesta a informaciones tanto externas como internas. Aunque los cambios en la contracción (y la ulterior formación de ondas de presión) resultan minúsculos, el cerebro y otros órganos poseen la capacidad de asimilar y procesar estas alteraciones para extraer la información codificada en ellas y, en función de esto, modificar su funcionamiento.

Pero la resistencia periférica en el sistema cambia de un momento a otro, tal como sucede con la presión de bombeo del corazón. Estas modificaciones se derivan no sólo del grado de constricción de los vasos sanguíneos, sino de los órganos que reciben la sangre. De hecho, órganos como el hígado, el bazo, los riñones y los intestinos se constriñen (como hacen los vasos sanguíneos) en respuesta a las ondas de presión generadas por el corazón, lo que provoca una modificación en la presión sistólica. Los órganos y vasos también generan sus propias ondas al modificar la presión que ejercen sobre la sangre que pasa por ellos. Estas ondas de presión regresan al corazón a través de la sangre que vuelve de la aurícula derecha. Este proceso crea una onda de presión inversa que retorna desde los órganos hasta el corazón, lo que altera el nivel de presión diastólica o de relajación en el sistema.

Tanto las ondas de presión inversa, como las generadas por el mismo corazón, son oscilaciones rítmicas que varían a cada momento. Del mismo modo que el corazón, los órganos y vasos sanguíneos analizan sin cesar la información proveniente de su entorno y modifican en consecuencia su funcionamiento y las comunicaciones informativas. En respuesta al corazón, aumentan la resistencia en el sistema o la relajan. Como resultado, la presión sanguínea varía instantáneamente. Es una identidad en constante transformación, una medida del diálogo constante de presión entre el corazón y el resto del sistema.

Los barorreceptores perciben todas estas alteraciones minúsculas en la presión y las envían al cerebro, que a su vez varía su actividad. La información correspondiente a estos cambios también vuelve al corazón, que entonces ajusta su propio funcionamiento mediante la variación de los latidos, la sincronización y la fuerza de las contracciones. Es un circuito de retroalimentación sumamente elegante, un diálogo vivo, que se emplea para modificar los latidos mecánicos del corazón con una diferencia de milésimas de segundo.

Así, el ritmo del corazón varía de minuto en minuto y de hora en hora. El latido de un corazón sano *jamás* es regular ni predecible. Las modificaciones en los patrones de latidos son más marcadas cuando las personas son jóvenes y gozan de buena salud. Sus corazones funcionan siempre de manera irregular e impredecible y siempre están abiertos al cambio. Mientras que el corazón promedio late unas 60 veces por minuto, el latido de un corazón sano pudiera variar hasta 20 latidos por minuto de un minuto a otro. En el transcurso de un día, un ritmo cardiaco saludable pudiera variar de 40 a 180 latidos por minuto en un corazón en reposo o sin tensiones.

> *Como ha observado el fenomenólogo Robert Romanyshyn en sus conferencias acerca de la visión de Harvey, la perspectiva científica necesita la clase de corazón que ve . . . El enfoque del corazón basado en la percepción del sentido literal crea el corazón mecánico que describe Harvey . . . [y esto ocurre] en el pensamiento científico quizás más que en ninguna otra parte, porque lo que imagina la ciencia se presenta como si fuera objetivamente real e independiente de la imaginación subjetiva.*
> — JAMES HILLMAN

Desde el momento en que los médicos interiorizaron la metáfora del motor a vapor para referirse al funcionamiento del corazón han afirmado que los ritmos cardiacos son constantes, regulares e invariables a menos que se sometan a tensiones tales como ejercicios o sustos. Luego de tales exigencias, afirmaban que el ritmo del corazón regresaría a su estado constante en virtud de un proceso llamado homeostasis. En lugar de ello, como todos los sistemas naturales, debería considerarse con más propiedad que el corazón se encuentra en un estado de homeodinamismo, un estado inherentemente no lineal, en constante fluctuación.

Del mismo modo que sucede con todos los fenómenos complejos, no se podrá jamás identificar ni medir por completo toda la gama de factores que influyen en el ritmo cardiaco. En el caso de los sistemas no lineales, esta irregularidad los torna más adaptables y resistentes. Tal plasticidad permite que el corazón, como todo sistema no lineal, haga frente a las exigencias cambiantes de un medio impredecible y variable. El corazón es en realidad un sistema no lineal sumamente refinado y, como todos estos sistemas, responde ante los estímulos de una forma imprevisible.

EL CORAZÓN QUE NO BOMBEA

El enfoque tradicional del corazón en tanto bomba circulatoria surgió de la fascinación del siglo XIX con las máquinas de vapor. Es sencillamente un modelo mecánico del corazón y su funcionamiento, que refleja el pensamiento lineal y reduccionista de Euclides y Newton. En dicho modelo, la máquina de vapor (o el corazón) es el obrero que produce la fuerza motriz; el agua (o la sangre) es simplemente una sustancia muerta, pasiva, obligada a circular por todo el sistema por la actividad de la bomba. No obstante, una contemplación más profunda demuestra ahora, como lo debía demostrar en el propio siglo XIX, que el corazón, por muy poderoso que sea, no es en realidad la bomba que se cree.

> *La sangre no se propulsa por la presión, sino más bien se mueve con su propio impulso biológico y con su propio patrón de flujo intrínseco.*
>
> — RALPH MARINELLI

El análisis moderno del corazón ha demostrado que a pesar de que su ventrículo más poderoso puede lanzar el agua a dos metros de altura, la presión que en realidad se necesita para impulsar el agua por todos los vasos sanguíneos del cuerpo tendría que ser capaz de alzar un peso de 45 kilogramos a más de un kilómetro y medio de altura. El corazón sencillamente no puede generar la presión necesaria para hacer circular la sangre. El corazón no es en realidad la bomba del sistema circulatorio, sino que desempeña un papel mucho más sutil y elegante, pues no bombea la sangre. La sangre, contrariamente a la intuición, se mueve por su cuenta.

Al examinar detenidamente los embriones de pollos, resulta que su sangre comienza a circular en un patrón regular *antes* de que el corazón se haya desarrollado lo suficiente para bombearla. Además, la sangre no fluye como el agua por una manguera. No es una simple corriente que fluye por un tubo, sino algo mucho más elegante. El flujo de sangre que pasa por los vasos del embrión consta de dos corrientes que se mueven en espiral una en torno a la otra en la dirección del flujo. Tampoco van a una velocidad regular, sino que, juntas o por separado, sus velocidades varían, a veces de manera significativa. (Esta diferencia es una de las causas de los cambios en la *temperatura* de la sangre a cada momento, de las fluctuaciones térmicas derivadas de las cambiantes velocidades de fricción. Mientras más rápido sea el flujo, mayor será la fricción y más alta la temperatura).

En el centro de estas corrientes en espiral no hay . . . nada, sólo vacío. De hecho, el flujo de sangre de los vasos es muy parecido a un tornado. Es un remolino que gira alrededor de un centro de vacío. En todo momento, hasta un tercio del espacio ocupado por el flujo sanguíneo es un vacío, que resulta necesario para producir un remolino.

> *El vórtice de un tornado es una configuración muy estable con un centro de vacío sostenido firmemente por un sistema de fuerzas centrípetas. . . La sangre tiene su propia forma, el remolino, que determina la configuración del lumen vascular, en lugar de conformarse a ella y circula en el embrión con su propio impulso biológico inherente antes de que el corazón empiece a funcionar.*
>
> — RALPH MARINELLI

La presión que se mide como tensión sanguínea no es producida por el bombeo del corazón, sino que es resultado natural del movimiento de la propia sangre en espiral, centrada en el vacío.

Las ecografías del torrente sanguíneo humano han confirmado esta configuración arremolinada de la sangre y han indicado además que la sangre, al menos en el ventrículo izquierdo, está compuesta no por dos, sino por tres corrientes. En su funcionamiento, tanto el corazón como las arterias se mueven en espiral, en realidad se tuercen, para amplificar este movimiento en espiral de la sangre. Los vasos sanguíneos y el corazón muestran además una serie de pliegues en espiral en sus superficies internas. Estos tipos de espirales en los tejidos del corazón y de los vasos sanguíneos potencian el flujo. Los líquidos se mueven con más rapidez y con mucha más facilidad cuando avanzan en espiral.

como el agua en un desagüe

Las espirales que se encuentran en los vasos sanguíneos no están presentes en vasos y arterias diseccionados, sino solamente en el tejido vivo. La sangre y los vasos trabajan conjuntamente para crear estas espirales, cuya configuración cambia de momento a momento en coordinación con el flujo vivo de la sangre.

> *Las investigaciones sobre anatomía de las plantas han ido aclarando el tema de los vasos en espiral que se encuentran por todo el organismo de la planta . . . En nuestros tiempos, los investigadores han insistido en que debe reconocerse que estos propios vasos están vivos y se les debe describir como tales.*
>
> — GOETHE

La sangre está compuesta por varios elementos, y cada uno de ellos se orienta de una forma distinta en el vórtice del torrente sanguíneo. Los glóbulos rojos, más pesados, orbitan cerca del centro del remolino. Las plaquetas, más ligeras, se encuentran más distanciadas, junto con una fina capa de plasma a lo largo de la pared del vaso sanguíneo. Dado que todos los elementos de la sangre quedan separados por esta acción centrífuga, cada uno se mueve en espiral a una velocidad distinta. Las ecografías han demostrado que las distintas partículas de sangre emiten todo un abanico de frecuencias debido a sus distintas velocidades de giro.

> *El efecto Doppler suele concebirse como una experiencia aproximadamente "lineal". . . . Pero la imagen real del efecto Doppler no es lineal; es omnidireccional.*
>
> — BUCKMINSTER FULLER

Los propios glóbulos rojos no sólo giran en torno al remolino, sino en torno a sus propios ejes de rotación. Giran muy rápidamente sobre sus ejes individuales y se abultan en respuesta, desarrollando una mayor masa por la parte exterior de la célula debido a la fuerza centrífuga de su giro. Son, de hecho, células giratorias más pequeñas dentro de un vórtice giratorio mayor. Esta forma no es constante, sino que se modifica de momento a momento, contrayéndose y expandiéndose en respuesta al giro y la presión. En parte, esto facilita el movimiento de glóbulos rojos por los diminutos vasos capilares del cuerpo. Estos vasos, como muchas partes del organismo, son plásticos, o sea, poseen la cualidad de la *plasticidad*.

El vocablo "plástico" surgió mucho antes de la invención de los plásticos. Es sinónimo de maleable, cambiable, dúctil.

El corazón, insertado en este sistema fluido, cumple una función auxiliar. Se acopla con el sistema circulatorio y engancha en fase su propio efecto de pulsación, movimiento en espiral y bombeo con el efecto que ya tiene lugar en la sangre. Esto estabiliza y regula el flujo. El corazón monitorea constantemente la sangre por medio de receptores sensibles radicados en todo ese órgano y el árbol arterial, y modifica repetidamente su funcionamiento para hacer cambios sutiles de un segundo a otro en el flujo de la sangre.

Del mismo modo que el corazón sincroniza sus contracciones para facilitar el movimiento de la sangre, los vasos sanguíneos también sincronizan sus contracciones para mover la sangre por las venas y capilares. La onda de presión del latido del corazón sigue avanzando por el cuerpo, transportada por los propios vasos sanguíneos cuando éstos su vez se contraen a para facilitar el flujo. Los músculos esqueléticos también contribuyen a este efecto mediante su contracción y expansión, con lo que los vasos sanguíneos se comprimen aún más. Y por supuesto los órganos que reciben la sangre también se comprimen, con lo que se produce una compleja armonía de ondas de presión en la que todas esas ondas portan información y estimulan la interacción. En realidad, todo esto constituye un diálogo.

y todo está sincronizado exquisitamente

El resultado es que, cada minuto, siete litros y medio de sangre fluyen a través de más de 96.560 kilómetros de vasos sanguíneos.

Pero la presencia del corazón en el sistema circulatorio es fundamental por muchas razones, no solamente porque estabiliza el flujo sanguíneo y genera ondas de presión. En virtud de su función fundamental, la oxigenación, la sangre tiene que llegar a cada célula del organismo. De este modo, la presencia del corazón en el sistema le permite influir en cada una de las células y órganos del cuerpo. Esto facilita su función como glándula endocrina primaria y como el oscilador electromagnético biológico más poderoso del organismo.

Este corazón no es un rey ni una bomba circulatoria central, sino que es la propia circulación, sensible a muchas cosas en muchos lugares.

— JAMES HILLMAN

EL CORAZÓN COMO GLÁNDULA ENDOCRINA

Los médicos del siglo XIX se entusiasmaron al descubrir en el organismo humano poderosas glándulas que producían sustancias con efectos marcados en el funcionamiento del cuerpo. Si bien estas glándulas se encontraban en lugares muy disímiles del cuerpo, los expertos las agruparon en lo que denominaron el sistema endocrino. Entre ellas se incluían el hipotálamo y la glándula pituitaria o hipófisis, en el cerebro, y las glándulas suprarrenales, en los riñones. Sin embargo, resulta que todos los órganos del cuerpo producen hormonas, sustancias moleculares que modifican significativamente el funcionamiento físico. El tracto gastrointestinal produce como mínimo siete hormonas distintas; en contraste, la glándula pituitaria produce nueve. El corazón produce como mínimo cinco, aunque constantemente se descubren más. De hecho, no existe lo que los médicos llaman el sistema endocrino y, contrariamente a la generalidad del pensamiento médico, el corazón es una de las principales glándulas endocrinas del cuerpo.

Las hormonas producidas por el corazón tienen amplios efectos fisiológicos que afectan el funcionamiento del corazón, el cerebro y el organismo en general. Las dos primeras hormonas que notaron los investigadores fueron el péptido o factor naturético auricular (PNA o FNA) y el péptido o factor naturético cerebral (PNC o FNC). El FNA se produce en las aurículas del corazón, mientras que el FNC se produce en los ventrículos. Las sustancias que se han descubierto más recientemente se han llamado péptidos naturéticos tipo C (PNTC), el vasodilatador producido por el corazón (VDPC) y el péptido derivado del gen de la calcitonina (PDGC). En investigaciones recientes se ha demostrado que el VDPC inhibe fuertemente las células pancreáticas cancerosas. El PDGC, en forma sinergística con el óxido nítrico, produce vasorrelajación y ejerce acciones preventivas, al proteger las arterias de la ateroesclerosis, las cardiopatías coronarias y las apoplejías. Varios agentes inflamatorios (prostaglandinas, histamina y bradicinina) y el producto final del metabolismo conocido como ácido láctico hacen que se libere PDGC para que los vasos sanguíneos se dilaten.

Si bien el FNC surte diversos efectos, cuando uno está sometido a estrés, esta sustancia activa en las células neuronales del cerebro y el corazón un canal específico que activa la secreción de una singular proteína, la proteína precursora de beta-amiloide. Esta proteína protege las células tanto del cerebro como del corazón, especialmente a las del hipocampo, ante los factores causantes de estrés (por ejemplo, ante niveles tóxicos de glutamato). En otras palabras, el corazón crea, para salvaguardar el funcionamiento del cerebro, un neuroprotector hormonal específico que va dirigido concretamente a las células neuronales del hipocampo.

Las aurículas del corazón contienen densos gránulos o cuerpos celulares similares a los que se encuentran en el páncreas y la glándula pituitaria. El FNA, que es la hormona del corazón más estudiada, se almacena en esos gránulos. (La aurícula derecha contiene de dos a dos veces y media más gránulos que la izquierda).

Estos gránulos están altamente concentrados cerca de la superficie del corazón y en las regiones exteriores de las aurículas. Cuando se abre la válvula aórtica, el ventrículo izquierdo se contrae y la sangre se propulsa hacia la aorta. La presión y la distensión subsiguientes hacen que se libere FNA en la sangre.

La hormona viaja por el torrente sanguíneo hasta distintos destinos dentro del cuerpo, incluidos los tejidos vasculares, el fluido cerebroespinal, los riñones, las glándulas suprarrenales, el sistema inmunológico, el cerebro, la glándula pituitaria posterior, la glándula pineal (que segrega melatonina), el hipotálamo, los pulmones, el hígado, el cuerpo ciliar (que segrega el humor linfático acuoso del ojo) y los intestinos delgados. El FNA también desempeña un papel en la regulación de los canales hormonales que estimulan el funcionamiento y el desarrollo de los órganos reproductivos masculino y femenino.

La cantidad de FNA que se libere depende de la presión producida por la contracción, que a su vez experimenta diminutas modificaciones con cada latido, según lo que perciba el corazón. El FNA ajusta delicadamente el complejo equilibrio del sistema interconectado y autoorganizado que es el cuerpo humano. Modifica el funcionamiento de cualquier órgano que la reciba. En el hipotálamo, el FNA inhibe la liberación de vasopresina, una hormona que se almacena en la glándula pituitaria posterior. La vasopresina es antidiurética y es un factor importante en la constricción de las arteriolas y los capilares. El FNA además relaja las células de músculos lisos de los vasos sanguíneos, con lo que hace que la presión arterial disminuya, e inhibe la secreción de aldosterona por parte de las glándulas suprarrenales —una hormona que tiende a elevar la presión arterial. El FNA también estimula a los riñones para que aumenten la excreción e inhiban la reabsorción de sodio, que también desempeña un papel en la regulación de la presión sanguínea. Asimismo, el FNA relaja las células de los músculos en todo el sistema vascular. Entra en contacto con la superficie de las células y activa el guanosín monofosfato cíclico, una molécula mensajera que porta información enviada por el corazón mediante la liberación de FNA en el interior de las células. El FNA contribuye a regular el volumen de sangre y los niveles de potasio del cuerpo. Se adhiere a varios puntos en el ojo, de modo que influye en la presión ocular y la capacidad de enfocar. En función de los niveles de FNA, el ojo puede estar precisamente enfocado o relajarse hasta tener una orientación periférica menos enfocada.

ya verá que esto es importante

El FNA induce alteraciones en los niveles corporales de varias hormonas y neurotransmisores: renina plasmática, norepinefrina, aldosterona, catecolaminas, cortisol, arginina vasopresina y dopamina. El FNA modifica el equilibrio electrolítico en la orina, la dinámica hemática y la producción y liberación de hormonas en las glándulas suprarrenales. Hace que aumente el volumen de orina y provoca modificaciones en la composición urinaria de cloro, potasio, calcio, fosfato y magnesio, además de que produce un aumento en la albúmina y en la libre excreción de agua.

El FNA se agota con la hipertensión, y el entorpecimiento de la capacidad del corazón de producir esta hormona guarda una correlación directa con el avance de la hipertensión. De cierto modo, las densas agrupaciones de células del corazón que producen FNA se agotan, de la misma forma en que pueden agotarse las glándulas suprarrenales. Esto indica un uso excesivo del sistema, una sobreestimulación, y puede compararse con el agotamiento suprarrenal que ocurre en las personalidades de tipo A al cabo de años de vivir con gran intensidad. El corazón percibe constantemente la composición de la sangre y modifica su liberación de FNA a fin de controlar precisamente la regulación del volumen sanguíneo. Las perturbaciones en la sincronización y la fuerza de los latidos afectan directamente la sincronización y la cantidad de FNA que se libera.

El FNC y el PNTC, aunque menos conocidos, desempeñan importantes papeles en muchos de los mismos órganos. El FNC y el PNTC están presentes en el fluido cerebroespinal y afectan las funciones pituitaria e hipotalámica. El PNTC ejerce una influencia directa en la función suprarrenal y en la producción de hormonas sexuales. Pero lo que resulta realmente interesante es el hecho de que tanto el FNA como el PNTC y el FNC tienen fuertes efectos en el hipocampo y en las funciones integradas del sistema nervioso central relacionadas con

el aprendizaje y la memoria, [y] la actividad exploratoria en un nuevo entorno.

— Gyula Telegdy

Debido a que estimula la producción de la proteína precursora de beta-amiloide, el FNC contribuye a la protección del tejido del hipocampo y amplifica sus funciones en el aprendizaje y la memoria.

Estas hormonas, producidas por el corazón y liberadas en el torrente sanguíneo, influyen profundamente en lo que aprendemos y cómo lo aprendemos, cómo recordamos y cuán bien funciona nuestra memoria. Mientras más hormonas de este tipo se producen, mejor recordamos y mejor aprendemos. Desempeñan además un papel fundamental en nuestra orientación en el espacio y el tiempo y contribuyen a nuestra actividad locomotriz. Facilitan su acción diversos neurotransmisores (hormonas neuronales) que también produce el corazón: dopamina, norepinefrina y acetilcolina.

La dopamina se crea en el corazón a partir del precursor dietético l-dopamina (o de los precursores de la l-dopamina, la tirosina y la fenilalanina), como una sustancia química esencial que posibilita la transferencia de información de una neurona a otra. La l-dopamina también está estrechamente conectada con el interés sexual y las erecciones en los hombres y con la capacidad de tener orgasmos en las mujeres. Los niveles bajos de dopamina son uno de los síntomas esenciales para el desarrollo del mal de Parkinson.

La acetilcolina también es un transmisor cerebral esencial y desempeña un papel decisivo en la memoria. Los problemas con la acetilcolina en el cerebro contribuyen a la pérdida de la memoria en los pacientes de Alzheimer.

Al igual que la dopamina, la norepinefrina se produce a partir de los precursores l-dopamina, tirosina y fenilalanina. La norepinefrina regula el movimiento de las grasas en el torrente sanguíneo y la contracción de las arteriolas. Desempeña un papel fundamental en la regulación de la salud arterial, el procesamiento de las grasas y la aterosclerosis.

La relación existente entre el corazón y estas hormonas demuestra cuán íntimamente participa el corazón en el funcionamiento del cerebro. En muchos aspectos, pudiera verse como un tipo de cerebro especial conectado con el sistema nervioso central, del mismo modo que lo está el propio cerebro.

EL CORAZÓN DEL SISTEMA NERVIOSO CENTRAL

Entre el 60 y el 65 por ciento de las células del corazón son células neurales. Son del mismo tipo que las que hay en el cerebro y funcionan exactamente de la misma forma. De hecho, algunos importantes centros subcorticales del cerebro contienen el mismo número de neuronas que el corazón. El corazón posee su propio sistema nervioso y, en esencia, es efectivamente un cerebro especializado que procesa tipos específicos de información. Las neuronas del corazón, igual que las del cerebro, se agrupan en ganglios, pequeñas agrupaciones neurales que están conectadas con la red neural del cuerpo mediante axones y dendritas. Estas células no sólo participan en el funcionamiento fisiológico del corazón, sino que tienen conexiones directas con diversas áreas del cerebro y producen un intercambio de información no mediado con dicho órgano. (No mediado significa que en el circuito que va del corazón al cerebro no hay ningún tipo de interruptor que se pueda encender o apagar).

Las conexiones neurales del corazón con el cerebro no se pueden apagar; entre los dos siempre fluye información. En realidad, el corazón está conectado directamente con el sistema nervioso central y el cerebro, e interconectado con la amígdala, el tálamo, el hipocampo y la corteza cerebral. Estos cuatro centros cerebrales se ocupan en primera instancia de:

1. los recuerdos emocionales y su procesamiento;
2. la experiencia sensorial;
3. la memoria, las relaciones espaciales y la extracción de significado de los datos sensoriales del entorno; y
4. la solución de problemas, el razonamiento y el aprendizaje.

(El corazón produce y libera sus propios neurotransmisores según los necesite. Al monitorear el funcionamiento del sistema nervioso central, el corazón puede determinar exactamente cuántos neurotransmisores necesita y en qué momento debe producirlos para mejorar su comunicación con el cerebro).

El corazón tiene además su propia memoria. Quienes han recibido trasplantes de corazón asumen a menudo comportamientos comunes de la persona a quien originalmente pertenecía el corazón

por ejemplo, el gusto por bailar salsa

aunque el nuevo receptor del corazón no tuviera antes ninguna relación con ese comportamiento. Como el corazón posee los mismos tipos de neuronas que el cerebro, es capaz de guardar recuerdos. Estos recuerdos influyen en nuestra conciencia, comportamiento y forma de percibir el mundo. A menudo tienen que ver con experiencias emocionales específicas y con los significados incorporados en ellas. Mientras más intensa sea la experiencia emocional, más probable es que se almacene en el corazón en forma de recuerdo.

La descarga neuronal en el cerebro —el patrón oscilatorio que libera de pulsaciones informativas en la amígdala, el hipocampo, el tálamo y, a veces, en el neocórtex— está coordinada con los ciclos cardiacos y pulmonares. Estas descargas son sensibles a diferentes estados. En otras palabras, todos los cambios en la actividad cardiaca —presión sanguínea, sincronización de los latidos, pulsaciones de onda en la sangre, creación y liberación de hormonas y neurotransmisores, y más— modifican el funcionamiento de estas áreas del cerebro. La información incorporada en las emisiones cardiacas llega directamente a muchas de las áreas subcorticales del cerebro involucradas en el procesamiento emocional. Los tipos de información que envía el corazón producen importantes cambios en el funcionamiento de la amígdala

con lo que influyen en las emociones

y otros centros subcorticales del cerebro. Se ha descubierto que el tipo de actividad que tiene lugar en el núcleo central de la amígdala depende del estímulo del nervio depresor de la aorta o del nervio del seno carotideo. El investigador cardiaco Rollin McCraty observa: "La células contenidas en el complejo amigdalino respondían específicamente a la información del ciclo cardiaco"[1].

Determinadas neuronas del cerebro modifican su comportamiento específico en respuesta a las señales que reciben de cada latido del corazón. En función de la entrada de información cardiaca, determinados complejos de neuronas en el cerebro cambian sus patrones de agrupación y descarga. Modifican su comportamiento para poder incorporar la información recibida a través de la función cardiaca y enviarla al sistema nervioso central. La información arraigada en las pulsaciones cardiacas modifica la función nerviosa central en formas importantes desde el punto de vista del comportamiento. De hecho, entre el corazón y el cerebro hay una comunicación en dos sentidos que altera el funcionamiento y el comportamiento fisiológicos en respuesta a la información intercambiada.

Los análisis de las corrientes de información en el cuerpo humano han demostrado que la mayor parte del impacto inicial se registra en el corazón y que la información solamente llega al cerebro después de haber sido percibida por el corazón. Lo que esto significa es que nuestra experiencia del mundo se encamina primero a través del corazón, el cual "piensa" sobre la experiencia y luego envía los datos al cerebro para su procesamiento ulterior. Cuando el cerebro envía al corazón la información sobre cómo reaccionar, el corazón la analiza y entonces decide si las acciones propuestas por el cerebro serían eficaces. Esto significa que entre ambos órganos hay un constante diálogo neural y que, en esencia, ambos deciden conjuntamente cómo proceder.

Pero aún más fascinante que todo esto es la actividad electromagnética del corazón. Este relato comienza con la forma inusual en que se inician los latidos del corazón. Porque las células del corazón, en una etapa muy temprana del desarrollo del embrión, comienzan espontáneamente a pulsar o latir por su propia cuenta. De repente se sincronizan, se autoorganizan y exhiben comportamientos emergentes.

EL CORAZÓN ELECTROMAGNÉTICO

Aunque casi todo el mundo ha oído hablar de los marcapasos (dispositivos mecánicos que ayudan a regularizar los latidos del corazón) los verdaderos marcapasos fueron inventados mucho antes de que al hombre se le ocurriera crearlos en un laboratorio. Los marcapasos naturales del corazón son agrupaciones de células que, del mismo modo que las agrupaciones moleculares, exhiben una autoorganización espontánea y autónoma.

Cuando las subunidades organizadoras están destinadas a convertirse en las células de marcapaso del corazón alcanzan cierto nivel de complejidad durante el desarrollo del embrión y se autoorganizan. En ese momento, las primeras células de marcapaso empiezan a latir y a exhibir un comportamiento oscilatorio emergente. Después que la primera de estas células cardiacas empieza a latir espontáneamente, cada nueva célula de marcapaso que se desarrolla, se sintoniza, o sincroniza, con la primera. Al final, hay un inmenso número de células de marcapaso, millones y millones, que funcionan conjuntamente, latiendo al unísono, y sincronizadas en sus oscilaciones armónicas.

> *De este modo, el corazón puede considerarse un oscilador dinámico, armónico y no lineal.*
>
> — ROLLIN MCCRATY

Al igual que con todos los sistemas no lineales, el acoplamiento de millones y millones de células cardiacas modifica su comportamiento y produce nuevos comportamientos y potenciales que no se pueden predecir a partir del estudio de cada célula por separado.

Si una de las células de marcapaso del corazón se extrae del cuerpo y se mantiene viva en un portaobjeto,

¡qué cosa tan horrible!

empieza a perder su patrón regular de latidos y empieza a fibrilar (a latir en forma caótica e irregular) hasta que muere. Pero, si uno toma otra célula de marcapaso y la coloca cerca de la primera, sin que tengan que estar en contacto, sus patrones de latidos se sincronizan y ambas células empiezan a latir al unísono. Si se coloca una célula en estado fibrilante cerca de una célula de marcapaso sana, dejará de fibrilar y se sincronizará, o sea, empezará a latir al unísono con la célula sana.

La razón de que estas células no tengan que estar en contacto es que, al latir, ambas producen un campo eléctrico, como lo hacen todos los osciladores biológicos. De hecho, los motores mecánicos que se utilizan para generar electricidad no son más que una pobre imitación de los potentes generadores eléctricos que la vida creó hace miles de millones de años, antes de que surgiéramos como expresión del ecosistema de la Tierra.

Las células de marcapaso del corazón, se encuentran en distintos lugares de su tejido. (En otros órganos del cuerpo hay otras células de marcapaso que contribuyen al funcionamiento del corazón). Las dos agrupaciones más poderosas de células de marcapaso en el corazón se encuentran en las aurículas superiores derecha e izquierda, o sea, las partes del corazón que inician las contracciones y que obligan a la sangre a pasar por los ventrículos.

Los impulsos eléctricos de estas células se trasmiten al tejido muscular de las aurículas. Todas las células musculares se conectan entre sí mediante uniones comunicantes y constituyen un organismo sincronizado. Los impulsos eléctricos fluyen en intervalos de milisegundos a través de las uniones comunicantes, con lo que el músculo cardiaco se contrae en forma simultánea. Esta señal de impulso está aislada de la porción ventricular del corazón; sólo puede entrar en el ventrículo a través de un punto de unión especial: el nodo auriculoventricular. Hay una demora de una décima de segundo antes de que la señal se trasmita para que el ventrículo pueda llenarse por completo de sangre. Entonces la contracción muscular que tiene lugar en el ventrículo obliga a la sangre a circular por el cuerpo.

Estas contracciones musculares regulares del corazón generan corrientes de volumen (pulsaciones eléctricas) en los tejidos iónicos conductores de electricidad del cuerpo. Hay una carga eléctrica que se genera con cada latido y se conduce por todos los tejidos del cuerpo. De hecho, cada latido pulsante del corazón produce 2,5 watts de energía eléctrica. Y esta carga eléctrica, aunque es pulsante, también es continua, del mismo modo que el corazón late continuamente a lo largo de la vida. Este patrón de actividad eléctrica es lo que se mide cuando se toma un electrocardiograma mediante la colocación de electrodos sobre el cuerpo. Pero el corazón genera además campos magnéticos (por eso a menudo se dice que su energía es electromagnética, no simplemente eléctrica) y esos campos magnéticos también se pueden medir, con un magnetocardiograma.

Cuando las válvulas del corazón se abren para dejar que la sangre entre en las aurículas, la sangre penetra arremolinadamente bajo una enorme presión, con lo que se crea un vórtice aún más fuerte que el que ya estaba presente en los vasos sanguíneos. (Este vórtice sigue avanzando por todo el corazón a medida que la sangre pasa de una cavidad a otra). La inserción de un solo ión en este vórtice crea un potente campo magnético. Y la sangre contiene mucho más que un solo ión. Los campos eléctricos y magnéticos del corazón no sólo son creados por el vórtice de sangre que se forma en el corazón, sino por el que existe en los vasos sanguíneos y, además, por los movimientos migratorios de las propias células sanguíneas a medida que avanzan por los vasos. La sangre transporta no sólo sustancias químicas y células, sino señales electromagnéticas. Éstas, al igual que los otros componentes de la sangre, viajan por todas partes del cuerpo y llegan a todas las células.

La sangre es muy buena conductora de ondas electromagnéticas

Si bien no es de sorprender que los campos eléctricos y magnéticos del corazón son similares en cuanto a su forma, el desarrollo de dispositivos de imágenes magnéticas a lo largo de los últimos 25 años ha permitido que los investigadores descubran que los campos magnéticos y eléctricos del corazón poseen además diferencias específicas entre sí. De hecho, los campos magnéticos y eléctricos del corazón codifican distintos tipos de información. Y, del mismo modo que la actividad del corazón se modifica con cada latido, la forma de sus campos eléctricos y magnéticos cambia con cada latido.

En realidad, el corazón produce con sus latidos un campo electromagnético tremendamente poderoso y de amplio espectro. Cuando los patrones electromagnéticos del corazón se recogen en imágenes, forman patrones muy similares a los emitidos por la magnetita o por un imán. El campo magnético de un imán se puede demostrar si se colocan limaduras de hierro sobre una hoja de papel y se pone un imán por debajo de la hoja. Las limaduras se moverán rápidamente por el papel hasta formar un patrón y alinearse con el campo magnético que produce el imán. Pero el campo magnético producido por el corazón no se encuentra sobre una hoja plana de papel. Se extiende por todo el cuerpo en forma de *toroide,* una forma fractal más o menos esférica que fluye continuamente por el espacio.

Si se mide con medidores de campos magnéticos, el campo electromagnético que produce el corazón es unas cinco mil veces más potente que el del cerebro. A pesar de percibirse con más fuerza en la superficie del cuerpo, alcanza distancias que los dispositivos de medición creados por el hombre son incapaces de detectar. Los aparatos electromagnéticos más sensibles pueden detectarlo hasta a tres metros del cuerpo. (Sin embargo, como sucede con todas las ondas electromagnéticas, la extensión del campo electromagnético del corazón resulta en realidad ilimitada, podamos o no medirla).

El campo electromagnético del cuerpo humano se extiende aproximadamente a lo largo de la columna vertebral, desde el suelo pélvico hasta la parte superior del cráneo, y permea cada célula del cuerpo.

En cambio, el campo magnético del corazón no es un campo perfectamente simétrico de arcos similares, pues no constituye una formación lineal, sino no lineal. Su forma es la expresión de un proceso vivo en constante transformación. Cambia con las distintas alteraciones del corazón cada vez que éste asimila y procesa información sobre su medio interno y externo.

El corazón produce una gama, un espectro, de frecuencias electromagnéticas. Cualquier frecuencia en este espectro puede contener una cantidad importante de información, de la misma manera que una frecuencia específica en el dial de un radio puede contener una gran cantidad de información. Asimismo, cada sección del campo electromagnético, sin importar cuán pequeña sea, contiene toda la información codificada dentro de todo el campo.

El campo magnético de la Tierra es un toroide (o patrón) muy parecido al que emiten los corazones (y los imanes). Los polos magnéticos Sur y Norte son los dos extremos del dipolo, como los extremos superior e inferior de nuestra columna vertebral (o los dos polos de una batería). De modo similar al del corazón, el campo magnético de la Tierra es un campo vivo en permanente cambio. Todos los organismos vivos, incluídas las plantas, poseen un toroide semejante. (Las propias células sanguíneas forman diminutos campos en forma de toroide en derredor suyo mientras giran y crean campos magnéticos individuales dentro del vórtice giratorio del torrente sanguíneo, de tal forma que existen cargas electromagnéticas anidadas dentro de otras cargas electromagnéticas).

El cuerpo entero se encuentra acunado dentro del campo magnético generado por el corazón. La información existente dentro de este campo se transmite al mundo exterior por medio de ondas electromagnéticas que salen del cuerpo, mientras que hacia el interior se transmite por medio del torrente sanguíneo, que conduce los impulsos electromagnéticos a lo largo de todo el cuerpo.

La sangre posee una extraordinaria conductividad eléctrica. Por consiguiente, no sólo conduce ondas de pulsación, sino mensajes eléctricos. Por ejemplo, el ADN es sensible a los campos electromagnéticos. Los campos electromagnéticos generados por el corazón influyen en la regulación del ADN, el ARN y la síntesis de proteínas, o sea, contribuyen a inducir la diferenciación celular y la morfogénesis. Por supuesto, esto no es un fenómeno aleatorio: las ondas electromagnéticas que el corazón produce (y la forma de su campo magnético) son muy parecidas a las ondas de radio en el sentido de que la forma de las ondas cambia en dependencia de la información que reciben. El cuerpo humano es sumamente capaz de descifrar tales mensajes, del mismo modo que los radios de los automóviles pueden descodificar las señales transmitidas por las estaciones.

No obstante, el sistema del organismo humano es mucho más elegante que el de los radios. Es un sistema vivo. El corazón envía mensajes con información en múltiples frecuencias. Los millones de elementos del cuerpo los reciben y responden y, en cuestión de milésimas de segundo, los patrones de latidos del corazón cambian en respuesta a tales mensajes. Las pulsaciones electromagnéticas de nuestros corazones forman más bien parte de un diálogo constante, de una comunicación, cuya función es ayudar a mantener el equilibrio dinámico de los sistemas autoorganizados que somos los seres humanos.

Los distintos patrones de la actividad neurológica, bioquímica, biofísica y electromagnética generados por pequeñas y precisas modificaciones en el funcionamiento del corazón constituyen una especie de lenguaje que codifica información y la comunica desde el corazón al cuerpo y al mundo exterior. Todos estos patrones son de hecho los medios que permiten al corazón mantener su equilibrio dinámico.

El corazón no sólo se ocupa de su mundo interior. Su campo electromagnético le permite tocar los campos magnéticos dinámicos creados por otros organismos vivos e intercambiar energía. Como todos los sistemas no lineales que poseen autoorganización y comportamientos emergentes, el corazón es sumamente sensible a las perturbaciones externas que pudieran afectar su equilibrio dinámico. No sólo transmite pulsaciones de energía electromagnética, sino que las recibe, como un radio en un automóvil. Y como éste, puede decodificar la información existente dentro de los campos electromagnéticos que detecta. Es en realidad un órgano de percepción.

De todo lo que tenga que decir o hacer un hombre, lo único que pudiera ser de interés para la humanidad es que, de una u otra forma, cuente la historia de su amor, que cante y, si la fortuna y la vida lo acompañan, se mantendrá enamorado por siempre. Sólo esto es estar vivo hasta el extremo. Es una pena que tal criatura divina deba sufrir alguna vez de frío en los pies, aunque peor es que esa frialdad le llegue tan a menudo hasta al corazón. Leo los informes de las actividades de una asociación científica y me sorprende que haya tan poca vida que reportar. Me repugna el paquete de áridos términos científicos. Cualquier cosa viva se expresa fácil y naturalmente en el lenguaje popular. No puedo evitar la sospecha de que la vida de estos doctos profesores ha de ser casi tan inhumana y rígida como la de un pluviómetro o un instrumento magnético registrador. No comunican ningún dato que alcance la temperatura de la sangre humana.

— HENRY DAVID THOREAU

CAPÍTULO CINCO

EL CORAZÓN EMOCIONAL

EL CORAZÓN COMO ÓRGANO DE PERCEPCIÓN Y COMUNICACIÓN

El espíritu de la vida mora en la más secreta cámara del corazón.
— DANTE

Todo lo evaluamos emocionalmente según lo percibimos. Después es que lo pensamos.
— DOC CHILDRE

El intelecto no puede expresar el pensamiento sin la ayuda del corazón.
— HENRY DAVID THOREAU

Sólo la ciencia reduccionista necesitaría "demostrar" lo que es ridículamente obvio: que nuestros corazones son órganos de percepción, decisivos para nuestra humanidad.
— DIARIO DEL AUTOR, NOVIEMBRE DE 2003

LA TENDENCIA QUE TIENEN LAS CÉLULAS CARDIACAS a sincronizarse entre sí, sencillamente a causa de la proximidad de sus campos magnéticos, se extiende a cualquier campo magnético que entre en contacto con ellas. De la misma manera que los campos electromagnéticos de dos células cardiacas hacen que éstas comiencen a latir u oscilar al unísono, cuando se unen los campos electromagnéticos de dos corazones, también éstos comienzan a oscilar o sincronizarse entre sí. Pero este fenómeno va aún más allá. Cuando se hallan muy próximos el campo electromagnético del corazón y el de cualquier otro organismo:

Tenga este o no tenga "corazón"

ambos se sincronizan y se produce un intercambio de información sumamente rápido y complejo. Mientras ambos campos electromagnéticos se armonizan, en cada uno ocurren cambios que producen modificaciones importantes en el funcionamiento fisiológico de cada organismo. No sólo se modifica cada campo magnético, sino que el organismo receptor asimila también la información existente dentro de cada uno. La información del campo magnético con el que se entra en contacto es una perturbación del no equilibrio dinámico de cada organismo y, como el payaso en el monociclo, se requiere modificar la dinámica interna para mantener el equilibrio.

Las perturbaciones que ocurren cuando se entra en contacto con otro campo electromagnético alteran la dinámica de acoplamiento de cada organismo y producen nuevos estados dinámicos cooperativos. Asimismo, cuando los dos campos se unen y se sincronizan, el proceso produce un campo combinado, dos campos en uno realmente. Como todos los osciladores no lineales, estos dos campos se encuentran en armonía y producen algo que es más que la suma de sus partes. Como señala Joseph Chilton Pearce, estos campos son "aglomeraciones o agrupaciones de información y/o inteligencia"[1]. Surge una identidad única que existirá mientras los dos campos se mantengan sincronizados.

Los sistemas energéticos, como el corazón, son sistemas abiertos en constante interacción con otros sistemas similares. No cesan de utilizar, almacenar y emitir energía. Mientras más complejo sea un sistema (es decir, mientras mayor sea la cantidad de subunidades autoorganizadas que se combinan entre sí para formar el todo autoorganizado) más complejos devienen sus procesos energéticos y de información y mayor número de factores han de considerarse para mantener su equilibrio dinámico.

Dentro del espectro electromagnético, el corazón tiene que decodificar y codificar información a través de múltiples ondas y frecuencias con cada latido. Simultáneamente, genera y transmite distintas ondas de presión, ondas de sonido, fluctuaciones térmicas, cascadas hormonales, neurotransmisores y descargas neurales de información directamente a los centros del cerebro con los que está conectado, y al resto del cuerpo. En todo momento hay una sinergia informativa, un gesto comunicativo, que se extiende desde el corazón hasta los medios externo e interno en los que habita. Esta sinergia particular cambia de momento a momento dependiendo de la información que el corazón recibe de ambos medios.

El corazón es sumamente complejo y los campos de energía que crea, emite y utiliza al comunicarse con otros sistemas energéticos (el resto del cuerpo u otros organismos) son igualmente complejos. Por ejemplo, no todas las pulsaciones de información energética transmitidas por el corazón viajan a la misma velocidad.

Como sucede con el rayo: primero se ve el destello, después se escucha el sonido y por último se siente el estruendo.

Algunas ondas electromagnéticas, como la luz visible, viajan con mucha rapidez. Otras, como las ondas acústicas, son más lentas. Las ondas de presión lo son aún más. Todas estas pulsaciones de información energética viajan a distintas velocidades dentro

y fuera

del cuerpo y producen efectos en momentos diferentes. Todas estas expresiones energéticas codifican significados y provocan algún efecto en organismos externos. El sonido de los lentos latidos del corazón de otra persona ayuda a calmar a los niños pequeños, mientras que unos latidos más rápidos, insertados en la banda sonora de una película de terror, pueden provocar pánico en el espectador.

La energía eléctrica y magnética, en combinación con otras formas de energía, se irradian desde el cuerpo y viajan al espacio en forma de patrones de energía organizados.
— LINDA RUSSEK Y GARY SCHWARTZ

De hecho, se ha demostrado que los patrones de energía organizados provenientes del corazón afectan directamente el funcionamiento de organismos situados fuera del corazón.

La fusión y sincronización de nuestros corazones nos resulta en extremo naturales. Es una de nuestras primeras experiencias, pues esta sincronización ocurre antes del nacimiento. Mientras nos encontramos en el útero, estamos inmersos en los campos electromagnéticos de nuestras madres. Las lecturas de electroencefalogramas y electromagnetogramas indican que los campos electromagnéticos de la madre y del niño, mientras éste se encuentra en el útero, se sincronizan de manera natural. Cuando el niño está lactando y en los brazos de su madre, su campo electromagnético vuelve a sincronizarse constantemente con el de ella. Como observa Joseph Chilton Pearce: "El corazón desarrollado de la madre proporciona las frecuencias modelo que el corazón del niño necesita para su propio desarrollo en los cruciales primeros meses de vida"[2]. Y el campo electromagnético de la madre codifica una gran cantidad de información compleja cuya influencia en el niño va mucho más allá de la simple dinámica mecánica. En el nivel más elemental, los sentimientos de la madre hacia el niño, si es un hijo deseado o amado, se transmiten al embrión en desarrollo por medio de informaciones codificadas dentro de las modificaciones del campo electromagnético de la madre. Esas modificaciones son códigos específicos de información que el campo receptor del niño en desarrollo puede descifrar, del mismo modo que un radio puede descodificar ondas de radio.

Dado que el corazón humano al nacer se encuentra en una situación en la que su funcionamiento inicial está íntimamente ligado a la información proveniente de otro campo magnético, durante toda la vida será sensible a la información en los campos electromagnéticos. Pudiera decirse que se gesta dentro de este tipo de lenguaje. Es la "lengua materna" del corazón. Así pues, durante toda su existencia el corazón sondea activamente los campos que percibe en busca de patrones de comunicación e información. Cada vez que se encuentra con otros osciladores biológicos y sus campos electromagnéticos y éstos perturban su campo al primer contacto, el corazón experimenta una modificación en su espectro electromagnético. La manera en que se modifica el campo electromagnético transmite información. Si ambos campos se sincronizan se transmite aún más información. Los seres humanos experimentamos estos campos irradiadores de patrones de energía y sus perturbaciones de un modo singular: en forma de emociones.

Los colores básicos que nuestros ojos pueden detectar se combinan para conformar el amplio espectro de colores que vemos. Cada uno de estos colores posee una forma de onda y una frecuencia diferentes. Estas frecuencias penetran por los ojos, se procesan en la corteza visual y se interpretan como colores. Todos nuestros medios sensoriales son semejantes en este sentido. Por ejemplo, los cuatro sabores básicos (ácido, dulce, amargo y salado) se combinan de múltiples formas para conformar el espectro de sabores que podemos experimentar. Las frecuencias del campo electromagnético del corazón no se experimentan como colores o sabores, sino como emociones. (El más mínimo cambio emocional, sea a causa de factores internos o externos, se manifiesta de inmediato como un cambio en el ritmo cardiaco y en los patrones de variabilidad del ritmo cardiaco y viceversa).

El corazón es en realidad un órgano sensorial sumamente sensible cuyo ámbito es el de los sentimientos. Las emociones constituyen el efecto que producen en nosotros ondas portadoras específicas del espectro electromagnético, del mismo modo que los colores son el efecto de ondas portadoras visuales. Como sucede con los colores y los gustos, la amplia gama de emociones complejas que podemos experimentar es resultado de sutiles combinaciones de algunas emociones básicas: enojo, tristeza, alegría, temor. Éstas se combinan para conformar muchos estados emocionales más complejos tales como los celos, el asombro y el amor. Por supuesto, se combinan además en formas aún más complejas que las mencionadas, pues la cantidad de emociones que podemos experimentar, a pesar de su naturaleza generalmente efímera, abarca un espectro casi infinito. En la misma medida en que las variaciones en la respuesta electromagnética del oscilador no lineal que llamamos corazón se acercan al infinito mediante la fractalización de sus procesos, nuestras experiencias acerca de esos procesos cambiantes posibilitan la existencia de un número casi infinito de combinaciones emocionales.

CAMPOS ELECTROMAGNÉTICOS
INTERNOS Y EXTERNOS

El cuerpo humano posee una gran cantidad de osciladores biológicos, todos interconectados en nuestro organismo.

Los tres más potentes son el corazón,
el tracto intestinal y el cerebro.

Los campos internos de energía que percibimos interiormente provenientes de todos nuestros osciladores biológicos (desde las células hasta los órganos y todo el organismo) contienen ciertas clases de información acerca de nuestro mundo interior. Percibimos esta información como ciertos tipos o agrupaciones de emociones. Tales emociones nos brindan señales sensoriales e informativas sobre lo que ocurre en nuestro interior.

si al menos prestáramos atención

Cuando desciframos esas señales, tal como hacemos cuando desciframos el patrón de indicaciones visuales que representa una señal de tránsito, obtenemos información acerca del camino en que nos encontramos y la trayectoria que seguimos.

El hecho de que nuestro mundo interior nos proporcione información en forma de pulsaciones emocionales se reflejaba en las interpretaciones clásicas que aseguraban que el mal funcionamiento de un órgano iba acompañado de estados emocionales específicos. Por ejemplo, se consideraba que los malestares del hígado provocaban una ira inexplicable y que los problemas de la vesícula biliar producían melancolía. Cada malestar orgánico afecta la conformación del campo electromagnético del corazón. Aun en un sistema sano, gran parte de la fluctuación emocional que experimentamos diariamente se deriva de una compleja interacción entre nuestras subunidades internas: moléculas, células y órganos. Algunos estudios han demostrado, por ejemplo, que existe una relación entre la contracción del bazo, la presión sanguínea y los estados emocionales. Cuando varía su función, los campos electromagnéticos cambiantes de esos osciladores biológicos modifican el campo electromagnético del corazón. Experimentamos entonces un pulso electromagnético de información, percibido como emociones, derivado de un cambio en nuestro funcionamiento interno. (Esta alteración transforma además las ondas de presión del corazón, fenómeno que los médicos tradicionales chinos conocen y han formalizado en el diagnóstico del pulso).

Desafortunadamente, en la época en que vivimos nuestro vocabulario para referirnos a estos estados internos es en extremo limitado. Puede que nos sintamos "indispuestos", pero hay muchas formas distintas de indisposición y cada una va acompañada de un sentimiento o complejo de sentimientos particulares y únicos. Puede que nos sintamos "achacosos" o "enfermos" o "deprimidos", pero cada una de estas afirmaciones transmite poca información con respecto a nuestro estado interno. No son afirmaciones elegantes ni específicamente comunicativas. En gran medida esta limitación tiene su origen en una falta de perspectiva cultural de largo plazo acerca de la gran variedad de estados emocionales generados por las alteraciones de nuestro mundo interno. Las culturas antiguas y aborígenes, más enfocadas en el corazón como órgano de percepción, eran por lo general más capaces de expresar con elegancia estos estados emocionales internos.

Si dirigiéramos nuestra conciencia hacia fuera de nosotros y prestáramos atención a los osciladores biológicos que allí encontramos, podríamos también percatarnos de las emociones producidas por nuestros contactos con los campos electromagnéticos externos. Cuando el campo magnético fluctuante del corazón entra en contacto con otro campo electromagnético, provenga de una persona, una piedra o una planta, percibimos una serie de impresiones emocionales que representan nuestra experiencia con respecto a la información codificada en los campos electromagnéticos de esos organismos y las modificaciones que han ocurrido en nuestro campo. De hecho, ahí radica el origen de los profundos sentimientos que se originan cuando nos adentramos en paisajes agrestes, los sentimientos que nos invaden cuando vemos el Gran Cañón del Colorado, por ejemplo. Estos sentimientos generados externamente constituyen una fuente esencial de emociones para todos los seres humanos, pues salimos no sólo del útero materno, sino de la dimensión silvestre del mundo. Nos desarrollamos acunados no sólo en los campos electromagnéticos de nuestras madres, sino, en sentido más amplio, en el campo electromagnético de la Tierra. Somos expresión del ecosistema, del útero, de la Tierra. . . somos una respuesta ecológica del planeta. Y esta clase de información se halla bien arraigada en nuestros recuerdos celulares.

El corazón es por tanto un órgano receptor de información no sólo interna, sino externa. Procesa el efecto de los sucesos externos en el organismo donde se encuentra y transforma sus patrones de latidos, ondas de pulsación, potencia eléctrica, funcionamiento hormonal y liberación de sustancias neuroquímicas. Estos cambios de función se emplean para transmitir información al resto del cuerpo y también al sistema nervioso central, al cerebro. El corazón funge como conductor de información profunda desde el mundo exterior hasta el sistema nervioso central y el cerebro, donde interactúa con las funciones de dicho sistema. Estos acontecimientos o modificaciones cardiovasculares ejercen gran influencia sobre el funcionamiento cortical y resultan detectables específicamente como señales sensoriales. Un análisis más detenido revela que estas modificaciones en la función del corazón en respuesta a fenómenos externos producen la misma clase de efectos en el funcionamiento cortical que los estímulos sensoriales más clásicos, o sea, los estímulos visuales, auditivos, olfativos, táctiles y gustativos. Las percepciones sensoriales entrantes que provienen del corazón poseen la misma capacidad que estos cinco medios sensoriales de llamar la atención y cambiar el comportamiento.

Cuando determinados sucesos en el medio exterior provocan efectos en el corazón, la información sobre esos sucesos externos se codifica en varios patrones de ondas cardiacas (patrones de latido, ondas de presión en la sangre, etc.) análogos a las diferentes formas de onda derivadas de estímulos visuales o auditivos, tales como las ondas luminosas y sonoras. Con los estímulos visuales y auditivos, los centros corticales del sistema nervioso central asimilan los colores y sonidos y permiten que los patrones de significado dentro de ellos emerjan como una totalidad amplia a fin de que puedan entenderse. Las formas de onda del corazón, experimentadas como emociones, también poseen significados incorporados que pueden extraerse del flujo emocional, del mismo modo que se extrae significado del flujo visual y auditivo.

Dado que se nos ha entrenado para hacer caso omiso de esta clase específica de indicios sensoriales y de la información que contienen, casi nadie utiliza de manera consciente el corazón como órgano de percepción. Por lo tanto, la mayor parte de la información recibida se procesa por debajo de los niveles conscientes de cognición. Sin embargo, como el corazón es un órgano de percepción tan esencial y las emociones son tan importantes para la experiencia de ser humano (una parte integral de nuestra historia ambiental y expresión ecológica), el poder del corazón como órgano de percepción no puede suprimirse por completo. Algunas personas, a diferencia de otras, se mantienen muy conectadas con sus percepciones. La percepción de la gente respecto a la información codificada en el corazón depende en gran medida de variables psicológicas e históricas: el nivel de escolaridad, la relación anterior con su cuerpo, el entorno en que se han desenvuelto y el historial de experiencias emocionales.

La mayoría de las investigaciones contemporáneas acerca de los campos electromagnéticos externos tienen que ver con que encontramos en otras personas. También en este ámbito nuestro vocabulario es en extremo limitado. Empleamos la palabra "amor" para describir muchos estados diferentes del campo electromagnético de nuestro corazón. Puede que uno "ame" el brócoli, a un amigo, a su perro, un libro, encontrarse con alguien para almorzar o a su cónyuge, pero en cada caso el significado de "amar" es diferente. Aun así, el lenguaje humano brinda pocas formas de distinguir fácilmente los matices de cada uno. Y si bien podemos reconocer que la interrelación de nuestros corazones con el de otros produce diferentes estados electromagnéticos y, por tanto, emociones distintas, nuestra sofisticación y capacidad para describirlas es extremadamente limitada. Nuestros campos electromagnéticos poseen una capacidad natural de interactuar y sincronizarse con otros campos electromagnéticos (es decir, con ecosistemas y componentes de esos ecosistemas), pero esa capacidad está casi atrofiada.

Aunque los científicos se entusiasman con los conocimientos que han ido adquiriendo sobre el corazón y sus funciones, nada de esto es en realidad novedoso. El hecho de que el corazón está íntimamente relacionado con las emociones, con quiénes somos, con la manera en que percibimos la vida que nos rodea y en que ésta nos percibe a nosotros es algo que todas las culturas del mundo han conocido a lo largo de la historia.

Cada idioma posee su propia sabiduría acerca del corazón de la que casi nunca tomamos conciencia plena. En un momento u otro de la vida, todos hemos conocido a un hombre "de gran corazón", a una mujer "de buen corazón" y tal vez incluso tengamos amigos "con un corazón bondadoso". Si les decimos lo que pensamos de ellos, puede que lo hagamos "de corazón". Podemos tener "corazonadas", nuestra profesión o pareja pueden convertirse en el "corazón" de nuestra vida o podemos trabajar muchos años para realizar "el sueño de nuestro corazón". Asimismo, dado que el corazón funciona de hecho como un cerebro especializado, realmente es posible "dejarse guiar por el corazón" o "escuchar al corazón".

Si estamos abatidos o desesperanzados, puede decirse que estamos "descorazonados". Si un ser querido nos rechaza podemos quedar con el "corazón roto". Si somos hirientes, alguien nos puede implorar que "tengamos corazón". Las personas pueden tener un "corazón despiadado" y ser crueles o hasta "de corazón duro". En fin, nuestros corazones están íntimamente relacionados con quiénes y qué somos, cada día y durante toda la vida.

Nuestros corazones no pueden comprender que son pensantes e imaginativos porque durante mucho tiempo se nos ha dicho que la mente piensa y el corazón siente, y esa idea nos aleja de ambos.
— JAMES HILLMAN

Las investigaciones recientes, aunque limitadas, han comenzado a promover el concepto del corazón en tanto órgano de percepción y comunicación. En general, estas investigaciones se han centrado en dos esferas: por una parte, nuestro mundo interior (nuestra fisiología), fundamentalmente en el contexto de ayudarnos a mantener la salud y en la comprensión de una serie de enfermedades y, por otra, nuestro mundo exterior, sobre todo en lo que se refiere a las interacciones con otras personas. La mayoría de esas investigaciones han comenzado con la creación de lo que algunos científicos llaman un estado de coherencia o sincronización.

COHERENCIA DEL CORAZÓN

Muchos de los estudios realizados sobre el corazón como órgano de percepción y comunicación se han concentrado en lo que sucede cuando el campo electromagnético del corazón se modifica de manera intencional en el momento en que una persona cambia la atención y pasa del procesamiento lineal, analítico (los pensamientos) a los estímulos sensoriales, sean internos (escuchar los latidos del corazón) o externos (por ejemplo, percatarse del aspecto, sonido u olor de algo). Los investigadores John y Beatrice Lacy comentan al respecto: "La intención de percibir y detectar estímulos externos ocasiona una ralentización del corazón. [Esto podría llamarse] bradicardia de la atención"[3].

Uno puede tener una idea de esta dinámica si se sienta cómodamente y mira algo que le llame la atención. Después de observarlo durante un momento y fijarse en su forma y sus colores, debe fijarse en *la sensación* que le causa. En ese preciso instante todo su funcionamiento fisiológico se modificará de una forma muy evidente. (No obstante, para que esto suceda, uno debe concentrarse en el objeto o fenómeno que observa y no en la modificación que espera).

El cambio de la atención al pasar del pensamiento a la percepción sensorial externa modifica de forma significativa la duración del ciclo cardiaco y lo ralentiza, lo que produce una cascada transformativa que influye en todo el funcionamiento fisiológico y cognitivo. Basta simplemente con prestar atención a estos estímulos externos. No es necesario que haya ninguna actividad física como respuesta. A diferencia del funcionamiento mental lineal, como el que requieren los cálculos matemáticos, al concentrarnos en los estímulos externos no hay aceleración de los latidos del corazón.

La modificación inmediata del funcionamiento del corazón que ocurre cuando se produce este cambio de la atención envía mensajes específicos a las zonas de detección sensorial del cerebro y facilita o amplifica estas percepciones sensoriales. La amplificación perceptual que acompaña a la percepción centrada en el corazón no se convierte en habitual. En otras palabras, los sucesos externos percibidos mantendrán su frescura y novedad cada vez que se experimente esta clase de dinámica.

Esta atención al entorno

sea interno o externo

trae consigo una dilatación simpática de la pupila, que se desenfoca levemente en lugar de enfocarse con precisión, con una mayor visión periférica, al tiempo que el corazón se ralentiza (actividad parasimpática). En términos muy simplificados, la parte simpática del sistema nervioso tiene que ver con el reflejo de huir o luchar; la parte parasimpática, con el descanso y la tranquilidad, lo que significa que ambos sistemas operan, pero de una manera singularmente equilibrada.

el desenfoque de las pupilas y la relajación corporal

aumentan en la medida en que se incrementa el valor de atención o interés de determinado objeto. Mientras más interesante sea el objeto, más se realza dicho estado fisiológico.

El cambio en el funcionamiento cardiaco que ocurre cuando se observan estímulos visuales externos no depende de lo agradable o desagradable que sea lo que se mira, sino más bien de su complejidad, potencia, actividad y Naturaleza, según la percibe el observador. Son dimensiones de significado comunes en un objeto o fenómeno, junto con la novedad, la sorpresa y el misterio. Mientras mayor sea el significado inherente al objeto, más interesante se tornará éste y mayor cantidad de modificaciones fisiológicas habrá. Estas alteraciones siempre van acompañadas de un enfoque más suave de las pupilas y el sosiego y relajación del cuerpo.

son estas señales las que nos permiten reconocer
el estado existencial

William Libby señala: "Un estímulo interesante que capte nuestra atención, independientemente de si es sencillo o complejo, si transmite un sentido de actividad y fuerza, o de pasividad o debilidad, evoca un patrón de respuesta autónoma caracterizado por la dilatación de las pupilas y la desaceleración cardiaca"[4].

Las actividades mentales provocan un cese casi inmediato de estas dinámicas fisiológicas con el concomitante incremento en el ritmo cardiaco y la contracción de las pupilas. Cualquier manipulación interna de información simbólica produce aceleración cardiaca, aumento en la actividad del sistema nervioso simpático y contracción de las pupilas. Lo mismo sucede con cualquier verbalización o necesidad de almacenar, manipular y recuperar información simbólica.

el pensamiento lineal interrumpe el estado

Este cambio en el procesamiento de la información y el funcionamiento del corazón da inicio a lo que el investigador Rollin McCraty llama *estado de coherencia*. McCraty observa: "El ritmo del corazón es el que establece el compás de todo el sistema. El latido rítmico del corazón influye en los procesos cerebrales que controlan el sistema nervioso autónomo, la función cognitiva y las emociones"[5]. La coherencia, continúa el investigador, "es la colaboración armoniosa y el orden entre los subsistemas de un sistema mayor que permiten la aparición de funciones más complejas. [Se emplea] para describir procesos mentales y emocionales más ordenados, así como interacciones más ordenadas y armoniosas entre los distintos sistemas fisiológicos. Abarca muchos otros términos que se utilizan para describir modos funcionales específicos, tales como la sincronización, la coordinación y la resonancia"[6].

Al profundizar en esta transición al estado de coherencia, la mayoría de los investigadores del corazón se concentran en el estado emocional personal, así como en la detección de estímulos externos. Muchos piden a los participantes en los estudios que generen de forma intencional las emociones de cariño y afecto.

Del mismo modo que las comunicaciones arraigadas en el campo electromagnético de un órgano u organismo se experimentan como emociones, si se crean nuevas emociones deliberadamente mediante decisiones conscientes, éstas modifican la forma del campo electromagnético y quedan incorporadas como nuevas comunicaciones que luego influyen en la fisiología.

Tales estados emocionales creados de forma intencional crean nuevos patrones en el campo electromagnético del corazón al codificar informaciones nuevas que dicho órgano, o cualquier otro organismo u órgano hacia el que estén dirigidas, emplea para alterar su funcionamiento. Según McCraty, el ritmo básico del corazón "sufre una modificación provocada por el sistema nervioso autónomo que, a su vez, se transforma de acuerdo con nuestra manera de percibir mental y emocionalmente los acontecimientos en cada momento. . . Nuestras emociones se reflejan en los patrones rítmicos del corazón. Estos ritmos cambiantes parecen modular el campo producido por el corazón, en forma similar a como se modula una onda radial para que pueda transmitirse la música que escuchamos"[7]. Valerie Hunt, investigadora en cardiología, aclara: "Cada experiencia provoca emociones concomitantes y cada emoción reestructura temporalmente el campo magnético"[8].

La coherencia del corazón comienza cuando la ubicación de la conciencia se traslada del cerebro al corazón, sea por medio del enfoque en el corazón mismo o en los indicios sensoriales externos y cómo se perciben.

[La psicología] ha tropezado con el corazón sin contar con una filosofía sobre su pensamiento.

— JAMES HILLMAN

El corazón es una parte bien interconectada de una red neuronal no lineal y oscilatoria que procesa sin cesar ondas electromagnéticas que contienen información codificada. Durante la coherencia, estas redes interconectadas se acoplan unas con otras y comienzan a funcionar como un sistema sincronizado.

Cuando dos sistemas lineales se enganchan o se acoplan, los patrones resultantes representan una simple combinación de los dos sistemas. Sin embargo, cuando los sistemas no lineales, como los osciladores biológicos de nuestros cuerpos, se sincronizan en una frecuencia común, el sistema combinado se fusiona en una sola oscilación. La diferencia entre la frecuencia de oscilación de los dos (o más) sistemas comienza a aproximarse a cero. En contraste con los osciladores lineales, cuando los osciladores no lineales se sincronizan, se convierten esencialmente en un patrón oscilante en cuyas ondas viaja la información acerca de todos los osciladores no lineales que se han sincronizado. Esta combinación de dos (o más) osciladores no lineales provoca varios efectos. El más sencillo es que la amplitud de la forma de onda combinada resulta considerablemente mayor que la de cualquier oscilador por separado, lo que proporciona a la señal coherente una profundidad y potencia mucho mayores.

El sistema eléctrico del cuerpo, producido por los osciladores naturales del organismo, forma un sistema acoplado de antiguo diseño evolutivo con elegantes mecanismos de retroalimentación entre todos los osciladores. Cuando cualquiera de los osciladores se convierte en el centro de atención de la conciencia, los otros sistemas empiezan a sincronizarse con él y a potenciar su poder. (La práctica china del *qigong*, utilizada por los seguidores del Falun Gong, se concentra en el tracto gastrointestinal como foco principal de la conciencia. El tracto gastrointestinal posee su propio sistema nervioso, amplio, elegante e independiente. Otras prácticas, como la del entrenamiento basado en la matemática del corazón, se concentran en ese órgano).

Contra el ruido de fondo normal del cuerpo, el campo electromagnético que surge durante la coherencia es altamente detectable por las células y órganos del cuerpo, que se sincronizan con dicho campo, amplifican su señal y la utilizan para modificar su funcionamiento celular y orgánico.

Los efectos fisiológicos de amplio alcance empiezan en el momento de la coherencia. Cuando una persona empieza a enfocarse en el corazón, profundizando sus percepciones sobre su funcionamiento, ocurre una coherencia o sincronización que comienza en el corazón. (A su vez, si se concentra en el sistema gastrointestinal, da inicio a cambios en ese sistema). Los ritmos cardiacos empiezan a asumir un patrón suave, parecido a una onda sinusoidal cuando las frecuencias electromagnéticas del corazón empiezan a sincronizarse. Normalmente, cuando nuestra conciencia se engancha en fase con el cerebro, los otros osciladores biológicos del cuerpo empiezan a sincronizarse con él. El resultado es mucho menos coherente, porque parecemos diseñados evolutivamente para que sea nuestro corazón, el oscilador más potente, el sistema primario con el que otros órganos se sincronizan. Este ritmo cardiaco coherente empieza inmediatamente a influir en la actividad neuronal reticular.

La red neuronal reticular influye en las funciones fisiológicas, incluida la respiración, los sistemas somatomotores y la actividad cortical. A medida que el corazón se vuelve más coherente, la respiración, los sistemas somatomotores y la actividad cortical empiezan a sincronizarse con los ritmos cardiacos coherentes. Las tres ramificaciones del sistema nervioso autónomo, el simpático, el parasimpático y el entérico (el tracto gastrointestinal), también empiezan a sincronizarse con este ritmo cardiaco o patrón de onda más coherente. El funcionamiento fisiológico general empieza a estar dominado por el parasimpático, en lugar del simpático (lucha o fuga). El tono simpático disminuye y el cuerpo se relaja. Ocurre una reorganización funcional del equilibrio autónomo. Al llegar a este punto, el sistema respiratorio empieza a engancharse en fase con los ritmos cardiacos. A la postre, el corazón, el cerebro y el tracto gastrointestinal se acoplan y sus frecuencias se "enganchan". Sus oscilaciones cambian a un rango de frecuencia idéntico para los tres sistemas, y la amplitud general aumenta.

Al empezar y profundizarse la coherencia, se modifica toda la cascada hormonal del cuerpo. Este cambio hormonal se inicia cuando el corazón produce y libera cantidades significativamente distintas de hormonas y sustancias neuroquímicas. Por poner un solo ejemplo: en el momento de la coherencia ocurre una reducción media del 23 por ciento en la producción de cortisol (hormona relacionada con el estrés que tiene efectos negativos sobre la función inmunológica, la memoria y la función del hipocampo, así como en la utilización de la glucosa) y un aumento del 100 por ciento en la producción de DHEA (hormona de las glándulas suprarrenales que es esencial en la reparación de tejidos, la sensibilidad a la insulina, la sensación de bienestar y la producción de hormonas sexuales).

Durante la coherencia cardiaca, hay modificaciones inducidas por el FNA que ocurren inmediatamente en muchos puntos concretos del cuerpo: los riñones, las glándulas suprarrenales, el sistema inmunológico, el cerebro, la glándula pituitaria posterior, la glándula pineal, el hipotálamo, los pulmones, el hígado, el cuerpo ciliar (que segrega el humor linfático acuoso del ojo) y el intestino delgado. Las modificaciones del FNA producen un reajuste inmediato en el complejo equilibrio de toda nuestra fisiología interconectada. Disminuye la presión sanguínea, se relajan las células musculares en todo el sistema vascular y se modifica la función ocular.

El factor naturético auricular se adhiere a varios puntos del ojo e influye en la presión y el enfoque oculares. Con esta modificación del FNA y sus efectos inmediatos, la vista se desenfoca y se potencia la visión periférica.

Además, la coherencia influye en los niveles de otras hormonas cardiacas y del factor naturético cerebral y el péptido naturético tipo C, que también cambian la fisiología y la función cerebral, especialmente en el hipotálamo, las glándulas suprarrenales y la glándula pituitaria. La secreción de proteína precursora de beta-amiloide aumenta la protección de las neuronas frente a los factores de estrés en todo el cerebro y, especialmente, en el hipocampo. Los cambios en los niveles de FNA, PNTC y FNC afectan directamente al hipocampo, con lo que amplifican su funcionamiento. Estos cambios aumentan la producción de dopamina en el corazón, mejorando la transferencia de información de neurona a neurona, tanto en el corazón como en el cerebro.

SINCRONIZACIÓN DEL CORAZÓN Y EL CEREBRO

Cuando el cerebro se sincroniza con el corazón, aumenta la conectividad entre ambos órganos. A la inversa, cuando la conciencia se localiza en el corazón, se produce una mayor desconexión entre el cerebro y el cuerpo. Cuando uno pasa a la cognición orientada al corazón, se reduce el diálogo mental.

Uno cobra conciencia de cierto equilibrio eléctrico interno.
— WILLIAM TILLER

Los canales nerviosos simpático y parasimpático y el sistema de barorreceptores vinculan directamente el corazón con el cerebro, lo que permite que las comunicaciones y la información fluyan libremente.

Los mensajes que van del corazón al cerebro durante esta transición a la coherencia modifican significativamente el funcionamiento del cerebro, especialmente en la corteza cerebral, que afecta profundamente la percepción y el aprendizaje.

> *Los principales centros del cuerpo que contienen osciladores biológicos pueden actuar como osciladores eléctricos acoplados. Estos osciladores pueden colocarse en modalidades de operación sincronizadas a través del autocontrol mental y emocional y los efectos de esa sincronización en el cuerpo están correlacionados con importantes cambios de percepción.*
>
> — WILLIAM TILLER

Se activa así una nueva modalidad de cognición: la modalidad holística/ intuitiva/profunda.

Según observa McCraty, investigador en cardiología: "[la sincronización del corazón] conduce a una mayor gestión de los estados mentales y emocionales propios, que se manifiesta automáticamente en forma de estados fisiológicos más altamente organizados que influyen en el funcionamiento de todo el organismo, incluido el cerebro. Los practicantes de estas técnicas de concentración en el corazón indican un aumento de la capacidad de conciencia intuitiva y de toma de decisiones, que va más allá de su capacidad normal derivada de la mente y el cerebro"[9].

El hecho de cambiar la concentración de la conciencia hacia el corazón (desviándola del cerebro anterior o prosencéfalo) produce la sincronización de grandes poblaciones de células del prosencéfalo con el funcionamiento cardiaco (en lugar de lo contrario). Estas poblaciones de células del prosencéfalo empiezan a oscilar con los ritmos producidos por el corazón, y la percepción de estas poblaciones de células, los tipos de información que empiezan a procesar durante la sincronización, es muy diferente de lo que procesan cuando no tiene lugar la sincronización.

El cerebro humano opera en un estado que está lejos del equilibrio. El cerebro, al igual que el corazón, es un oscilador complejo y no lineal. Cada día hay una corriente incesante de datos entrantes, es decir, de materia prima para el pensamiento. Estas señales entrantes hacen que el sistema cambie constantemente de un estado a otro, en respuesta a esas señales. El sistema constantemente oscila, entrando y saliendo del equilibrio dinámico, hasta que se restablece un nuevo homeodinamismo cada vez que se perturba. Las neuronas del cerebro, que también son osciladores, son no lineales y pueden recibir la influencia de perturbaciones extremadamente débiles. Son muy sensibles ante esas perturbaciones y, como todo oscilador no lineal, se valen de la resonancia estocástica para fortalecer la señal. Un cambio en el campo electromagnético del corazón es una perturbación ante la que el cerebro tiene la función de reaccionar, por designio evolutivo. Y, cuando el corazón funciona con coherencia, el cerebro empieza de inmediato a reaccionar.

Las interacciones coordinadas de un lado a otro del espacio extracelular dan lugar a una dinámica coordinada a largo plazo entre la función del corazón y el cerebro durante la sincronización entre ambos órganos. Cuando las neuronas del cerebro se sincronizan con la actividad electrocardiográfica del corazón, se modifica la sincronización de las descargas neuronales. Las investigaciones demuestran que la sincronización de descargas neuronales transmite varias veces más información que lo que indicaría el conteo de descargas. El análisis de lecturas de electroencefalogramas indica que las señales del corazón son más fuertes en las regiones occipitales (posteriores) y las secciones anterior (frontal) derecha del cerebro. Los ritmos alfa del cerebro también se sincronizan con el corazón y su amplitud disminuye cuando lo hacen. Los ritmos alfa del cerebro son los más rápidos entre sus ondas electromagnéticas. Su amplitud es más baja cuando la estimulación del cerebro es menor o cuando la persona se concentra en fenómenos sensoriales externos, en lugar de concentrarse en pensamientos analíticos abstractos o simbólicos.

Después de la sincronización entre el corazón y el cerebro, cuando se hace un electrocardiograma de una combinación de ondas cardiacas y cerebrales, lo que se ve es que las ondas cerebrales se superponen a las cardiacas. No sólo oscilan juntas, sino que, de hecho, las ondas cerebrales están incorporadas dentro del campo mayor del corazón.

La actividad del hipocampo aumenta considerablemente cuando la cognición cambia al corazón, ocurre la coherencia cardiaca y el cerebro se sincroniza con el corazón. El hecho de concentrarse en los indicios sensoriales externos activa las funciones del hipocampo, pues todos los sistemas sensoriales del organismo convergen en ese órgano. Una mayor demanda sobre la función del hipocampo estimula a las células madre a congregarse en el hipocampo y formar nuevas neuronas y complejos neuronales. El hecho de que la producción de cortisol se reduce durante la coherencia cardiaca potencia directamente además la actividad del hipocampo. En otras palabras, este órgano empieza a funcionar con intensidad. Empieza a tamizar los campos electromagnéticos detectados por el corazón, para buscar en ellos patrones incorporados de información, extrayendo el significado de la información de fondo. Entonces el hipocampo envía información sobre esos significados al neocórtex, donde queda codificada en forma de recuerdos. Mientras más concentración sensorial hay sobre los entornos externos, más activados están el hipocampo y su procedimiento de análisis del significado.

El cambio de la atención a cualquier órgano en particular (en este caso, el corazón) aumenta el registro de la retroinformación de ese órgano en el cerebro. Este aumento se puede medir en los patrones de electroencefalogramas. El cambio a la conciencia del corazón da inicio a una modificación en el funcionamiento del organismo a través de mecanismos fisiológicos que operan sobre la base del registro neural de la retroalimentación de órganos en el cerebro.

Este tipo de sincronización no tiene lugar espontáneamente, a menos que las personas se habitúen a la percepción centrada en el corazón. En vista de que nuestro estilo de enseñanza escolar nos ha habituado al modo analítico de cognición y se nos ha inculcado que ubiquemos la conciencia en el cerebro, no en el corazón, este tipo de sincronización debe practicarse conscientemente. (Para la mayoría de nosotros, la percepción centrada en el corazón no es una modalidad natural de procesar información, aunque sí lo era para los pueblos antiguos y en algunos casos lo sigue siendo para las culturas indígenas). Si bien el cerebro se sincroniza con el corazón por medio de las técnicas centradas en este último, el cerebro tienen la tendencia a entrar y salir arbitrariamente de la sincronización. Debido a que el cerebro se ha usado durante largo tiempo como la modalidad de cognición dominante, esta sincronización no es permanente. La práctica en materia de sincronización ayuda al cerebro y a cualquier otro sistema a mantenerse sincronizados por períodos cada vez más largos.

EFECTOS EN LO REFERENTE A LA SALUD Y LAS ENFERMEDADES

El corazón es el oscilador más potente del organismo y su comportamiento es naturalmente irregular y no lineal. Uno de los parámetros que ilustra la actividad irregular y no lineal de este órgano se denomina variabilidad del ritmo cardiaco o VRC. El corazón en descanso, en lugar de latir con regularidad, presenta continuamente fluctuaciones espontáneas. Los latidos del corazón en las personas jóvenes y saludables son altamente irregulares. Sin embargo, los patrones de latidos tienden a volverse muy regulares y predecibles a medida que envejecemos o que el corazón se enferma. Mientras mayor sea la VRC, más complejos se tornan los patrones de latidos del corazón y mayor es la salud de este órgano.

> *En este caso la complejidad se refiere específicamente a una variabilidad de tipo fractal a múltiples escalas en la estructura o función. Muchos estados de enfermedad están marcados por una dinámica menos compleja que los que se observan en condiciones saludables. Esta descomplejización de los sistemas enfermos parece ser una característica común de muchas patologías y del envejecimiento. Cuando los sistemas fisiológicos se vuelven menos complejos, su contenido de información se degrada. Como resultado, se vuelven menos adaptables y menos capaces de hacer frente a las exigencias de un entorno en constante cambio. Para poder generar información, cualquier sistema debe ser capaz de mostrar un comportamiento impredecible. . . Determinadas patologías están marcadas por la descomposición de esta propiedad de organización a largo plazo, lo que produce una aleatoriedad no correlacionada que se asemeja al ruido blanco.*
> — ARY GOLDBERGER

Resulta particularmente revelador el hecho de que, cuando el corazón está sincronizado con la forma de onda oscilante del cerebro, en lugar de a la inversa, el corazón empieza gradualmente a perder coherencia. Mientras más se sincroniza el corazón con el cerebro, y mientras más tiempo pase en este estado, menor es su VRC, menos fractales sus procesos y más regular su funcionamiento. En realidad, se está sincronizando con una orientación lineal en lugar de hacerlo con una orientación no lineal. Por lo tanto, si nuestra cultura se concentra en un tipo de instrucción que hace hincapié en desarrollar el cerebro y no el corazón, que promueve el pensamiento en lugar del sentimiento, el distanciamiento en lugar de la empatía, no es de sorprender que esto desemboque en enfermedad. Las enfermedades cardiacas son la primera causa de muerte en los Estados Unidos.

Cuando *cualquier* sistema empieza a perder en su funcionamiento este aspecto de *caos dinámico* y se vuelve más predecible, empieza a perder la elegancia funcional. De hecho, se torna enfermo. Las cardiopatías siempre están acompañadas por una pérdida cada vez mayor del carácter no lineal del corazón. Mientras más predecible y regular se vuelve este órgano, más enfermo está. Por ejemplo, la pérdida de la variabilidad del corazón está presente en la esclerosis múltiple, el sufrimiento fetal, el envejecimiento y las cardiopatías congestivas. Para estar sano, el corazón tiene que mantenerse en un estado de equilibrio dinámico sumamente inestable.

Ante todo esto, no es de sorprender que los estados emocionales poco saludables —por ejemplo, la depresión intensa y los trastornos de pánico— estén correlacionados con cambios en la VRC y con modificaciones de la densidad espectral de potencia del corazón. (La densidad espectral de potencia se refiere al *rango* y al *número* de ondas electromagnéticas producidas por el corazón).

En casos de depresión intensa y trastornos de pánico, al igual que en muchas condiciones patológicas del corazón, el espectro electromagnético de este órgano empieza a mostrar un rango más estrecho y los patrones de latidos vuelven a hacerse muy regulares. Este estrechamiento y aumento de la regularidad también muestra efectos directos en los sistemas nerviosos simpático y parasimpático. La actividad y el tono del sistema nervioso simpático tienden a aumentar, mientras que los del sistema parasimpático tienden a disminuir. Todo esto es señal de cardiopatía creciente, pues un corazón en desorden no puede producir la extrema variabilidad y flexibilidad que son normales en el corazón sano. Debido a que la experiencia emocional proviene en parte del campo electromagnético del corazón, un campo electromagnético desordenado, estrecho y no complejo producirá experiencias emocionales, como la depresión y los ataques de pánico que son, por sí mismos, desordenados, estrechos y de alcance restringido.

En muchas condiciones patológicas, el sistema electrofisiológico del corazón procede como si se estuviera acoplando de forma permanente con múltiples sistemas oscilatorios. En otras palabras, se comporta como si no pudiera decidirse, y sus células dejan de latir como un grupo unificado. En lugar de ello, el grupo empieza a romperse (con el corazón roto), siendo atraído en diferentes direcciones por distintos factores oscilatorios externos. Si la conciencia se mantiene fijada en una modalidad de cognición verbal/intelectual/analítica, se produce necesariamente una función cardiaca disminuida, una combinación más superficial de estados emocionales y una capacidad restringida de responder ante los significados y comunicaciones incorporados del entorno y del yo.

A la inversa, el aumento de la coherencia cardiaca y de la sincronización entre el corazón y el cerebro ha demostrado tener muchos efectos positivos en la salud. Una mayor coherencia cardiaca hace que aumente en el organismo la producción de inmunoglobulina A, un compuesto que se produce naturalmente y que protege las membranas mucosas del organismo y ayuda a evitar las infecciones. El aumento de la coherencia cardiaca y de la sincronización entre el corazón y el cerebro también produce mejoras en lo que respecta a trastornos como la arritmia, el prolapso de la válvula mitral, la insuficiencia cardiaca congestiva, el asma, la diabetes, la fatiga, los trastornos autoinmunitarios, el agotamiento autónomo, la ansiedad, la depresión, el SIDA y el trastorno de estrés postraumático. En general se aumentan las tasas globales de sanación en muchas enfermedades.

Por ejemplo, en un estudio específico sobre intervenciones de tratamiento, se determinó que la alta presión sanguínea se puede reducir significativamente en un plazo de seis meses, sin el uso de medicamentos, *si se restablece la coherencia cardiaca.* Y, al tener lugar la sincronización entre el corazón y el cerebro, las personas experimentan en general menos ansiedad, depresión y estrés.

La falta de concentración cognitiva en el organismo (el hecho de estar habituado a la modalidad de cognición verbal/intelectual/analítica) produce desconexión y mayores trastornos en el funcionamiento de los órganos y es, además, la base de muchas enfermedades, con inclusión de las cardiacas. Cuando la atención se concentra en distintos indicios sensoriales (por ejemplo, los latidos del corazón, la respiración, los estímulos visuales externos), la función fisiológica cambia significativamente y se vuelve más saludable. Y más aún cuando se activan tipos específicos de emociones: los sentimientos de cariño, amor y agradecimiento aumentan la coherencia interna. Mientras más confundidas, iracundas o frustradas se vuelven las personas, más incoherente es el campo electromagnético de sus corazones.

Estoy convencido de que una comida preparada por alguien que te ama te hará mejor que cualquier otra comida y, al mismo tiempo, alguien a quien no le simpatices definitivamente incorporará esa antipatía en tu comida, sin proponérselo.

— LUTHER BURBANK

En el corazón sano, la variada y compleja combinación emocional que experimentamos cada día —generada por el contacto con nuestros mundos interno y externo— produce diversos patrones de ritmos cardiacos que son no lineales y están en constante cambio. Dentro de estas combinaciones y patrones cambiantes se incorporan comunicaciones procedentes de nuestro organismo y destinadas a él, o a nuestros seres queridos, o al mundo en general. Mientras más estrecho sea el alcance del espectro electromagnético, más regulares serán los patrones de latidos del corazón y menos "cordiales" nos volvemos.

LA COMUNICACIÓN DEL CORAZÓN CON EL MUNDO EXTERNO

Según observa Renée Levi, los campos biológicos "están compuestos por vibraciones organizadas, no aleatorias, y tienen la capacidad de reaccionar, interactuar y transar selectivamente en forma interna y con otros campos"[10]. Por su parte, Joseph Chilton Pearce destaca que, "el cuerpo y el cerebro humanos forman una intrincada red de frecuencias coherentes y organizadas para traducir otras frecuencias, recogidas dentro de una jerarquía estructurada de frecuencias universales"[11].

Los organismos vivos, incluidas las personas, intercambian energía electromagnética mediante el contacto entre sus campos. Esta energía porta información de modo muy similar a la forma en que los transmisores y receptores de radio portan o captan la música. Cuando un ser humano o un organismo vivo entra en contacto con otro, tiene lugar un intercambio de información sutil pero altamente complejo a través de sus campos electromagnéticos. Las mediciones refinadas revelan que hay un intercambio de energía entre las personas, que se realiza por medio del campo electromagnético del corazón y que, si bien es más intenso con el contacto directo o hasta a una distancia de 45 centímetros, aún puede medirse (con instrumentos) cuando se encuentran a un metro y medio de distancia una de otra.

Aunque, por supuesto, nuestra capacidad (tecnológica) de medir la radiación electromagnética es muy rudimentaria. Las señales electromagnéticas de los organismos vivos, al igual que las ondas de radio, siguen avanzando indefinidamente.

Así es como la energía, codificada con información se transfiere de un campo electromagnético a otro. En respuesta a la información que recibe, el corazón modifica su funcionamiento y codifica sus respuestas en sus campos electromagnéticos, en forma constantemente cambiante. A su vez, esas respuestas pueden modificar los campos electromagnéticos de cualquier organismo vivo con el que interactúe el corazón, pues se trata de un diálogo vivo y siempre cambiante.

El corazón genera el campo electromagnético más intenso del cuerpo y este campo se vuelve más coherente a medida que la conciencia pasa del cerebro al corazón. Esta coherencia contribuye significativamente al intercambio de información que tiene lugar durante el contacto entre distintos campos electromagnéticos. Mientras más coherente sea el campo, más intenso será el intercambio de información.

El corazón coherente no sólo influye en el patrón de ondas cerebrales de la persona que alcanza el estado de coherencia, sino de cualquier otra persona con quien entre en contacto. Si bien el contacto directo de piel a piel tiene el efecto más pronunciado sobre el funcionamiento del cerebro, la mera proximidad produce cambios. El campo coherente del corazón del emisor no sólo se mide en el electroencefalograma de la persona receptora, sino en todo su campo electromagnético.

Cuando las personas se tocan o está muy cerca una de otra, tiene lugar una transferencia de la energía electromagnética de su corazón, y ambos campos empiezan a sincronizarse o a resonar entre sí. El resultado es una onda combinada que se crea a partir de las ondas originales. Esta onda combinada tiene la misma frecuencia que las originales, pero con mayor amplitud. Tanto su potencia como su profundidad aumentan.

En algunas ocasiones, aunque no siempre, la señal de la transferencia se detecta en ambas direcciones. Esto depende en gran medida del contexto en que se realiza la transferencia y de la orientación del emisor. Cuando una persona proyecta un campo coherente con el corazón lleno de cariño, amor y atención, los organismos vivos reaccionan ante la información en ese campo haciéndose más sensibles, abiertos, afectuosos, animados e interconectados.

En muchísimas culturas y tipos de profesiones de sanación se ha destacado la importancia del afecto para obtener buenos resultados de sanación. Los sanadores que conscientemente producen coherencia en el campo electromagnético de sus corazones crean un campo que puede ser detectado por otros sistemas vivos y sus tejidos biológicos. Este campo se amplifica a su vez y el organismo que lo detecta lo utiliza para cambiar su funcionamiento biológico. Cuando las personas enfermas detectan y (naturalmente) amplifican estos campos electromagnéticos de amor, generados por los sanadores, sus heridas sanan más rápidamente, su dolor disminuye, sus niveles de hemoglobina cambian, se modifica el ADN y se manifiestan nuevos estados psicológicos.

Así pues, los mejores resultados dependen del estado mental del sanador. Se debería conferir extrema importancia al tipo de intención del sanador mientras hace su trabajo. Mientras más cariñoso sea, mayor coherencia habrá en su campo electromagnético y mejor será la sanación.

Cuando recibimos el cuidado y la atención de otras personas, o cuando se los prodigamos, el corazón libera una cascada de sustancias hormonales y neurotransmisoras completamente distinta a la que libera en otras circunstancias menos esperanzadoras. El hecho de enamorarse provoca una gran expansión del corazón, una avalancha de DHEA y testosterona por todo el corazón y el cuerpo, además del flujo de otras hormonas, como la dopamina. Todas estas sustancias influyen en la producción hormonal de las glándulas suprarrenales, el hipotálamo y la glándula pituitaria. También se libera una mayor cantidad de inmunoglobulina A o IgA, que estimula la salud y la acción inmunológica de los sistemas de membranas mucosas en todo el organismo.

La receptividad del destinatario ante el campo magnético del corazón del practicante también influye en el resultado. Mientras más abierta esté la persona a la idea de recibir afecto, más posibilidades tendrá de sincronizarse con un campo electromagnético externo. Sin embargo, la elegancia del practicante a la hora de crear y dirigir hacia el paciente un campo electromagnético coherente es más importante que la receptividad del paciente. Además, el campo generado por el practicante debe ajustarse continuamente.

Dado que el campo electromagnético del corazón no es lineal, los sanadores pueden modificar su composición mediante el cambio constante de la percepción del paciente. No es de sorprender que, al cambiar hacia el estado de coherencia, el sanador experimenta una modificación de su propia función cortical. En este punto, la percepción personal también cambia considerablemente. Según lo expresa McCraty, la cognición del sanador experimenta un "cambio radical"[12]. Esta percepción modificada es por naturaleza extremadamente sensible al entramado de los campos electromagnéticos externos y a la información contenida en ellos. A medida que se profundiza la percepción del practicante y su capacidad de aprovecharla, es posible encauzarla muy bien para extraer más significado del paciente y de su mundo interior. A medida que el campo electromagnético del paciente se modifica, como ha de suceder de momento a momento a lo largo del proceso, es posible ajustar el tipo de afecto, atención y amor que envía el practicante y el lugar adonde lo envía, con lo que sus efectos pueden ser mucho más sofisticados. Dado que el campo electromagnético del sanador está tan íntimamente dirigido y conformado a las necesidades específicas del paciente a sí como a su campo electromagnético, la sensibilidad de éste ante el procedimiento va aumentando a medida que se repite dicho procedimiento. *De hecho, cualquier persona* puede reaccionar con cambios importantes en su campo electromagnético si la técnica del practicante es lo suficientemente elegante.

Si el practicante se sincroniza con las ondas electrocardiográficas o electroencefalográficas del paciente, el corazón del propio practicante puede asumir los patrones de enfermedad de la otra persona (por ejemplo, sus latidos y patrones electroencefalográficos). El autorreflejo indicará al practicante el patrón de enfermedad del paciente y, al modificar ambos sus patrones hasta volver a un estado de salud, el practicante puede determinar los procedimientos y los pasos necesarios para producir salud en el paciente. Aún más, al encontrarse en un estado de sincronización, el paciente tenderá a "seguir" las pistas incorporadas en el campo electromagnético del practicante, de modo que avance hacia la salud.

Mientras más se acostumbran las personas a responder ante los campos electromagnéticos coherentes generados mediante el corazón del practicante, más rápida será su respuesta fisiológica al detectar un campo electromagnético coherente. Mientras más interacción haya entre dos organismos vivos, mayor será la huella en sus corazones, mayor la modificación de sus campos electromagnéticos y mayor la cantidad de cambios en el funcionamiento de sus corazones. Como este elemento de la sanación está prácticamente ausente en la medicina tecnológica convencional, los pacientes no están acostumbrados a reaccionar ante campos electromagnéticos coherentes como parte de su proceso de sanación. Es más, el campo electromagnético de la mayoría de los sanadores médicos es extremadamente incoherente, pues se les ha entrenado para que usen el cerebro y no el corazón. Los enfermos se ven inmersos en campos electromagnéticos incoherentes a lo largo de todo su proceso de sanación en los hospitales y esto, por su parte, es uno de los elementos que más contribuyen a los tipos de resultados que producen los hospitales y los médicos.

Todos poseemos fuerzas eléctricas y magnéticas. Igual que los imanes, emitimos una fuerza de atracción o repulsión al entrar en contacto con objetos similares o disimilares.

— GOETHE

MÁS ALLÁ DE LOS SERES HUMANOS

Sin embargo, la comunicación centrada en el corazón no se limita meramente al cuerpo y a la interacción con otras personas. Por medio de su campo electromagnético, el corazón detecta constantemente patrones electromagnéticos de su entorno y procura decodificar la información contenida en ellos. Las perturbaciones que pueden influir en el equilibrio dinámico de la totalidad de los sistemas oscilantes autoorganizados que somos los seres humanos no sólo vienen desde adentro, sino desde afuera.

La tendencia de las nuevas investigaciones a concentrarse exclusivamente en la interrelación de los campos electromagnéticos con la salud interior, o las interacciones que tienen lugar entre una persona y otra, son expresión de nuestro antropocentrismo. Este estrechamiento de la comprensión de los campos electromagnéticos es un claro ejemplo de la forma en que aplicamos una jerarquía de valores que coloca a los seres humanos en la cima y de nuestra convicción de que el resto del mundo está lleno de seres y objetos que existen para que los utilicemos. Esto es un reflejo de nuestra creencia de que somos los organismos más importantes del planeta y los únicos que poseen inteligencia y alma. Pero es que todos los organismos vivos producen campos electromagnéticos, todos codifican información y todos los campos electromagnéticos fusionados intercambian datos entre sí. La propia Tierra es un organismo vivo que produce campos electromagnéticos llenos de información codificada, la que, a su vez, influye en nosotros por el simple hecho de que vivimos en la Tierra. Muchos ritmos periódicos de nuestros organismos están en función de nuestra sincronización con las oscilaciones del campo electromagnético de la Tierra. Los ritmos circadianos no son más que la reacción de los organismos vivos ante fluctuaciones electromagnéticas periódicas en el entorno.

Si se elimina la entrada de todo estímulo externo (por ejemplo, al poner a una persona en el espacio cósmico o en un entorno sellado y cerrado), el organismo sigue teniendo ritmos, pero éstos se manifiestan de una forma muy distinta. De hecho, estos ritmos los generan internamente todos los organismos vivos, pero su periodicidad, su sincronización, cambia en función de los campos electromagnéticos en que están contenidos.

> *Cuando se coloca a un ser humano en un entorno en el que no hay indicios sobre el tiempo transcurrido, el ciclo de actividad diaria se va alargando gradualmente. Esto significa que nuestro día normal de 24 horas requiere la sincronización externa de nuestros generadores circadianos endógenos. . . la temperatura del cuerpo y la funciones autonómicas también se adaptan, pero más lentamente. La importancia biológica y la omnipresencia de los ritmos autógenos se han subestimado en gran medida. Estas periodicidades deben considerarse como un mecanismo de adaptación filogenética a la estructura temporal de nuestro entorno, que se ha mantenido por la vía genética.*
>
> — G. SIEGEL

Los campos electromagnéticos oscilantes externos pueden sincronizar o enganchar en fase las células cardiacas para que el organismo que somos entre en sincronía con esos campos magnéticos. De hecho, somos supremamente capaces de percibir los débiles campos electromagnéticos del entorno y recibir la influencia de ellos.

No existe ningún límite inferior fundamental con respecto a la magnitud necesaria para que una perturbación influya en un oscilador no lineal.

— PAUL GAILEY

Muchos reduccionistas tienen la tendencia a *mecanomorfizar,* a proyectar sobre el mundo que los rodea la creencia de que no hay inteligencia fuera de los seres humanos, que la vida no es más que el resultado de fuerzas mecánicas. Así pues, cuando estos investigadores examinan la Naturaleza, tienden a ver y encontrar en ella lo que de antemano han creído que encontrarán. Pero la realidad es que todas las formas de vida emiten campos electromagnéticos, todas han estado inmersas en esos campos durante los casi 4.000 millones de años durante los que ha existido vida en esta Tierra. Estos campos electromagnéticos no son simplemente expresiones inconscientes del funcionamiento mecánico. Los organismos vivos, a lo largo de la evolución, han aprendido a usarlos como medio de comunicación, a insertar en ellos información intencionalmente.

El flujo de campos electromagnéticos cargados de información que se entremezcla constantemente, es parte de la dinámica de la comunicación entre organismos vivos dentro de los ecosistemas, un aspecto de sus enlaces coevolutivos. Los campos electromagnéticos no sólo se usan para contribuir a la integridad del organismo (para fortalecer la estructura física y la sanación cuando ésta se daña), sino para disuadir a los organismos hostiles (como los campos electromagnéticos no amistosos y defensivos que expresa un perro de ataque sin tener que gruñir siquiera). Lo que es quizás aún más importante, estos campos se utilizan para fortalecer las interacciones cooperativas entre organismos dentro de ecosistemas. Debido a nuestro antropocentrismo, esto resulta más evidente con agrupaciones de organismos pequeños, como las células dentro de organismos o los integrantes de familias humanas, cuyos vínculos amorosos entretejidos representan el entrelazamiento a largo plazo de campos electromagnéticos de apoyo, cooperativos y coevolutivos a los que constantemente se incorpora información compleja concebida para potenciar esas conexiones. Pero estas familias y sus integrantes se encuentran anidados e interrelacionados con una gran variedad de campos de este tipo, incluso producidos por plantas.

Las plantas, como todos los organismos vivos, generan ondas electromagnéticas y reaccionan ante ellas. Al igual que nosotros, utilizan muchas comunicaciones electromagnéticas internas para la sanación y para su funcionamiento fisiológico normal. Al igual que nosotros, están compuestas por millones y millones de células. Pero lo que no todo el mundo sabe es que las plantas, al igual que nosotros, también tienen un sofisticado sistema nervioso central.

> *Las características conductivas de los nervios de las plantas son similares en todos los aspectos a las de los nervios de los animales.*
> — Jagadis Chandra Bose

En muchos sentidos, los sistemas nerviosos de las plantas son prácticamente tan sofisticados como los nuestros y, en algunos casos, actúan casi con la misma rapidez. Los sistemas nerviosos de las plantas poseen sinapsis, como también las posee el cerebro humano, y estos organismos producen y utilizan neurotransmisores que, desde el punto de vista molecular, son idénticos a los que se encuentran en el cerebro humano.

Los sistemas nerviosos de las plantas realizan muchas de las mismas funciones que los de los seres humanos: ayudan a procesar, descifrar y coordinar impulsos externos e internos a fin de mantener el funcionamiento del organismo. Un elemento importante de esta función consiste en el reconocimiento de señales, la decodificación de significados y la elaboración de respuestas. El gran investigador indio Jagadis Chandra Bose realizó lo que quizás sea el estudio más sofisticado hasta la fecha del sistema nervioso de las plantas. En su libro, *The Nervous Mechanism of Plants* [El mecanismo nervioso de las plantas], observa:

> A la luz de los resultados que se resumen en este capítulo, ya no se puede dudar que las plantas o, por lo menos, las plantas vasculares, poseen un sistema nervioso bien definido.
> Se ha demostrado que la estimulación la conduce el floema del haz vascular y que la conducción en este tejido se puede modificar experimentalmente de la misma forma que en los nervios animales. Por lo tanto, la estimulación conducida puede describirse justa-

mente como impulso nervioso y el tejido conductor, como nervio.

Se ha demostrado además que, igual que en los animales, es posible distinguir entre impulsos sensoriales o aferentes y motores o eferentes, y hacer un seguimiento de la transformación de uno en otro en un arco reflejo. Las observaciones involucran la concepción de algún tipo de centro nervioso[13].

Los sistemas nerviosos de las plantas son tan sensibles como los nuestros ante los campos electromagnéticos. Esto es así necesariamente, porque usan la energía electromagnética del sol en la fotosíntesis. Surgieron como expresión ecológica de la Tierra con la finalidad específica de trabajar con el espectro electromagnético. Pero su rango de sensibilidad va mucho más allá del espectro de la luz visible. De hecho, igual que todos los organismos, pueden detectar señales electromagnéticas de banda ancha y reaccionar ante ellas.

Ni siquiera en el animal más evolucionado hay ninguna reacción vital que no estuviera presente de alguna manera en la vida de la planta. . . Se comprobará que se han desvanecido los obstáculos que parecían separar a fenómenos afines, que la planta y el animal aparecen como una unidad multiforme en un océano único de existencia. En esta visión de la verdad, de ningún modo se disminuirá el valor del misterio final de la vida sino que, al contrario, se intensificará mucho más. [Porque] esa visión elimina del [hombre] toda autosuficiencia, todo lo que lo mantenía inconsciente ante la gran pulsación que late por todo el universo.

— JAGADIS CHANDRA BOSE

Y nosotros, igual que las plantas, estamos diseñados evolutivamente para interactuar con esos campos magnéticos, como también lo están los propios seres y objetos que generan esos campos. Los significados incorporados en ellos, que experimentamos en forma de emociones, influyen en el ritmo cardiaco, la cascada hormonal, las ondas de presión y la actividad neuroquímica. Las emociones encauzadas (incorporaciones electromagnéticas de intención e información que se envían al exterior) influyen a su vez en esos campos electromagnéticos externos. Por medio de esa comunicación y percepción dirigida tiene lugar un diálogo vivo entre el mundo y nosotros.

Estos intercambios son parte de lo que para nosotros significa ser humanos, y han sido parte de nuestra interacción con el entorno desde que surgimos del campo vivo de este planeta. Pero no pueden ser percibidos si nuestro corazón no es flexible.

> *La cebada sólo le revelará cuál es la esencia del hombre a quien pueda pararse junto a ella y escucharla bien.*
> — Masanobu Fukuoka

CAPÍTULO SEIS

EL CORAZÓN ESPIRITUAL

LA AISTESIS

Como los científicos están sensorialmente desconectados de la información que ha experimentado una evolución teórica, no son capaces de reconocer la necesidad de promover reformas de la enseñanza con miras a corregir los conceptos errados que la ciencia ha tolerado durante medio milenio.

— BUCKMINSTER FULLER

El corazón nos trae noticias auténticas de lo invisible.

— JAMES HILLMAN

El misterio de la vida no es un problema que resolver, sino una realidad que experimentar.

— FRANK HERBERT

Cuando agotemos las posibilidades de la visión microscópica, aún nos quedará por explorar el reino de lo invisible.

— JAGADIS CHANDRA BOSE

AUNQUE LOS CINCO CAPÍTULOS ANTERIORES son una buena metáfora, no son más que eso: una metáfora.

> *son literalmente una metáfora, no metafóricamente;*
> *este tipo de reduccionismo nunca es real,*
> *estas metáforas son sólo una forma de pensar en algo*
> *que se debería conocer mediante la experiencia propia*

Lo importante no es que el corazón sea una bomba complicada ni el hecho de que crea campos electromagnéticos que otras personas puedan sentir o a través de los que podamos comunicarnos. Lo importante es que existimos, inmersos en campos de comunicación vivos, todos imbuidos de significado, que son generados por formas de vida inteligente y fluyen desde nosotros y hacia nosotros desde el momento en que nuestras células se autoorganizan en las identidades singulares que denominamos seres humanos.

No experimentamos estas comunicaciones como líneas de palabras sobre una página, sino como complejos intercambios de intención, con valores múltiples, como contactos de la inteligencia viva de las formas de existencia con las que estamos emparentados. Son intercambios de las *cualidades* inherentes a los organismos vivos, no cantidades de fuerzas mecánicas. Sentimos el contacto del mundo sobre nosotros, y esos millones de singulares roces llevan por dentro significados específicos que se nos envían desde el corazón del mundo y desde el corazón de los seres vivos con quienes compartimos este planeta. Este intercambio influye en nuestra calidad de vida y nos hace recordar que nunca estamos solos. Somos un organismo entre muchos, una forma con alma entre una multitud.

Por supuesto, no es novedad que el mundo moderno haya reconocido al fin (y de forma muy tenue) el hecho de que el corazón sea un órgano de percepción. Al situar nuestra conciencia en un solo oscilador biológico, el cerebro, nos cegamos ante las percepciones que eran comunes para los seres humanos desde que surgieron de esta Tierra. Al desarrollar una comprensión reduccionista del mundo, perdimos el contacto con la Naturaleza esencial de la Tierra y con nuestra propia Naturaleza esencial.

> *Al irse la Tierra,*
> *quedamos nosotros,*
> *piedras,*
> *no plantas,*
> *ni verdor,*
> *sino solitarios guijarros*
> *dispersos*
> *por una calle desolada.*

Los griegos tenían un término para referirse a la capacidad del corazón de percibir significado en el mundo: *aistesis*. "En la psicología aristotélica", observa James Hillman, "el órgano de la *aistesis* es el corazón. Hasta él llegan conductos de todos los órganos sensoriales; ahí es donde se 'prende' el alma. Su pensamiento tiene un carácter estético innato y mantiene un vínculo de sentido con el mundo"[1].

La aistesis se refiere al momento en que una corriente de fuerza vital, imbuida de comunicaciones, pasa de un organismo vivo a otro. El término significa literalmente "aspirar". Es una forma de aspirar el mundo, las comunicaciones con alma que van surgiendo de los fenómenos vivos de ese mundo. Los griegos antiguos sabían que este momento de reconocimiento solía ir acompañado de un jadeo, una aspiración. Algo externo penetra en nosotros, algo que posee un enorme impacto y provoca una inspiración inmediata. A menudo se pasa por alto la comprensión fundamental de que, al mismo tiempo, el mundo también nos está asimilando a través de su respiración. Cuando experimentamos esta forma de compartir la esencia del alma, se trata de una experiencia directa de que no estamos solos en el mundo. Experimentamos la verdad de vivir en un mundo de fenómenos con alma, acompañados de múltiples formas de inteligencia y conciencia, muchas de las que muestran suficiente interés en nosotros como para compartir este intercambio íntimo.

Una vez que nos convencimos de que en la Naturaleza no había ni inteligencia ni fuerza viva con alma, de que el corazón no era más que una bomba, empezamos a perder contacto con nuestra capacidad innata de practicar la aistesis, de sentir sobre nosotros el contacto del mundo vivo, interpretar lo que significa ese contacto y enviar entonces una respuesta.

Los científicos han practicado una forma particular del imperialismo. Nos han robado a todos el reconocimiento histórico del corazón como un órgano de percepción y, en su lugar, han promovido la idea de que el corazón es mecánico y la creencia de que el cerebro es el único órgano capaz de pensar. Esta colonización del alma ha tenido profundas repercusiones.

Como el hombre de ciencia no busca expresión, sino meramente la posibilidad de expresar un hecho, estudia la Naturaleza como si fuera una lengua muerta.

— HENRY DAVID THOREAU

Si bien el cerebro es importante, no es más que una computadora orgánica, útil para procesar datos y servir como estación de distribución para el funcionamiento del sistema nervioso central. A diferencia del corazón, con sus percepciones empáticas conectadas, el cerebro no tiene naturaleza moral propia. La constante formación de los niños en un sistema amoral de percepción da lugar a comportamientos en la vida adulta que carecen de fundamento moral.

Thomas Huxley,
el más firme defensor de Darwin,
observó
que "Ningún hombre racional,
que conozca los hechos,
cree que el hombre negro
sea igual
ni mucho menos superior,
al hombre blanco".

La afirmación
de que el grado de "pensamiento" racional
de cualquier especie
ilustra su posición
en la jerarquía evolutiva
no es más que una decisión
de un organismo
(y de personas específicas)
que tienen un interés creado
en lo que se esté decidiendo.

¿Qué hace
un pino erizo
durante seis mil años
de vida?

¿Qué hace
una ballena azul,
al poseer el cerebro más grande
de la Tierra?

Las percepciones del mundo que se registran por medio del cerebro están de por sí coloreadas por el órgano que se usa para la percepción primaria. La linealidad inherente al cerebro sólo es capaz de percibir el mundo exterior en forma lineal, como un conjunto de objetos euclidianos externos.

Supongamos que un científico desea comprender la Naturaleza.
Puede empezar por estudiar una hoja pero, a medida que su inves-

tigación avanza hasta el nivel de las moléculas, los átomos y las partículas elementales, pierde de vista la hoja original.

— MASANOBU FUKUOKA

El cerebro lineal no es capaz de percibir totalidades ni interioridades. Además, mientras más se usa como órgano primario de percepción, más se reduce la realidad vital. Se convierte meramente en una expresión de fuerzas mecánicas sin inteligencia ni propósito, y todas las formas de vida son buscadas y valoradas en función de su capacidad de realizar este tipo de procesamiento analítico. El conocido aforismo de Descartes, "pienso, luego existo", constituye además una afirmación de lo contrario: quien no piensa, no existe.

¿Qué es lo que a menudo logra la educación? Convierte un arroyo zigzagueante en una zanja cortada en línea recta.

— HENRY DAVID THOREAU

Las personas que conocen intuitivamente la importancia de los sentimientos, que usan el corazón como órgano de percepción, reciben escaso apoyo cultural de esta antigua modalidad de cognición. Sus observaciones son desacreditadas regularmente y los pensadores no lineales han pasado siglos tratando de demostrar que realmente existe otra ruta de percepción del mundo distinta a la que ofrece el cerebro.

La era actual tiene la mala costumbre de ser abstrusa en las ciencias. Nos retiramos del sentido común sin abrir paso a uno más elevado; nos volvemos trascendentes, fantásticos, temerosos de la percepción intuitiva en el mundo real y, cuando deseamos o necesitamos entrar en el ámbito práctico, de repente nos volvemos atomistas y mecánicos.

— GOETHE

La aistesis sigue influyendo en el ser humano, aunque son pocos los que comprenden conscientemente lo que está sucediendo. Por ejemplo, al ver el Gran Cañón del Colorado o tropezar de repente con un hermoso y antiguo árbol en un bosque, hay un instante inmediato en que giramos, nos detenemos y luego jadeamos, tomamos aliento, a sentir el poder de lo que observamos. Pero esto no sucede a menudo, al menos no continuamente, como ocurría con casi todos los representantes de nuestra especie durante la mayor parte de nuestra historia en la Tierra. Sucede que esta forma de compartir el alma es imposible en un universo mecánico que no posee alma. El alma de un ser u objeto no puede abandonar su forma física y penetrarnos si dicho ser u objeto carece de alma. De la misma forma, no podemos ser "inspirados" por el mundo.

Aun así, esta experiencia básica, esta aistesis, ha estado en la raíz de la relación humana con el mundo desde que fuimos expresados en forma evolutiva en la Tierra. Fuimos concebidos para experimentarla, para ser conscientes de que cada objeto o fenómeno posee una identidad única, su propia cualidad particular. Estamos hechos para que la Naturaleza de cada objeto o fenómeno penetre en nosotros a través del corazón que, a su vez, reflexiona sobre dicho objeto o fenómeno, graba recuerdos sobre éste y entabla un diálogo con él.

> *Mientras más sabemos, más misterioso nos resulta el hecho de que al mismo tiempo sabemos algo y no sabemos nada. La conciencia es la primera característica a priori de todo el alcance misterioso de la vida.*
>
> — BUCKMINSTER FULLER

Al igual que todas las habilidades humanas desarrolladas, hacen falta años de exploración y experimentación con las capacidades conceptuales del corazón para que este órgano se vuelva sofisticado, del mismo modo que toma años desarrollar la fluidez con el lenguaje verbal. Desafortunadamente, como se nos desacostumbra de utilizar el corazón como órgano perceptual y pensante durante nuestros largos años de instrucción escolar, más adelante en la vida, si tratamos de empezar a utilizar esta capacidad, a menudo se trata de una experiencia tentativa y torpe. Nuestra inteligencia del corazón sigue funcionando al nivel de un niño de seis años mientras que nuestra inteligencia de la mente le lleva una absurda ventaja.

Con todo, el mundo que nos rodea contiene un gran poder que, por el simple hecho de que ya no nos percatemos de él, no significa que haya desaparecido. Si cada uno de nosotros vuelve a desarrollar la capacidad de la cognición centrada en el corazón, podemos rescatar la percepción personal de la inteligencia viva y sagrada que se encuentra en el mundo y en cada objeto o fenómeno particular. Esto nos hace realizar una transición de la orientación racional en un universo muerto y mecanizado a una orientación en la que percibimos y reforzamos las singulares percepciones del corazón hasta llegar a una experiencia profunda del alma viva del mundo. A medida que este proceso se sigue profundizando, se refuerza nuestra sensibilidad espiritual y, de paso, llegamos a obtener una comprensión más profunda de nuestro propio carácter sagrado. Durante este proceso de recuperación de nuestra capacidad de *sentir y pensar* con el corazón, a menudo hay un período en el que las cicatrices acumuladas que nos cubren la mayor parte del corazón empiezan a desvanecerse. Así el corazón puede volver a ser flexible para que, una vez más, podamos usarlo como órgano de percepción.

El uso del corazón como órgano de percepción y comunicación, para entretejernos inextricablemente una vez más en la red de vida de la Tierra, para acopiar conocimientos del corazón del mundo y para ayudarnos a vivir una vida plena y realizada, para convertirnos en lo que debemos ser, es de lo que trata el resto de este libro.

> *El pequeño rubí que todos quieren ha caído en el camino.*
> *Algunos piensan que está al este; otros piensan que está al*
> *   oeste.*
>
> *Algunos dicen: "entre las rocas primitivas de la tierra"; otros*
> *   dicen: "en las aguas profundas".*
> *A Kabir el instinto le dijo que el rubí estaba dentro y le reveló*
> *   lo que valía, y él lo envolvió cuidadosamente en el paño de*
> *   su corazón.*
>
> — KABIR

DIÁSTOLE

ACOPIO DE CONOCIMIENTOS DESDE EL CORAZÓN DEL MUNDO

Hay un lugar
en todo el universo
que se ha creado
exclusivamente para ti.
Y está dentro de
tus propios pies.

PRÓLOGO DE
LA SEGUNDA PARTE

El corazón es el que siempre ve, antes que vea la cabeza.
— THOMAS CARLYLE

Hay que tener cierta percepción con respecto al organismo.
— BARBARA MCCLINTOCK

EL ARO DE AGUA, CONOCIDO TAMBIÉN COMO hierba fétida o lisi-quiton, puede hallarse en lo profundo de los humedales y bosques tupidos. Es una planta que pertenece a un mundo antiguo, un mundo que existía mucho antes de que los seres humanos caminaran, hablaran o respiraran. Para encontrarla hay que calzar botas y vestir ropas sucias. El aro de agua no es una planta para personas melindrosas.

hay que ensuciarse para llegar a ella

Los árboles en estos bosques cenagosos están cubiertos de musgo, su corteza es áspera, sus ramas se extienden protuberantes y sus raíces se hunden en la profundidad de la tierra húmeda y las charcas. La cubierta vegetal que forman cubre la quietud debajo. A las plantas de aquí no les gusta el resplandor del sol, sino la humedad, la oscuridad y la tranquilidad.

Al entrar en esta penumbra cada vez más profunda, uno sabe que penetra en otro mundo. Mientas más se adentra en el humedal, más se retrocede en el tiempo hacia la época en que la planta conocida como cola de caballo dominaba la tierra.

Si tiene suerte encontrará entonces el aro de agua que extiende sus hojas desde la humedad en que crece. El agua de las charcas donde habita no está estancada, sino que fluye sin cesar y lo penetra todo. Esta humedad reluce en la superficie de las plantas como una fina capa de agua viva.

Enseguida uno repara en sus hojas. Son verdes. Un verde oscuro con tonalidades más claras que se funden en la superficie de las hojas. Su flor en forma de capucha es grande, amarilla, una espiga nudosa cuando se forman las semillas, como el maíz.

o algo parecido

La planta y la flor representan una especie de retroceso gigantesco en el tiempo a la época en que los dinosaurios dominaban la tierra. Reina el silencio donde crece el aro de agua. La mente se serena mientras uno se aproxima a la planta y se torna aún más serena que la propia quietud que emana del bosque en derredor. Uno se va acercando despacio, con respeto y se arrodilla a su lado, al tiempo que el suelo fangoso cala los pantalones. El agua y el lodo comienzan a influir de inmediato en cualquier persona que busque esta medicina.

Inmersa en una realidad antigua, a la planta le toma un poco de tiempo despertar ante la presencia humana. No obstante, uno permanece a su lado y solicita su ayuda y consentimiento para que acceda a volver como medicina. El aro de agua no es como otras plantas que cosechan los buscadores de remedios. Cuando uno toma la pala y comienza a cavar, la planta se resiste a este método tan directo. Hay que cavar al lado, no debajo de ella. El proceder más correcto es cavar un foso en derredor.

Si uno coloca la pala debajo de la planta

todo el mundo lo hace una vez

y presiona hacia abajo para intentar sacarla haciendo palanca, sentirá que se hunde más profundamente en el estiércol, junto con la pala. La planta permanece impasible ante su ruego. Por tanto, hay que cavar un foso.

Mientras se cava, el foso se va llenando de agua. Las raíces de la planta no están a la profundidad de una pala,

no te lo hacen fácil

sino de pala y media, por lo que se debe cavar otra vez en el agua turbia tratando de que la pala penetre entre las raíces enmarañadas que entretejen el suelo en todos los humedales de este tipo. A las raíces enredadas de estas comunidades de plantas les gusta las charcas antiguas y los bosques tupidos.

Uno persevera y la pala penetra. El suelo anegado produce un sonido de succión cuando se remueve. El lodo es como pegamento y tira fuerte de la pala, se resiste a cualquier intento de extraerlo del suelo. La tierra húmeda se opone a que la priven de su suelo. Pero uno persevera.

Finalmente sale el amasijo de agua y lodo en una especie de sorbo largo y lento mientras el suelo cede. La carga se siente pesada cuando se alza la pala y se vierte su contenido a un lado. El lodo cae al suelo con un sonido fuerte. Entonces uno se concentra otra vez en cavar el foso e introduce la pala de nuevo en el hoyo enlodado.

Una vez que el foso rodea la planta a la profundidad de pala y media, se deja de palear y se sumerge uno de lleno en la experiencia. Ahora sólo queda excavar con las manos.

Con la pala a un lado, se hinca uno de rodillas en el fango e introduce las manos en el foso. El agua enlodada asciende por los antebrazos. Hay que palpar con los dedos, retorcerlos en la tierra húmeda debajo de la planta. Las raíces de la planta se arremolinan en torno a un bulbo central pequeño, casi insuficiente. Cada raicilla es del tamaño de una lombriz de tierra. Como sucede con las lombrices, las raíces están segmentadas y se aferran con fuerza. Es imposible arrancarlas, pues tiran con la misma intensidad en dirección opuesta e igualan la fuerza de la persona. Así que hay que tomarlas una por una, aflojarlas y quitar la tierra en derredor.

El aro de agua o hierba fétida es una planta grande, de entre medio metro y casi un metro de altura. Sus gigantescas hojas se extienden en un diámetro de aproximadamente un metro desde el centro de la planta. Por tanto, hay que abrirse paso alrededor de ella. Primero de rodillas, luego sentado, casi acostado en la tierra. No se puede ver lo que sucede. El foso se ha llenado por completo de agua turbia. Todo debe hacerse al tacto. Pero al fin,

al fin

se encuentra la última raicilla, se libera de la tierra y se toma la planta por el tallo justo debajo del lugar donde comienzan las hojas. Se saca del hoyo. Las raicillas están cubiertas de lodo y son difíciles de distinguir. Mientras tanto, el hoyo se llena inmediatamente de agua turbia, de manera tal que hay que sumergir la planta en la charca. Con rapidez, se mete y se saca del agua quizá una o dos veces para enjuagar la mayor parte del lodo y poder verla.

La raíz es enorme y las raicillas son como los cabellos de Medusa, un conjunto de zarcillos que se retuercen en la base de la planta. Casi parece como si fueran la planta. Toda la atención se concentra en ellas. Casi quiere uno poner al revés la planta, como si las raíces fueran la cabeza, y las hojas, la raíz. Y finalmente lo hace y se encuentra uno mirando un ser antiguo y en medio de una historia que comenzó hace muchos años.

Las raíces son gruesas, segmentadas y con tintes blancos y amarillos en la superficie. *Antiguas* y llenas de fuerza vital, una vida profundamente arraigada. Como si las raicillas hubieran llegado a una profundidad mayor de lo que indicaría su tamaño, como si de las profundidades de la Tierra hubieran obtenido una especie de fuerza antigua que los seres humanos jamás han alcanzado. Como si se hubieran formado antiquísimas montañas debajo del suelo. Como si su fuerza se hubiera transmitido a través de estas raicillas de la planta.

Al observar las raíces uno nota que algo extraño pasa en el cerebro. Se despierta una parte más vieja, antigua, reptil. Se siente un movimiento en lo más hondo del cerebro. Un ser con escamas de lagarto, enorme y oscuro, sin párpados, se da la vuelta, mira fijo, cambia de posición y hace un guiño.

Luego en el campo visual se ve la planta sumergida en el humedal. Sus límites exteriores pierden nitidez, palidecen, se difuminan, desaparecen. Y se percibe una corriente de aire viciado que asciende desde la tierra a través de ella hacia el aire del mundo, como si la planta fuera un canal vivo por el que respirara la Tierra y se librara de algo estancado.

Más tarde cambia el panorama y, erguido en un punto más elevado, uno ve los salmones que regresan de su larga travesía hasta el mar, buscando de nuevo el camino hacia la corriente de vida donde nacieron. Y estas plantas observan como centinelas encapuchados alzándose a lo largo de las riberas de corrientes antiguas y les dan la bienvenida a casa.

Se percata uno entonces de que ha permanecido sentado observando la planta durante mucho tiempo, sin darse cuenta en absoluto del transcurrir de las horas. Es como si el tiempo mismo se hubiera detenido. Y se siente también que la respiración es extraordinariamente pausada. No es profunda ni superficial, sino fácil, completa. Los pulmones no parecen ser entidades aisladas, sino tan sólo una extensión de la atmósfera, que se llena y vacía con facilidad. Cada parte asimila la vida que proviene del mundo en que está arraigada. Parecen descansar, acurrucarse en la atmósfera.

Mientras uno sigue despertando del trance en que ha caído, vuelve a percibir los colores a su alrededor. Son más vivos. De alguna manera aparecen más realzados. Más profundos. Luminiscentes.

Luego vienen los sonidos. Los sonidos apagados de la vida en los bosques de humedales antiguos. Brillan de vida, como si la vida fluyera a través de corrientes de sonidos que penetran en todo su ser. Uno está atrapado en medio de ellos. Todo el cuerpo se siente vivo ahora, emocionado ante el contacto de la luz y el sonido.

Después vienen los olores. Los pulmones respiran hondo y los absorben. Mientras fluyen dentro del cuerpo, son bien acogidos en las zonas más profundas. Casi como si fueran un alimento. Uno los siente entrar en el cuerpo como si las propias células se comieran los olores, como si absorbieran la vida de ellos.

En este *lugar* donde uno se encuentra a sí mismo, todo su ser descansa apaciblemente. Parece lo ideal y uno se pregunta cómo pudo olvidarlo, cómo perdió el vínculo con este modo existencial, con esta clase de vida. Mira una vez más a la planta y *siente* su poder medicinal, que ha penetrado el ser y lo ha transformado.

Luego uno suspira y produce un cambio de estado, se sacude y respira normalmente. Toma las tijeras y corta las hojas desde la raíz. Las coloca en el hoyo, con el tallo de flores cargadas de semillas debajo. Y con un poco de pesar por la belleza que se ha dejado atrás (pues las hojas luminiscentes pronto cobrarán un tono marrón y perderán su reluciente vitalidad) toma la pala, las tijeras y la mochila, y abandona el bosque.

Se coloca la planta en la mesa de las hierbas y se la deja secar. El proceso se verifica todos los días. El secado completo toma su tiempo. Las raíces son flexibles, maleables, *mucilaginosas,* pero finalmente se secan y entonces uno toma parte de la raíz y la muele hasta obtener un polvo fino.

Cuando uno levanta la tapa del molinillo, se eleva una fina bruma de polvo, una nube de luz, de humo blanco que se arremolina sobre el borde del molinillo y serpentea por debajo de los bordes de la tapa que uno sostiene con la mano.

Se inclina uno ligeramente, introduce la nariz en el humo,

en esta nube vegetal

e inspira. Minutos más tarde uno se percata de que no se ha movido. Está retenido, como suspendido en el tiempo. Una gran paz se ha extendido por todo el cuerpo y se siente uno *integrado* en el mundo. La respiración es profunda, tranquila y fácil, muy fácil.

Se toma la raíz convertida en polvo y se la coloca en una botella con alcohol y agua para crear una tintura. Uno la visita todos los días, habla con ella para transmitirle afecto y agita la botella para que se mezcle bien. En unas cuantas semanas el proceso concluye y se puede destapar la botella. Se puede ver la tintura a través del cristal transparente de la botella. Es de un bronceado vivo y translúcido

o algo parecido

con tonos dorados. Se decanta el líquido. Se exprime la masa blanda y húmeda para extraer el resto y todo el contenido se vierte en una botella ámbar, a buen recaudo del sol.

Al llenar un gotario, sube por él una línea de tintura fina y larga, que luego se recoge como una goma elástica líquida que se libera y cae suavemente en la botella. El sabor es un tanto dulce, terroso, *vaporoso*. La tintura es mucilaginosa y se adhiere con suavidad a la lengua. Se mueve por las membranas mucosas de la lengua y el aliento se vuelve más profundo. Una alegría salvaje y poderosa invade todo el cuerpo. Parece como si uno fuera capaz de correr kilómetros sin que le faltara el aire, sin que al final los pulmones tuvieran necesidad de jadear en busca de oxígeno.

Luego se pega una etiqueta en la botella y se escribe "aro de agua" en ella, a sabiendas de que con este procedimiento no se ha captado nada de la realidad viva de la planta. Pero dentro de su ser habita *el nombre* de la planta, y lo puede invocar en el recuerdo, decirlo en cualquier momento . . . aunque no con palabras.

SECCIÓN PRIMERA

VIRIDITAS

❧❧❧❧❧

La Natura es un templo donde vívidos pilares
Dejan brotar, a veces, confusas palabras;
El hombre pasa a través de bosques de símbolos
que lo observan con miradas familiares.

Como prolongados ecos que de lejos se confunden
En una tenebrosa y profunda unidad,
Vasta como la noche y como la claridad,
Los perfumes, los colores y los sonidos se responden.

Hay perfumes frescos como carnes de niños,
Dulces como los oboes, verdes como las praderas,
Y otros, corrompidos, ricos y triunfantes,

Que tienen la expansión de cosas infinitas,
Como el ámbar, el almizcle, el benjuí y el incienso,
Que cantan los transportes del espíritu y de los sentidos.
— CHARLES BAUDELAIRE

CAPÍTULO SIETE

LA PUERTA HACIA LA NATURALEZA

Al investigar la verdad, me he preguntado que de no haber en este mundo maestros de medicina, ¿cómo me las hubiera yo arreglado para aprender este arte? Pues en ningún otro libro sino en el siempre abierto de la Naturaleza, escrito por el dedo de Dios. Me acusan de no haber entrado en el templo de ese arte por la puerta principal; pero ¿quién tiene razón? ¿Galeno, Avicena, Mesué, Rhasis o la honrada Naturaleza? Por esta última puerta entré, guiado por la luz de la Naturaleza sin necesidad de candiles de boticario.

— PARACELSO

¡Ah, entiendo! Tratabas de ser un puente.
No está mal, los puentes son importantes.
sin embargo, has de saber que el único problema de ser un puente
es que precisamente tú,
nunca tendrás la oportunidad de cruzarlo.

— NAN DEGROVE

No te desanimes, persevera, hay cosas divinas encubiertas. Te juro que hay cosas divinas cuya hermosura las palabras no pueden expresar.

— WALT WHITMAN

AL PRINCIPIO, UNO TIENE QUE PREGUNTARSE, si realmente desea comunicarse con las plantas, ¿cuál es la situación de la planta? ¿Exactamente qué siente uno en realidad acerca de ella? Aquella planta, la que está cerca de su mano, es su igual? Si uno no siente que la planta es, como mínimo, igual que un ser humano (mejor aún si comprende que la planta es superior), dudo entonces que esté dispuesta a hablarle.

Partamos del supuesto,

solamente por decir algo

de que las mujeres no son iguales a los hombres.

Porque no piensan tan bien como ellos

Vayamos entonces a hablar con una mujer y veamos que tal nos va.

Algunas personas han tenido buena crianza y otras no, pero a todas se les ha enseñado a ser descorteses con las plantas. (Como dijo una vez Larry Niven: ¿Cuánta inteligencia hace falta tener para acercarse subrepticiamente a una zanahoria?). No es de sorprender que en la actualidad las plantas casi nunca nos hablen

¿y qué hay de la psilocibina?

o que las únicas que podemos escuchar sean las psicotrópicas o las que son muy invasivas, como el kudzú (¡Las escandalosas!). El cultivo de la percepción delicada nos permite escuchar a las que no son ruidosas, las que requieren un trato más sutil. Las que son corteses. Las que, antes de responder, esperan a que les hablemos.

El primer paso para aprender a hablar a las plantas consiste en cultivar la cortesía, para lo que debemos darnos cuenta de que los pinos que llevan aquí 700 millones de años seguramente hacían algo antes de que nosotros llegáramos a la escena hace apenas un millón de años.

además de languidecer por nuestra existencia

El primer paso consiste en respetar a los mayores.

Los pinos saben mucho más de lo que nosotros jamás sabremos acerca de su propia existencia y su modo de proceder. Por eso, hay que olvidar todas las tonterías que aprendimos en la escuela, especialmente la botánica. En lo que respecta al ordenamiento de las plantas, la voz de Linneo se escucha tan ALTO que es imposible oír cualquier otro sonido.

pero me gusta usar términos como Pinus

Ahora estamos aprendiendo un lenguaje distinto, por lo que hay que desconfiar de las palabras. Las palabras son el ámbito de la mente lineal; sólo el corazón puede oír el lenguaje de las plantas. Las palabras matan las percepciones del corazón.

Qué difícil es no colocar el símbolo en lugar del objeto; qué difícil mantener el ser siempre vivo ante uno y no matarlo con la palabra.

— GOETHE

Este desaprendizaje es un proceso difícil. Toma años. Uno pasará décadas siguiendo el rastro de las páginas dispersas de las enseñanzas muertas. El primer paso es el más sencillo/difícil, según cuál sea nuestra orientación personal. Será sencillo si uno tiene buena predisposición al respecto; será difícil si no tiene idea de lo que estoy diciendo. (Las personas obsesionadas con el neocórtex dirían que todo esto es una tontería).

La meta que tenemos ahora no es hacer que las plantas sean manejables, sino que sean *visibles*. Y solamente los proscritos pueden ver las plantas tal como son.

Como bien comprendió Henry David Thoreau: "La Naturaleza es una pradera para proscritos". Las personas que se adentran en la Naturaleza se vuelven, necesariamente, *incivilizadas*. Thoreau era una persona culta. Sabía que el término "civilizado" proviene de la raíz latina *civilis*, que significa "bajo la ley, ordenado".

ah, menuda broma

Esa propia raíz latina proviene de un término más antiguo en latín, *civis*, que significa "alguien que vive en una ciudad, ciudadano". Las personas que se adentran en el mundo silvestre, en la Naturaleza indómita, ya no se encuentran bajo la (arbitraria) ley humana, sino bajo la amplia e inevitable ley de la Naturaleza. Se salen de la ley humana. Ya no son ciudadanos, ni ordenados, ni civilizados: son proscritos. Algo pasa cuando uno se adentra en el mundo silvestre, algo que a la civilización no le gusta. (Por eso es que talan y arrasan los medios naturales).

Las ciudades me dan miedo. Pero no hay que salir de ellas. Si uno se aventura demasiado lejos, encuentra el círculo de la vegetación. La vegetación se ha arrastrado kilómetros enteros en dirección a las ciudades. Aguarda. Cuando la ciudad esté muerta, la vegetación la invadirá, trepará por las piedras, las estrechará, las escudriñará, las hará estallar con sus largas pinzas negras; cegará los agujeros y dejará colgar por todas partes sus patas verdes.

— JEAN-PAUL SARTRE

La regularidad ordenada desaparece en lo silvestre, y las personas que viven allí demasiado tiempo también pierden su regularidad, su orden.

su disposición a dejarse ordenar

La incomodidad ante la no linealidad desordenada, el deseo temeroso de ser tan *regular* y limpio, tiene un antídoto: la inteligencia viva y verde de las plantas.

Viriditas (verdor)

No debe importarnos que las plantas nos pongan encima sus patas verdes. Solamente si uno se adentra en la Naturaleza podrá descubrir que no son patas, sino algo totalmente distinto. Pero esto significa proceder a la inmersión. *Dentro* de la Naturaleza no hay cabida para observadores ni para pensadores conservadores. La puerta que se busca nunca se abre al reduccionista.

> *Los que esperan ser razonables fracasarán.*
> *La arrogancia de la razón nos ha separado de ese amor.*
> *Con sólo decir "razón", ya nos sentimos a kilómetros de*
> *distancia.*
> — KABIR

Dado que se nos inculcan tantas falsas verdades sobre lo que podemos saber, sobre lo que es y lo que no es la Naturaleza, el primer paso para acopiar conocimientos del corazón del mundo consiste en *adentrarse* en el mundo por cuenta propia, abandonando las ideas preconcebidas.

el primer acto de valor

Ningún experto nos puede decir lo que allí encontraremos. Ningún libro conoce su verdad viva. (Porque ningún libro es real ni está vivo, ni siquiera éste).

> *Todo el mundo tiene que buscar la Naturaleza por sí mismo.*
> — MASANOBU FUKUOKA

Lo que encontraremos será una experiencia viva, no un concepto mental. Lo que creemos saber, lo que se nos ha enseñado, se interpondrá en nuestro camino si no accedemos, al menos de momento, a dejarlo atrás.

Únicamente cuando olvidamos todo lo que hemos aprendido es que empezamos a conocer. Ya no me acerco ni por un pelo a ningún objeto natural mientras crea que algún erudito me ha proporcionado una introducción sobre el tema. Para poder concebirlo con una aprehensión total, tengo que aproximarme a él por milésima vez como un fenómeno totalmente desconocido. Para poder trabar conocimiento con los helechos, hay que olvidar la botánica. Hay que deshacerse de lo que comúnmente entendemos como conocimiento sobre los helechos. No habrá ningún término ni distinción científica que contribuya en lo más mínimo a este propósito, pues uno apenas percibirá nada, y tiene que aproximarse al objeto completamente desprovisto de prejuicios. Tiene que darse cuenta de que nada es lo que uno supone que es . . . Hay que encontrarse en un estado distinto al común. Nuestro mayor éxito será simplemente el de percibir las cosas tal como son.

— HENRY DAVID THOREAU

Qué deliciosamente difícil resulta aceptar la realidad de nuestra ignorancia. La puerta está efectivamente en la Naturaleza, pero sólo si uno renuncia a lo que cree conocer sobre la Naturaleza, si uno está dispuesto a no saber nada, es que se encuentra la puerta.

Deberíamos abandonar todas nuestras ideas preconcebidas, pues luego se descubrirá que en su mayoría carecen absolutamente de base y son contrarias a la realidad. La apelación final deberá hacerse a la propia planta y no se deberá aceptar ninguna prueba que no contenga la firma de dicha planta.

— JAGADIS CHANDRA BOSE

CAPÍTULO OCHO

LA NECESIDAD DE AGUDEZA DE PERCEPCIÓN

La Naturaleza tolera el examen más minucioso. Nos invita a escudriñar su hoja más diminuta y a observar su llanura desde la perspectiva de un insecto.

— HENRY DAVID THOREAU

Thoreau tuvo la paciencia verdadera para observar el mundo no humano y exclamar en un pasaje de su obra: "¿No sería un lujo estar metido hasta la barbilla en un pantano remoto todo un día de verano?" Quien haya leído a Thoreau sabe que sería muy capaz de hacerlo.

— ROBERT BLY

La observación de la Naturaleza exige cierta pureza mental inmutable ante perturbaciones o preocupaciones. Al niño no se le escapa el escarabajo posado en la flor. Como ha puesto todos sus sentidos en función de un solo interés elemental, nada extraordinario que pueda estar sucediendo en ese mismo momento con la formación de las nubes distrae su mirada.

— GOETHE

*P*ERCIBIR EL MUNDO QUE NOS RODEA ES EL SIGUIENTE paso esencial, pues la mente lineal detiene su actividad ante el flujo sensorial proveniente de la dimensión silvestre del mundo.

el flujo sensorial
ocupa el lugar
de la cháchara interna

Nuestros sentidos están concebidos para percibir el mundo. Se desarrollaron con el mundo y a partir de éste, no aislados de él. Usar nuestros sentidos es la acción que abre la puerta que está en la Naturaleza.

> *La observación va más allá de lo que salta a la vista.*
>
> — Norwood Russel Hanson

La aparición del ojo ha intrigado desde siempre a los expertos en evolución. El desarrollo lento y gradual de este órgano de percepción constituye para ellos una maravilla que no puede explicarse según la teoría de Darwin. Obvian una y otra vez la existencia de órganos sensibles a la luz mucho antes de que la Tierra los convirtiera en ojos humanos. Han estado presentes en la fotosíntesis de las plantas durante cientos de millones de años.

> *y su aparición no fue lenta en absoluto*

Nuestros cuerpos no son tan diferentes a los de las plantas (a pesar de lo que uno ha oído). La expresión ecológica de lo animal a partir de lo bacteriano, con la sabiduría obtenida mediante la metamorfosis de las plantas, transformó las células fotosensibles en nuevas formas de expresión.

> *y todo por una razón*

Estas células, como las que aún están incorporadas en las plantas, se formaron en respuesta a la interacción con los objetos de su afecto y en interacción con ellos.

> *[El ojo] debe su existencia a la luz. A partir de órganos auxiliares indiferentes, la luz conforma y crea un órgano que le es adecuado. Y el ojo se adapta a la luz mediante el impacto de ésta, a fin de que la luz interior salga al encuentro de la luz exterior . . . Si el ojo no fuera análogo al sol, ¿cómo podríamos ver la luz?*
>
> — Goethe

Nuestros órganos sensoriales están concebidos para percibir el mundo. Las capacidades sensoriales del oído humano se formaron gracias a los sonidos del mundo; nuestro olfato se formó por medio de una prolongada asociación con los delicados procesos químicos de las plantas; nuestro tacto, por las superficies no lineales y multidimensionales de la Tierra; nuestra vista, por las imágenes que entran sin cesar en los ojos. Los sentidos humanos aparecieron como consecuencia de su inmersión en el mundo. Son parte de la Tierra, son una expresión del contacto comunicativo sutilmente formado y perfeccionado mediante una larga asociación. Estos organos formaron su identidad *a partir* del mundo y su función es percibir la afluencia constante de comunicaciones sensoriales que fluyen hacia dentro de ellos y a través de ellos.

El hecho de concentrarse en el flujo ininterrumpido de información sensorial proveniente del mundo circundante activa nuestros cuerpos sensibles como órganos de percepción, deja a un lado la computadora y nos incorpora una vez más en el mundo en el que nació nuestra especie.

Así pues, permítase sentir de nuevo. Permita que sus percepciones sensoriales *sean* su pensamiento. *Sentir* en lugar de pensar. Eso es lo que deben hacer los sentidos.

es hora de recuperar el sentido

Nuestros sentidos son órganos vivos cuya función es recibir comunicaciones. Nos conectan y entrelazan con la corriente de energía informativa con la que interactuamos cada segundo de cada día de nuestras vidas. Enfocar la percepción mediante los sentidos lo sumerge a uno en las corrientes sensoriales de la Tierra.

Es como tomar un baño de colores, sonidos y sabores

Sumergirse en el baño de las comunicaciones del mundo, sentir el contacto de la Tierra a través del organismo, revive todo el cuerpo. Así sucedía cuando éramos jóvenes.

De joven, antes de que empezara a perder mis sentidos, recuerdo que me sentía completamente vivo y habitaba mi cuerpo con inefable satisfacción. Tanto su cansancio como su recuperación me resultaban gratos. Esta Tierra era el instrumento más glorioso, y yo, el público que escuchaba sus acordes. Recuerdo cuánto me asombraban estas agradables impresiones, estos éxtasis provocados por la brisa.

— HENRY DAVID THOREAU

Al prestar atención a las comunicaciones sensoriales provenientes del mundo se diluyen las fronteras que separan al yo del mundo. Es un acto decisivo para volver a conectarse con la vida en la Tierra. La percepción sensorial es la combinación natural y correcta de lo interno y lo externo.

La mente *lineal* es la que crea la *línea* divisoria entre el mundo y nosotros. La ubicación de la conciencia en el cerebro cierra la puerta hacia la Naturaleza. Pero esa puerta no está cerrada con llave.

No hace falta agradarle al portero. La puerta que tenemos delante es nuestra, está hecha para nosotros y el portero obedece cuando se le habla.

— ROBERT BLY

La percepción con los sentidos es lo que abre la puerta. Mientras más sensibles seamos a los flujos sensoriales y más directamente percibamos con nuestros sentidos, más se abrirá la puerta.

Era un placer y un privilegio pasear con [Thoreau]. Conocía el campo como un zorro o un pájaro y lo atravesaba libremente por caminos propios. Conocía cada sendero en la nieve o en el terreno y sabía qué criatura había pasado por allí antes que él. Uno debía someterse abyectamente a semejante guía y la recompensa era grande. Bajo el brazo llevaba un viejo libro de música para colocar las plantas; en los bolsillos, su diario y un lápiz, un catalejo para observar las aves, un microscopio, una navaja y cordel. Llevaba puesto un sombrero de paja, calzaba zapatos recios y vestía pantalones grises resistentes para encarar los arbustos de roble y las zarzaparrillas y para trepar por un árbol en busca de un nido de ardillas. Entraba en las pozas para tomar plantas acuáticas y sus fuertes piernas eran una parte importante de su armadura. El día del que hablo, Thoreau buscaba la Menyanthes trifoliata. *La detectó en medio de un ancho estanque y luego de examinar sus florecillas determinó que la planta había florecido hacía cinco días. Sacó el diario del bolsillo de la camisa y leyó los nombres de todas las plantas que debían florecer aquel día, de todo lo cual llevaba cuenta como un banquero cuando sus pagarés vencían. Al* Cypripedium *no le tocaba hasta mañana. Creía que si despertaba de un trance en este pantano podría guiarse por las plantas para determinar en qué momento del año estaba, con un margen de error de dos días. . . Su poder de observación parecía indicar la presencia de sentidos adicionales. Veía como con un microscopio, escuchaba como con una trompetilla acústica y su memoria era un registro fotográfico de todo lo que veía y oía.*

— RALPH WALDO EMERSON

La ubicación habitual de la conciencia en el cerebro —nuestra larga inmersión en la mente analítica— atrofia la capacidad de percepción sensorial. Peor aún, se nos ha ensenado que los sentidos no son fiables como órganos de percepción. Algunos informes sesgados de fanáticos lineales nos han hecho desconfiar de lo que nuestros sentidos nos dicen, nos han aterrorizado con respecto a su fiabilidad.

> *Las personas ya no caminan por la tierra desnuda. Sus manos se han alejado de las hierbas y las flores. No miran al cielo. Sus oídos son sordos al trino de las aves, sus narices se han vuelto insensibles con tanta emisión de gases y sus lenguas han olvidado los simples sabores de la Naturaleza. Sus cinco sentidos se han apartado de la Naturaleza.*
>
> — Masanobu Fukuoka

Por consiguiente, el segundo acto valeroso es decidirse a confiar en los sentidos, usarlos para percibir el mundo circundante, darles el uso para el que se concibieron, o sea, como canal hacia el mundo en el que uno nació, del que uno ha sido expresado y que se comunica con uno por medio de los sentidos en cada momento de cada día.

> *El observador minucioso puede atisbar lo que parecería imposible incluso a simple vista, hecho que obliga a uno a postrarse en adoración ante el origen misterioso de todas las cosas.*
>
> — Goethe

Y la forma más productiva de usar los sentidos es alejarse de las ciudades. Hay que abandonar la geometría Euclidiana de los rascacielos y las salas rectangulares, distanciarse de todas esas calles coordenadas de forma Cartesiana. Hay que encontrar un lugar donde la Naturaleza no esté enterrada bajo concreto y asfalto.

donde no se encuentre abrumada por la ley

Para comenzar a cultivar una percepción profunda de la Naturaleza y acopiar conocimientos directamente de las plantas, hay que acudir a ellas directamente. Dé un paseo por algún lugar agreste, donde no vaya la civilización.

> *Acude al pino*
> *si quieres saber acerca del pino,*
> *o al bambú*
> *si quieres saber acerca del bambú.*
>
> — Basho

Respire profundamente varias veces cuando llegue y acomódese bien en su cuerpo. Luego comience a caminar y sienta la Tierra bajo sus pies. Note cómo la tierra obliga a su cuerpo a moverse de manera diferente a como lo haría en una acera, cómo cada minúscula perturbación en la realidad no Euclidiana de la Naturaleza provoca una multidimensionalidad de movimientos.

Los músculos que se utilizan en la Naturaleza son distintos a los que se emplean en las ciudades.

Dirija sus sentidos hacia sus pies, de manera que se conviertan en órganos sensibles, en órganos de apoyo. Abandone el control de la postura erguida, permita que sus pies lo sostengan y que la realidad de la Tierra penetre a través de lo que sienten sus pies. Sienta el sendero que tiene adelante.

Cuando se acostumbre, deje que la Tierra abrace sus pies.

el abrazo de una madre

Al caminar, perciba los sonidos circundantes que no cesan de tocarlo a través de la superficie delicada de los tímpanos. Sienta esas vibraciones tan deliciosas, esos minúsculos movimientos y palpitaciones de la vida.

> *¡La canción de la tierra que entona el grillo! Antes de que surgiera el cristianismo, ya existía ella . . . Sólo en sus momentos de mayor sensatez escuchan los hombres la canción de los grillos.*
> — HENRY DAVID THOREAU

El susurro silencioso del viento entre la hierba. El revoloteo de las alas de un pájaro. Los sonidos imperceptibles que sólo los niños oyen. Concéntrese en ellos, percíbalos cada vez con más atención hasta que no oiga otra cosa.

> *El sinsonte maullador o el arrendajo, confían en tener toda la atención de sus oídos ahora. Cada ruido es como una mancha sobre un cristal puro.*
> — HENRY DAVID THOREAU

Durante años los budistas se han dedicado a enseñar a la gente a colmar el diálogo insesante de la mente, pues comprenden que éste es un paso esencial. Al insertarse en el dualismo ilusorio que separa el espíritu y la materia, algunas de estas técnicas tienden a crear con demasiada frecuencia una relación antagónica con una parte nuestra que se concibió como aliada. No se puede detener la mente lineal sin dejar nada en su lugar.

la mente reciente un enfoque destructivo

La tarea es sencilla: ocúpese en otra cosa.

> *Ha de caminar con mucho cuidado para poder escuchar los soni-*
> *dos más sutiles mientras sus facultades se mantienen en reposo. La*
> *mente no debe transpirar.*
>
> — HENRY DAVID THOREAU

En la medida en que el cuerpo se torna cada vez más vivo a través de la activación de los sentidos, *percibir* es lo que se hace en lugar de pensar. La percepción a través de los sentidos ocupa el lugar del pensamiento. La percepción se enfoca a través de los sentidos y se presta atención a todo lo que se siente. No se tiene tiempo ahora para pensar. La conciencia comienza a desplazarse fuera del cerebro, y a abandonar la mente analítica. Comienza uno a encontrar el mundo que sus antepasados conocían tan bien.

> *La cazadora de plantas aprende a aguzar sus sentidos.*
> *Al acecho: alerta.*
> *¿Hay excursionistas que buscan plantas?*
> *¿Plantas que roban almas? Ella prueba a las*
> *curadoras amargas, huele hierbas de dulces hojas,*
> *encuentra plantas de fibras y plantas de granos,*
>
> *mañanas frías,*
> *chozas hechas con piel de mamut.*
>
> — DALE PENDELL

Al seguir avanzando, deje que los ojos perciban los colores en derredor. Concéntrese ahora en la percepción visual del mundo. El color verde de las plantas existe en miles de matices diferentes. Deje que el sentido de la vista fluya hacia afuera del cuerpo y toque esos colores y note la delicada interrelación de luz y sombra, las sutiles diferencias en cuanto a tonalidades entre una planta y otra, entre una hoja y otra.

Si se permite darse cuenta de esto, siempre una planta le parecerá más interesante que las demás. Es a esta planta a la que debe acudir.

Concéntrese en esta planta que ha llamado su atención. Deje que sus pies lo lleven a ella. Siéntese frente a la planta mientras ésta descansa y cabecea al sol.

> *El maestro espiritual . . . se inclina ante el alumno principiante.*
>
> — KABIR

Deje que la vista se fije en las hojas de esta planta. Note su forma, su orientación espacial, cómo están dispuestas a lo largo del tallo. Note la forma del tallo, su color y el color de las hojas. Las hojas poseen una textura especial, una suavidad o aspereza. Deje que los ojos se sumerjan en sus profundidades y obsérvelas en su instante más diminuto.

¡No inmiscuya a la botánica! ¡No clasifique! ¡No emplee complicadas palabras científicas!

> *Los niños son los que ven la verdadera Naturaleza. Ven sin pensar, directa y claramente. Tan pronto como se conocen los nombres de las plantas, un naranjo mandarino de la familia de los cítricos, un pino de la familia de las coníferas, se deja de ver la Naturaleza en su forma verdadera.*
>
> — MASANOBU FUKUOKA

Cuando describa, hable como si fuera un niño de cuatro años. Un niño emplea palabras como "peludo" y "afilado".

> *Habrá tanto del hombre en el ojo como haya en la mente.*
>
> — HENRY DAVID THOREAU

Toque ahora la hoja, siéntala con los dedos, esas extensiones sensoriales y sensibles de su ser. Deje que lo llenen esas sensaciones táctiles. Sumérjase en la textura viva de la hoja hasta que esto sea lo único que conoce.

> *Olvide todo, por ejemplo, menos las hojas de las plantas y de los árboles. Fíjese en las hojas de su jardín, de un parque, de las calles o del campo. ¡No hay dos iguales! Son tan distintas en cuanto a forma, espesor, textura, tamaño y posición en el árbol, la planta, la rama o el tallo, que apenas parecen ser todas hojas.*
>
> — LUTHER BURBANK

Acérquese a la planta de manera tal que la hoja quede cerca de su nariz. Frótela suavemente por la piel, siéntala. Huélala. Inspire hondo y despacio como si estuviera aspirando el perfume intenso y sutil de una persona amada. Deje que su percepción se concentre hasta que este olor sea lo único que quede en ella.

Sumérjase en este olor. Saboréelo. Deje que los matices de las decenas de compuestos químicos delicados que ahora tocan los receptores sensoriales de la nariz penetren en su cuerpo. Hay matices delicados, olores tan diferentes como los colores de las hojas, olores que tienen mucho que comunicar.

> *Siempre he sido sensible a los olores, de manera tal que los podía detectar, fueran agradables o no, cuando eran tan sutiles que nadie a mi alrededor se percataba de su existencia. Mi sentido del tacto es casi tan agudo como el de Helen Keller, quien me visitó hace poco tiempo.*
>
> — LUTHER BURBANK

Coloque ahora la hoja viva en su boca. Fíjese cómo la percibe la lengua. Siéntese un momento. Sumérjase en la experiencia. No se preocupe si le parece una tontería. Respire despacio para asimilar la experiencia. ¿Cómo responde su cuerpo? ¿Le gusta o no esta planta? Incorpórese lentamente dejandro libre la hoja en su boca.

Luego tome un pedacito de la hoja y cómaselo.

¡No se meta eso en la boca!

¿A qué sabe? ¿Qué sabor tiene? ¿Amargo, seco, verde?

¿Se ha acostumbrado tanto al sabor de las plantas domesticadas que le resulta desagradable el sabor verdadero de esta planta? Ponga a un lado sus ideas preconcebidas acerca de los sabores y fíjese cómo su cuerpo responde a este sabor, cómo responde usted a él.

¿Y si fuera venenoso?

Uno de nuestros mayores temores es ingerir algo proveniente de la dimensión silvestre del mundo.

Nuestras madres comprendieron algo esencial de manera intuitiva: lo verde es venenoso para la civilización. Lo que se ingiera en estado silvestre comienza a trabajar dentro del cuerpo y provoca un cambio interno. Si se come demasiado, en poco tiempo ya no nos servirá el traje que fue diseñado para nosotros. El pelo crecerá largo y desaliñado. Se alterará el modo de caminar. Comenzará a brillar en los ojos una luz salvaje. Las palabras comenzarán a sonar extrañas, no lineales, emocionales. Poco prácticas. Poéticas.

Los niños se sienten atraídos por la belleza de las mariposas, pero sus padres y los legisladores juzgan esto como un pasatiempo inútil. Los padres me recuerdan al diablo; los niños, a Dios. Aunque a Dios le haya parecido buena su obra, preguntamos: "¿No será venenoso?"

— HENRY DAVID THOREAU

Una vez que haya probado esta dimensión silvestre, comienza a ansiar el alimento negado durante tanto tiempo y mientras más lo ingiera, más se despertará.

Una parte de nosotros aún sabe que necesitamos al Redentor Salvaje.

— DALE PENDELL

No es de sorprender que se nos haya enseñado a bloquear el acceso de los sentidos a la Naturaleza. Es a través de estos canales que las garras verdes de la Naturaleza penetran en nuestros cuerpos, se trepan, registran por dentro, encuentran todos los escondites, nos abren de golpe y ciegan el ojo intelectual con zarcillos verdes colgantes.

El terror es una ilusión, por supuesto. Durante la mayor parte de los millones de años en este planeta, los seres humanos han ingerido a diario la dimensión silvestre. Sólo que la mente lineal sabe lo que sucederá si se come de ella ahora.

Pero nos hemos ido por la tangente, nos hemos distraído de nuestra tarea.

es curioso cómo el temor tiene ese efecto

No obstante, es un buen recordatorio. Cuando el cabello comienza a crecer y se tienen ideas extrañas, a veces uno se preguntará qué sucede y tendrá miedo.

a todos nos pasa

En la Naturaleza, las señales humanas se desvanecen, pierden importancia. Toma tiempo aprender de nuevo las viejas señales, ver el camino que los antiguos humanos recorrieron antes que nosotros. Con una actitud bondadosa, aprenda a consolarse, a abrazarse como abrazaría a un niño que le teme a la luz. (Supongo que podría aprender primero sobre las plantas venenosas si le parece necesario. No son muchas). Porque en este periplo por lo general, la única compañía que se tiene es uno mismo.

en el principio

Es bueno que te conviertas en tu mejor amigo
y descubras por ti mismo la verdad en todo esto.
Abre la puerta y mira en derredor.
El aire es luminoso allí afuera
y hay maravillas
más asombrosas de lo que las palabras pueden describir.

*Esta mañana estoy lavando en el río cajas para almacenar cítricos.
Cuando me agacho sobre una roca plana, mis manos sienten el agua
fría del río en otoño. Las hojas rojas del zumaque en las márgenes
del río resaltan contra el claro cielo azul otoñal. Me asombra el ine-
sperado esplendor de las ramas con el cielo de trasfondo.*

*En esta escena informal está presente todo el mundo de la expe-
riencia. En el río que corre, el paso del tiempo, la margen izquierda
y la margen derecha, la luz del sol y las sombras, las hojas rojas y
el cielo azul, todo aparece dentro del libro sagrado y silente de la
Naturaleza.*

— MASANOBU FUKUOKA

CAPÍTULO NUEVE

SENTIR CON EL CORAZÓN

Marchamos rodeados de misterios. Ignoramos lo que pasa en la atmósfera que nos rodea y tampoco sabemos cómo está conectada con nuestro propio espíritu. Pero lo cierto es que, en determinadas circunstancias, nuestra alma tiene más poder que los sentidos y le es dado presentir y aun ver el porvenir más cercano.

— GOETHE

Si no hemos sentido o palpado un fenómeno, tampoco lo hemos visto.

— HENRY DAVID THOREAU

No hay forma de expresar la idea de una montaña que va más allá de ser montaña. La Naturaleza sólo se puede entender con un corazón libre de prejuicio.

— MASANOBU FUKUOKA

He aquí mi secreto, que no puede ser más simple: Sólo con el corazón se puede ver bien. Lo esencial es invisible a los ojos.

— ANTOINE DE SAINT-EXUPERY

EL USO DE LA PERCEPCIÓN PARA APRENDER sobre los poderes medicinales de las plantas no es un deporte de espectadores.

Todo vegetalista que se precie de serlo tiene que encontrarse con Sacha Runa, el espíritu del bosque, cara a cara. En la jungla.

— DALE PENDELL

A la postre, uno tiene que pasar de la observación al sentimiento y darse cuenta de que el sentimiento también es uno de los sentidos. No es el tacto de los dedos, sino del corazón. Este tipo de tacto posee otra dimensión, más profunda que la de los dedos.

y, al tocar, también somos tocados

Todo tiene un lado oculto. No en el sentido de que esté oculto intencionalmente, sino de que sólo se puede ver con ojos distintos a los físicos. Tiene que usarse una modalidad de percepción distinta. La cara oculta de la Naturaleza sólo se puede ver con el corazón.

Al sentarse a meditar con la planta, centrado en sus atributos sensoriales, debe empezar a

r e l a j a r s e.

Tome conciencia de las emociones que surgen en usted mientras se sienta a meditar con la planta. ¿Cómo se siente? Ahora está aprendiendo a ver, no simplemente la forma física de las cosas, sino los significados que cada cosa expresa.

Todo lo que encontramos en la dimensión silvestre del mundo emite su propia pulsación electromagnética de comunicación. Estas pulsaciones están repletas de significado, y son comunicaciones vivas que influyen en nosotros y que experimentamos en forma de sentimientos.

> *A la hora del postre, Goethe hizo que nos colocaran sobre la mesa un laurel florecido y una planta japonesa. Hice un comentario sobre los sentimientos opuestos que ambas plantas me inspiraban: la vista del laurel producía un estado de ánimo alegre, leve, moderado y tranquilo; mientras que la vista de la planta japonesa, inspiraba una melancolía bárbara.*
>
> — JOHANN PETER ECKERMANN

Como durante tanto tiempo se nos ha enseñado a hacer caso omiso de este tipo de sentimiento, tal vez le sea difícil darse la oportunidad de percatarse de ellos. Para empezar, permítase describir estos sentimientos generados por las plantas en cualquier forma que se le ocurra. Aventúrese a permitirles entrar en su conciencia y surgir de ella en forma de palabras. No controle las palabras ni las vuelva rimbombantes ni analíticas. Deje que surjan por sí mismas, en su propia forma. Dése permiso para decir en voz alta lo que son, sin importar cuán tontas le puedan parecer a su mente lineal.

> *No es común que alguien tenga la capacidad . . . de concebir la verdad y arriesgarse a dejarla pasar por su ser viva e intacta.*
>
> — HENRY DAVID THOREAU

Debido al largo tiempo que llevamos habituados a la mente lineal y a lo que se nos ha enseñado acerca de la vitalidad del mundo, lo que más difícil nos resulta es cómo dar realidad a los sentimientos que fluyen hacia nosotros del propio mundo.

Un árbol de dos mil años
en un ecosistema
lleno de
    un alboroto
      tumultuoso
        y complejo
          de especies de plantas que interactúan entre sí
    da una impresión
muy distinta
a la de un retoño solitario
rodeado de hierba,
colocado simplemente en el jardín delantero
de una nueva urbanización,
o a la de un pino de Norfolk
que se inclina, como ebrio,
en un rincón de la cocina.

Los céspedes
    verdes
    y ordenados
que rodean a las casas de los niños
no guardan ninguna relación
    con los variados y desiguales
      paisajes que están
        llenos de salientes
      gigantescos e irregulares de las piedras
        inconmensurablemente antiguas de la Tierra
que a menudo se ven en los paisajes silvestres.

Una laguna tranquila nos imparte serenidad
pero, cuando el viento
    perturba
      sus aguas
¿no nos perturbamos también nosotros?

¿no se perturban nuestras emociones?

¿De dónde es que
provienen realmente
nuestros sentimientos?

El hecho de dar realidad a los sentimientos que nos llegan directamente del mundo entra en contradicción con la insistencia occidental de la mentalidad lineal y de la (supuesta) irrealidad de la cualidad viva del alma del mundo que nos rodea. Al hacerlo, rompemos un convenio cultural que está muy fuerte y profundamente arraigado en nosotros.

Hemos perdido la respuesta del corazón a lo que se presenta ante los sentidos.

— JAMES HILLMAN

Asumir la realidad de los sentimientos que nos llegan del mundo es el primer paso en la descolonización del alma. En este momento, realmente abandonamos el pensamiento lineal. Ése es el momento en que uno empieza a usar una modalidad de cognición distinta —el momento en que empieza a pensar con su corazón.

el tercer paso

A la mayoría de nosotros se nos ha inculcado que los sentimientos sólo vienen de nuestro interior. Quienes deseamos aprender directamente de la dimensión silvestre del mundo, aprender directamente de las plantas sobre los usos medicinales que poseen, tenemos por fuerza que empezar a sentir con el corazón. Para hacerlo, hay que ir al encuentro de la planta con la disposición más vulnerable posible. Hay que abrir el corazón y dejar que las comunicaciones vivas de la planta lo penetren y lo entrelacen con todo su ser. Debe permitirse recibir lo que la planta tiene que ofrecer.

Abandone el camino trillado por el que durante tanto tiempo ha andado. Tenga el valor necesario para expresar lo intangible.

para escribirlo en un diario

Describa con detalle todos los sentimientos de los que ahora se percata. Permítase expresarlos sin tratar de embellecerlos ni de darles una apariencia adulta o elegante.

Habrá uno o más sentimientos primarios: enojo, tristeza, alegría o temor. Luego vendrán varios sentimientos secundarios: una singular combinación de los sentimientos primarios en formas más sutiles, como las millones de combinaciones de colores en la paleta de un pintor. Estos sentimientos secundarios son códigos de comunicacion más complejos de la planta. Del mismo modo que las plantas crean una química primaria y secundaria, también crean pulsaciones electromagnéticas y sentimientos primarios y secundarios.

Al ir sintiendo los efectos de estos complejos sentimientos, su cuerpo reaccionará a un nivel más profundo que el de su conciencia plena. Habrá una expresión física inmediata en respuesta a lo que está percibiendo.

*La respuesta de su cuerpo
puede ser excepcionalmente sutil*

Dado que esta respuesta se encuentra fuera del pensamiento conciente, tendrá que percatarse de todo lo que hace su cuerpo durante este proceso, de todo lo que siente, de cada pensamiento errante que le viene a la mente, sin importar lo insignificante, inconexo o ridículo que le parezca.

Ahora está aprendiendo un nuevo idioma. En este proceso, su cuerpo es su mejor amigo y su más importante maestro. Tiene que aprender nuevamente a enaltecerlo, a no menospreciarlo ni desconfiar de él como se le ha inculcado en la escuela. El cuerpo sabe y le enseñará, si ustedes se lo permite y si lo respeta.

Es maravillosamente distinta la sensación de encontrarnos en el cuerpo de un aliado o de un adversario.

— GOETHE

Así pues, preste atención a todo lo que hace su cuerpo mientras se encuentra sentado para meditar con la planta, a todo lo que piensa y a todo lo que siente. Cultive una conciencia perceptiva de todas estas respuestas, aprenda a ser sensible a los más ínfimos movimientos de su yo en todas las formas que pueda asumir. Tome nota de todo.

Y renuncie a sus ideas preconcebidas. Porque si tiene alguna suposición sobre la forma en que aparecerá el conocimiento, pasará por alto una buena parte de lo que es importante.

*La joven me hizo un gesto, enojada.
"¿Qué sucede?", pregunté.*

Me tomó del brazo y me llevó a un rincón más privado.

"Traté de hacer el ejercicio", me dijo mientras respiraba hondo, "y nada sucedió". Se llevó las manos al pecho, volvió a respirar profundamente, como si estuviera a punto de llorar.

"¿De veras?", le pregunté.

"Sí, lo intenté", me dijo y volvió a llevarse las manos al pecho, respirando hondo una vez más. "No sucedió nada".

"¿Cómo te sientes?"

"Triste", respondió.

"¿Junto a qué planta te sentaste a meditar?", le pregunté.

"Junto a aquella que está allí, el gordolobo", dijo, y señaló con el dedo el lugar donde estaba la planta, con su alto tallo que se movía suavemente en la brisa.

"¿Pero no sabes que el gordolobo se usa para los pulmones, para ayudar a que la respiración sea más fácil y profunda?"

"No", dijo ella, con expresión confusa.

"Y la gente lleva mucha tristeza en sus pulmones. A veces los cierran, los comprimen, como para no sentir la tristeza".

Tomé sus manos suavemente y le dije: "No es ningún accidente que estés respirando más hondo, que estés a punto de llorar. Cada vez que hablas de la planta, respiras profundamente y te llevas las manos al pecho, a los pulmones y el corazón. Debes aprender a prestar atención a todo lo que sucede. La comunicación entre las plantas y los humanos es siempre una forma de expresión, pero no siempre es con palabras".

Todo fenómeno en el cual uno se concentra, se genera un atisbo de un estado de ánimo o cualidad particular dentro de nuestro. Diariamente somos tocados por el mundo del que formamos parte, y sentimos ese contacto sobre nosotros en los miles de sentimientos sin nombre que experimentamos cada día. Estos sentimientos revolotean sobre la superficie de nuestra conciencia como sombras sobre una pradera. Al prestarles atención, entran a formar parte de nuestro estado de conciencia y empiezan a revelar sus secretos, pues cada una de nuestras emociones registra el impacto de un significado particular que nos ha conmovido. Son *formas transformadas* de información, de comunicaciones, del mundo que nos rodea. Estas formas transformadas de información contienen comunicaciones extremadamente condensadas y elegantes sobre lo que estamos encontrando.

Aunque los dioses poseen la facultad del habla
suelen expresarse a través de una flor o una planta:
las hojas de saúco comprimidas en una prensa,
o los brotes primaverales que salen de un tallo invernal

Los mensajes que envían
son tan ordinarios que generalmente los pasamos por alto:
una risa y una levedad fáciles,
o el acto informal de cruzar las piernas hasta que se toquen

La forma en que un dique serpentino se va fusionando con el
*   lecho rocoso*
o la forma en que dos posibles amantes se mueven,
avanzando y deteniéndose, pasando y haciendo pausas,
sobre un sendero de abril

Los oráculos más sutiles son siempre los más evidentes.
ver lo que está claramente frente a nosotros es lo más difícil:
una mariposa que surge de un sueño roto,
o un árbol astillado que echa raíces en el suelo donde cayó

— DALE PENDELL

El hecho de prestar atención a los sentimientos que producen los objetos y fenómenos y tomar nota de ellos es un buen comienzo. Empieza a entrenarnos en una habilidad específica. Es como aprender a montar bicicleta.

o un monociclo

Hace falta mucha práctica para obtener destreza en esto, para encontrar el punto de equilibrio y confiarse a él. Después de todo, los expertos se han pasado la vida diciéndonos que no hay ninguna esencia, ni comunicaciones, ni inteligencia, ni significado ni alma. Sin embargo, nuestros antepasados anduvieron este camino antes que nosotros. Hemos sido creados para ser capaces de sentir el contacto con el mundo.

La verdad se descubrió desde hace mucho tiempo.

— GOETHE

Esta intimidad inicial, la impresión o el estado de ánimo, el sentimiento de la planta, es el comienzo de nuestra conexión con su ser. Debemos anclarla firmemente a nuestra experiencia.

no la olvidemos

Esta intimidad inicial es la clave para desentrañar los misterios de la planta y la forma de entender sus usos como remedio medicinal. A esta impresión inicial es a lo que volveremos una y otra vez a medida que refinamos el conocimiento de la planta que estudiamos.

Hay que practicar y practicar. Únicamente mediante la repetición se consigue convertir la habilidad en un hábito. Mientras más veces se practique, más se desarrolla la habilidad. Mientras más plantas uno experimente, mejor es el proceso.

Debemos saber que estos sentimientos son comunicaciones codificadas del mundo que nos rodea, son transformaciones de mensajes. Pero no son sentimientos de los que uno se puede mantener distante. Sentirlos es conectarse con el mundo circundante, permitir que la vida propia se entrelace con la de la planta y con el mundo en que vive la planta. Es el comienzo de la intimidad con la vida, una forma de vivir en que nunca se está solo, en la que las comunicaciones se transmiten en ambos sentidos entre uno y el mundo. Es una forma de ser.

En el momento en que cada objeto, fenómeno o suceso vuelve a presentarse como realidad psíquica es cuando entablo una verdadera conversación íntima con la materia.

— JAMES HILLMAN

Esto se puede extender, profundizar, llevar más allá. Sentir el contacto con la planta no es más que el primer paso. A su vez, uno también puede tocar a la planta y establecer comunicación con ella.

Mientras esté sentado para meditar con la planta, teniendo firmemente en cuenta su realidad viva, tome conciencia de su corazón. Respire a través del corazón, aspire los sentimientos que provienen de la planta.

déjelos profundizarse, intensificarse

Sienta ahora el campo de energía no física del corazón que emana desde su ser. Envuelva a la planta en el campo electromagnético que su corazón crea con cada latido y sienta la relación de dicho campo con la planta.

Permita que el campo electromagnético toque la planta de la forma en que sus ojos tocaron los miles de distintos matices de verde de las hojas.

Permítale tocar delicadamente los matices casi infinitos de significado/ sentimiento que emite la planta. Permita que su capacidad de contacto humano y la capacidad de contacto de la planta se entrelacen y se combinen. Sienta que su corazón toca a la planta y, como parte de ese contacto, conéctese con ella en todos los puntos posibles de interacción.

> *Una vez que lo vemos, nos damos cuenta*
> *de que siempre estuvo allí, entonces,*
> *¿Por qué todo es*
> *tan complicado? ¿Por qué*
> *siempre lo olvidamos?*
>
> — DALE PENDELL

Permita ahora que la belleza de la planta influya en usted. Fíjese en la intensidad de sus sentimientos hacia ella. Envíe desde su corazón el amor que siente. En el campo complejo y multivariado de su corazón están codificados los sentimientos de afecto que ahora genera. Y la planta, como todas las formas de vida, los asimilará y reaccionará ante ellos, modificando a su vez sus propias comunicaciones.

Durante este proceso, sentirá que se va sosegando y que empieza a respirar más profundamente a medida que pasa el tiempo. Esto es signo de que usted a profundizado más en el corazón como órgano de percepción. Todo el funcionamiento fisiológico de su cuerpo se verá alterado.

> *la vista se desenfoca*
> *la respiración se torna lenta y profunda*

A medida que desarrolla su sensibilidad, sentirá que la planta empieza a acercarse, a responderle, a comunicarse con usted y a sincronizarse con su corazón. Si presta mucha atención, se dará cuenta del momento en que la planta y usted habrán establecido una verdadera compenetración.

> *Si el individuo abandona temporalmente la voluntad humana y permite que le guíe la Naturaleza, ésta reacciona proporcionándole todo lo que necesita. Para establecer una sencilla analogía, en la agricultura natural trascendente la relación entre la humanidad y la Naturaleza puede compararse con la de un esposo y esposa unidos en un matrimonio perfecto. El matrimonio no se concede ni se recibe, sino que la pareja perfecta existe por sí misma.*
>
> — MASANOBU FUKUOKA

En ese momento, envíe un ruego desde lo más recóndito de su ser. Pregunte a la planta cómo puede usarla como medicina. Exprésele su necesidad.

> *Cualquier ser, objeto o fenómeno revelará sus secretos si uno lo ama*
> *suficientemente.*
> — George Washington Carver

Recibirá una respuesta, aunque para ello tal vez tenga que prestar atención a su cuerpo, a sus sentimientos y a las imágenes o pensamientos perdidos ocasionales que se entrometen en su mente. En ocasiones, le surgirán frases en la mente, por sí mismas.

para suavizar las asperezas

O quizás le surgirá una imagen en el campo de su visión interior.

Entonces vi un diminuto bebé en una mochila. Estaba envuelto en suave cuero, y entre el cuero, y el bebé se encontraba esta planta, espolvoreada, aplastada, que cubría y abrazaba su piel.

O respirará profundamente. O una oleada de relajación le recorrerá todo el cuerpo y la piel le empezará a cosquillear.

o quizás suceda todo lo anterior

Tal vez puede que sienta la necesidad de consultar los libros y averiguar los efectos medicinales de la planta junto a la que se ha sentado a meditar.

para convencerse de que todo esto es real

Y para comprobar que la información que recibe tiene alguna base en la realidad, que también figura en los libros de los "expertos". Aplique un enfoque paulatino, demore todo lo que sea necesario. Toma mucho tiempo llegar a confiar realmente en esta antiquísima habilidad,

reclamarla como suya

pues hemos sido colonizados en forma profunda y extensa y es mucho lo que hemos olvidado.

Al principio, este proceso le dará mejor resultado si trabaja con plantas a las que se sienta atraído instintivamente. Algo ya sucede entre la planta y usted, algún indicio de conexión entre ambos debido a su deseo instintivo de lograr una cercanía con este tipo de plantas en particular, a diferencia de otras. Las plantas a los que uno se siente más atraído son aquellas con las que su corazón ya siente afinidad.

(Hay otro tipo de plantas que también le atraerán. Son las que le imponen su presencia a pesar de su deseo de no percatarse de ellas. La mala hierba que se rehúsa a irse y que tanto lo irrita al verla, la planta que constantemente le hace tropezar mientras camina por el campo. A veces estas plantas contienen algunos de los remedios naturales más potentes que existen. Le revuelven algo en el inconsciente, se abren paso a través de su indiferencia habitual y lo importunan hasta que de veras les presta atención).

Y también existe alguna que otra planta loca
que le dará menudo susto,
y se aprovechará de su nueva sensibilidad.
pero, las plantas medicinales del coyote . . . son algo muy
distinto.
No hay que tenerles miedo.
Pasará mucho tiempo antes de que se tropiece con ellas,
solamente cuando una parte profunda de su ser esté preparada
para suplicar a esas plantas que lo ayuden.

Si se les pregunta en forma genuina, las plantas le responderán. Le enseñarán para qué sirven, como siempre han enseñado las plantas a los seres humanos. Y, aunque los seres humanos olviden cuáles son los usos medicinales de una planta, ésta siempre recuerda para qué sirve. Y lo dirá . . . si se le pregunta. Si uno se acerca a la planta con el corazón y los sentidos abiertos y realmente se permite percibirla, ésta siempre le responderá.

Si fracasa en el primer intento, vuelva a intentarlo. Es como ir al mar: uno puede hacerlo todas las veces que quiera.

Puede acudir mil veces a la planta;
ella nunca lo rechazará.
El simple hecho de que alguien le haya dicho
que usted cometió un error
no significa que lo haya cometido.

Tarde o temprano aprenderá a escuchar. A las plantas no les importa si usted tiene que practicar, o si le toma tiempo hacerlo, pues son los seres vivos más afectuosos. Eso sí, les gusta que las cosas se las pidan de favor.

El problema con los científicos —los que piensan que el mundo es un lugar muerto— es que nunca piden de favor. Toman lo que necesitan . . . en nombre de la ciencia.

> *No podemos obligar [a la Naturaleza] a dar ninguna explicación, no podemos arrebatarle ningún don si ella no lo da libremente . . . Cuando se le tortura, la Naturaleza enmudece. Su verdadera respuesta a cualquier pregunta honesta es: "Sí, sí"; o "No, no". Cualquier respuesta distinta a éstas proviene del mal.*
>
> — GOETHE

A las plantas hay que "hablarles como seres humanos", como dijo hace mucho tiempo el padre de Winnebago Crashing Thunder. "Entonces", añadió, "las plantas definitivamente harán lo que les pida". Este respeto a sus mayores es esencial y la corriente de información que le llega de ellos contendrá todo lo que desee saber.

> *Tomar algo sin permiso,*
> *como lo hacen los científicos,*
> *es una forma de violación.*
> *Violar la Naturaleza es realmente eso: una violación de la Naturaleza.*

Basta con que las ame para poder sentir en su corazón el contacto de sus comunicaciones y responderles con su petición más profunda. Si se lo pide de favor, las plantas la responderán, pues así es como funcionan ellas.

El hecho de tomar nota de lo que recibe no es para que lo memorice. Es sólo una manera elegante de concentrar la mente en todas las formas en que aparecen las comunicaciones. Al hacerlo, al sentir tan profundamente, recordará las comunicaciones más importantes.

ellas mismas se harán recordar

Esta profunda intimidad y capacidad de compartir va directamente del corazón a los centros de la memoria en el cerebro; el hipocampo modifica su funcionamiento y se crean nuevas neuronas y conexiones neuronales. Los recuerdos que se imprimen en la memoria son profundos; los sentimientos recordados del propio suceso son la clave para acceder a estas memorias. Cuando uno recuerda la planta y este momento de contacto, los recuerdos volverán a inundarlo con la misma frescura que si hubieran ocurrido apenas unos instantes atrás.

Require de práctica para evitar insertar lo que uno cree que sabe en este proceso. Debe mantener la relación con el propio objeto o fenómeno. Permítale que le hable en sus propios términos, escúchelo con los oídos de un niño para que su verdadera Naturaleza penetre en usted.

> *Los oídos claros y desprejuiciados oyen la más dulce y conmovedora melodía en el tintineo de los cencerros y cosas similares (como el aullido de los perros a la luna), y esto no lo hacen por asociación, sino por la cualidad intrínseca del propio sonido.*
>
> — HENRY DAVID THOREAU

La expresión intencional de afecto, atención y amor modifica el campo electromagnético de su corazón, incorporando en él nuevas transformaciones de mensajes. Este campo electromagnético, que ahora transporta esos nuevos impulsos de información, entra en contacto con el campo magnético de la planta hacia el que está dirigido. A su vez, el campo electromagnético de la planta asimila la información incorporada en el campo electromagnético de su corazón; el organismo vivo descodifica la información y, en respuesta, modifica su propio funcionamiento.

> *Luego paso el día entero al aire libre y establezco una comunión espiritual con los zarcillos de la vid, que me dicen cosas buenas acerca de las cuales les podría contar maravillas.*
>
> — GOETHE

Las plantas reaccionan ante el gesto de intimidad contenido en el campo proyectado por su corazón. Responden mediante la incorporación de nuevas comunicaciones en sus campos electromagnéticos. A su vez, su corazón asimila esta información, la descodifica y la utiliza para modificar de nuevo su propio funcionamiento. El fenómeno vivo con el que está haciendo contacto se sincroniza con usted y empieza a intercambiarse un diálogo vivo, con extrema rapidez.

esto significa que está volviendo a habitar su interrelación con el mundo

El hecho de que la vida fluye hacia la vida en forma constante nos ata a la red de la vida de la cual provenimos y a la que pertenecemos. En todo este proceso se alcanza un éxtasis, una nueva vitalidad.

Se sienten las vibraciones de las cuerdas de un piano más allá del jardín y al otro lado de los olmos. Al cabo de un rato, la melodía

penetra todo mi ser. No sé en qué momento empezó a inundarme.
Por alguna afortunada coincidencia de pensamiento o circun-
stancia, estoy sintonizado con el universo, tengo la capacidad de
escuchar, mi ser se mueve en una esfera de melodía, mi imaginación
se encuentra estimulada a un grado inconcebible. Esto ya no es la
tierra tediosa sobre la que me encontraba.

— HENRY DAVID THOREAU

Tenemos la capacidad innata de sincronizarnos, de establecer una armonía de patrones, una compenetración, con cualquier cosa en la que concentremos la atención del corazón. Cuando uno se conecta emocionalmente con un ser vivo, es como si echara anclas en el flujo no lineal de su vida. Al profundizarse su conexión, empieza a fluir con sus patrones de vida; absorbe sus significados, su inteligencia y su punto de vista particular.

La planta de arroz hay que observarla cuidadosamente y prestar
atención a lo que nos dice. Al saber lo que dice, somos capaces de
observar los sentimientos del arroz mientras lo cultivamos. No
obstante, el hecho de "observar" o "examinar minuciosamente" el
arroz no significa que debamos verlo como objeto, ni que tengamos
que mirarlo ni pensar en él. En esencia, lo que hay que hacer es
ponerse en el lugar del arroz. Al hacerlo, se desvanece la imagen del
yo que observa al arroz. Esto es lo que significa el concepto de "ver
y no examinar y, al no examinar, saber". Para quienes no tienen la
menor idea de lo que quiero decir con esto, bastaría con que dedi-
quen su atención a sus plantas de arroz.

— MASANOBU FUKUOKA

Lentamente, y luego cada vez más rápidamente, irá cobrando conciencia de los campos magnéticos que van creando los seres vivos que le rodean, así como de los sentimientos que generan en usted cuando está abierto a ellos. Llegará a entender íntimamente la verdad de la que hace tanto tiempo habló Pitágoras: "¡Sorprendente! Hay inteligencia en todas las cosas". Entenderá, como dijo el gran maestro sufí Hazrat Inayat Khan, que "Todo habla, a pesar de su aparente silencio". Empezará a comunicarse con las plantas y éstas empezarán a comunicarse con usted. Como siempre lo hemos hecho los humanos.

*Quien observa la vida interior secreta de las plantas, el despertar de
sus poderes, y se fija en cómo la flor se desdobla gradualmente, ve la
materia con ojos muy distintos: sabe lo que ve.*

— GOETHE

Todo lo que uno experimenta con la planta mientras está sentado
para meditar con ella es importante y guarda alguna relación con sus usos
medicinales, su función en el ecosistema, su propia historia vital y deseos
y su relación con los humanos y con el mundo que la rodea. Parte de esta
información puede llegarle poderosamente con palabras, y parte de ella
sólo llega a través de un sentido general de algo que uno puede tener más
dificultad en definir. Cuando está cerca de la planta, quizás sienta ligereza
de espíritu, un estado de ánimo más positivo. Esta capacidad de iluminar
el espíritu, de aligerar la carga de los pesares humanos, de hacerla más
soportable, es una medicina que muchas personas necesitan, y esta cualidad nunca debe ser pasada por alto en una planta.

*Después de todo, si dejamos de lado toda la grandilocuencia,
eso es precisamente lo que hacen los medicamentos contra la depresión
(o lo que se supone que hacen).*

Esta agrupación inicial de sentimientos, respuestas fisiológicas, indicios vagos, descripciones lingüísticas dispersas, imágenes que relucen en
la mente, representa el comienzo de la comprensión de la medicina. Sin
embargo, es fundamental recordar que el sentimiento de esta planta, la
agrupación de sentimientos primarios y secundarios que experimentó
cuando se abrió por primera vez a la planta, es lo más importante de todo.
Estos sentimientos son su conexión con la realidad viva de la planta. El
conjunto complejo de comunicaciones de plantas que uno experimenta en
forma de sentimientos es, no en sentido metafórico, sino literal, la medicina de la planta.

*Todo lo que hay en el ámbito de la realidad ya es teoría . . . No
busquemos nada detrás de los fenómenos: ellos mismos son la teoría.*

— GOETHE

Los sentimientos *son* efectivamente la medicina. En este momento, la
medicina está simplemente codificada en una forma particular. Si se le
olvida esto, si lo pierde de vista, o si pierde su sensación, váyase mental-
mente a otro lugar, pues está perdiendo el contacto con lo más esencial.

Esto es lo único verdadero que ha venido a experimentar con la planta. Pues cada vez que empieza a recopilar información directamente del corazón del mundo, debe buscar

ese algo verdadero

que el fenómeno le puede ofrecer. El algo verdadero es el complejo de sentimientos que uno experimenta a partir de ese fenómeno, de esa planta. Es la ráfaga de comunicaciones que provienen del objeto de estudio, de la planta o el paisaje o el enfermo con el que está trabando conocimiento. No se trata de un algo que piensa, más bien se trata de un algo que siente. Y este sentimiento es una singular identidad viva que no se debe matar con la palabra.

Siempre habrá una parte de usted que sabe cuándo es tocado por ese algo verdadero. Todos conocemos la verdad cuando la sentimos.

El algo verdadero, esa poderosa intimación inicial, esta ráfaga de comunicación procedente de la planta, es lo más importante de todo. Experimenta sutiles modificaciones al entrar en su ser, al ser traducido por su cuerpo y su mente en sentimientos, percepciones, respuestas fisiológicas, indicios vagos y agrupaciones dispersas de descripciones lingüísticas. Es el primer surgimiento del remedio de la planta en una forma que uno pueda utilizar como sanador. Y no hay ningún problema con eso. Nunca será necesario profundizar más para que uno sea capaz de sanar eficazmente a otras personas con esa planta.

muchos médicos ni siquiera tienen esto

Con el paso de los años, a medida que use la planta para la sanación, irá profundizando en sus conocimientos sobre ella. A través de la asociación durante largo tiempo, le irá revelando más secretos. Mientras se mantenga en contacto con ese algo vivo y verdadero, siempre trate a la planta como ser humano y pídale su ayuda; así, irá profundizando en su intimidad y su diálogo.

Las plantas son como las personas: algunas no le simpatizarán, algunas le producirán ambivalencia, algunas son aburridas, otras son interesantes, aunque sólo las irá conociendo lentamente con el paso de los años, pero algunas . . . algunas son de las que uno se enamora en forma inmediata y profunda y quiere llegar a conocerlas íntimamente. Querrá conocer sus historiales, conocerlas de una forma más completa de lo que jamás haya conocido a nadie.

Existen procedimientos para ir más allá con esto. Para hacerlo, tiene que tomar conciencia plena de los significados incorporados en el momento del primer contacto.

Es decir, los significados que están incorporados en ese algo verdadero.

> *Tengo la sensación de que mi barca*
> *ha chocado, allá en lo hondo,*
> *contra algo grande.*
> *¡Y no pasa*
> *nada! Nada ... Silencio ... Olas ...*
>
> *¿No pasa nada? ¿O es que ha pasado todo,*
> *y estamos ya, silenciosamente, en la nueva vida?*

— Juan Ramón Jiménez

EL SABOR DEL AGUA SILVESTRE

> *Bueno es saber que los vasos*
> *sirven para beber;*
> *lo malo es no saber*
> *para qué sirve la sed.*
> — ANTONIO MACHADO

> *Recuerdo gestos de infantes*
> *y eran gestos de darme el agua.*
> — GABRIELA MISTRAL

CAPÍTULO DIEZ

ACOPIO DE CONOCIMIENTOS DESDE EL CORAZÓN DEL MUNDO

Quiero que se entienda plenamente en qué me he convertido para la Naturaleza y en qué se ha convertido la Naturaleza para mí. Si desea entenderme al menos someramente, tiene que conocer la forma en que la Naturaleza me encontró y en que yo la encontré a ella durante nuestro primer encuentro; entonces tendrá la historia y la exposición de mis percepciones.

— GOETHE

Aunque vagues por los bosques durante todos tus días, nunca verás por casualidad lo que ve quien visita el bosque a propósito.

— HENRY DAVID THOREAU

A menudo se me permite volver a una pradera como si fuera una determinada propiedad mental

que ciertas barreras se oponen al caos, que es un lugar de primeras autorizaciones, un augurio imperecedero de lo que es.

— ROBERT DUNCAN

PARA MUCHOS, ESTA FORMA DE ACOPIAR CONOCIMIENTOS sobre las plantas no deja de ser más que una sensibilidad indefinida. Pero la percepción de significado y la extracción de conocimiento directamente de los fenómenos, de las plantas, puede ser extremadamente elegante. El conocimiento que se obtiene puede ser excepcionalmente detallado y más sofisticado que lo que se encuentra a través (del reduccionismo) de la ciencia.

Hay mucha información que se obtiene del gesto inicial de la planta, lo que el yo interior interpreta como agrupaciones lingüísticas, destellos en el campo de visión interior, respuestas físicas y complejos de sentimientos primarios y secundarios. Las primeras impresiones recibidas en un primer encuentro con una planta no son diferentes de las primeras impresiones sentidas en un primer encuentro con una persona interesante. Para aumentar su conocimiento, debe aumentar su nivel de intimidad. Tiene que llegar a alcanzar un conocimiento mucho mejor de la planta.

Al igual que en el caso entre personas, con las plantas, la intimidad comienza con un encuentro fortuito. Tal vez oiga hablar a otro herbolario acerca de una planta y de sus usos curativos y luego encuentre que no puede dejar de pensar en ella, o tal vez vea una fotografía de la planta en un libro y esto le llame la atención, o quizás se la encuentre casualmente en un paseo por el campo o el bosque y se dé cuenta de que le parece especial de alguna manera. Estos encuentros casuales representan el comienzo de la intimidad, que se profundiza cuando uno dedica tiempo a fomentarla, cuando se concentra en la planta y toma el tiempo necesario para llegar a conocerla de veras.

¡La meta más elevada es la que requiere toda una vida para apreciar un solo fenómeno! Hay que acampar junto a ella como para toda la vida, después de haber llegado a su tierra prometida, y entregarse a ella por completo.

— Henry David Thoreau

Esto se puede lograr de diferentes maneras. Una manera es pasar mucho tiempo con las plantas a las que se siente atraído, saludarlas con la llegada de las estaciones, verlas con todo tipo de indumentarias, llegar a conocer sus estados de ánimo y sus relaciones, y permitir que su relación con la planta vaya creciendo con los años y la cercanía.

Esto toma tiempo (como todo lo que vale la pena), pues se trata de establecer una profunda intimidad con otro ser vivo. Un ser cuya vida le es tan importante a él mismo como la suya le es a usted. Un ser que tiene una historia, antepasados que han dado forma a la vida que usted ve en este instante. Un ser que tiene esperanzas y sueños y una existencia con propósito; que tiene otros amigos, descendientes a quienes quiere, problemas con los que tiene que luchar cada día.

El amor de la madre hacia su hijo y el de la planta a su semilla poseen una identidad esencial. Ni estamos separados del mundo ni somos mejores que las otras formas de vida que, al igual que nosotros, son expresión de la Tierra. Los atributos y tendencias que poseemos también los poseen otros, y no son más que expresiones de características inherentes al mundo, que son comunes a todas las formas de vida. No son exclusivas de nosotros.

A medida que se profundiza su relación con la planta a lo largo de los años, a medida que ambos se llegan a conocer en forma más íntima, el conocimiento llegará por su propio peso. Un buen día despertará y saldrá a caminar y, al pasar junto a la planta en el campo, sentirá en su mente el destello de un conocimiento repentino y profundo sobre la planta, sus propósitos y sus usos medicinales.

Cuando el hombre abandona el conocimiento diferenciado, surge dentro de su ser el propio conocimiento no diferenciado.
— Masanobu Fukuoka

Este conocimiento más profundo pasa a ser parte de su comprensión de la planta y del tejido de su relación con ella. Mientras más años mantengan una relación activa, más le llegarán estos conocimientos. Esto depende en gran medida de cuán estrecha sea su relación con la planta. No todas producen en uno el mismo grado de intimidad.

algunas plantas son simplemente más aburridas que un sociólogo

Las relaciones directas con las plantas son como las relaciones personales. Hay todo un abanico de experiencias, pues existen muchos tipos de plantas, cada una con su propia personalidad, y cada una incitará interés y afecto en distinto grado.

El lento surgimiento de conocimientos profundos tras años de relación y asociación estrecha con una planta en particular, ocurre de esta manera porque la propia planta genera cierto tipo de relación. Es el tipo de relación que la planta y usted estaban destinados a tener y que proviene de la Naturaleza individual de coda uno.

Otras plantas generan un tipo de aproximación distinta. Con otras plantas, en el momento del primer contacto, sentirá la compulsión de conocerla profundamente. Se sentirá atraído a ella como si algún factor externo los estuviera empujando a unirse, como si ambos estuvieran destinados a conocerse. Como si fuese un nuevo amante, no puede dejar de pensar en ella ni de experimentar los sentimientos que engendra esta nueva relación. Empieza a sentir que en este encuentro hay algún destino y que ahora se le debe revelar alguna verdad, alguna novedad existencial. Usted resulta atraído hacia la planta, motivado a ver con más profundidad y con una visión distinta, a ver desde otra perspectiva, tangencial a su orientación normal.

> *El hombre no puede darse el lujo de ser naturalista, de mirar a la Naturaleza en forma directa, si no tan solo por el rabillo del ojo. Tiene que ver a través de ella y más allá.*
>
> — HENRY DAVID THOREAU

Con plantas como éstas, puede ocurrir una profundización del proceso, con lo que se engendra una acumulación más rápida de conocimiento y entendimiento. Para conseguir esto, tiene que volver al momento del primer contacto, el recuerdo del estado de ánimo y el sentimiento iniciales del momento en que ambos se encontraron y trabajar con ellos intencionalmente. Tiene que tomar esta ráfaga de sentimientos, esta singular agrupación, y relacionarse con ella en una contemplación continua de la experiencia.

Para empezar esta contemplación continua de la experiencia hay que centrar la atención en el fenómeno, la planta, con la que trata de establecer una relación, y permitir que sus percepciones sensoriales y los sentimientos que tuvieron lugar en el momento del primer contacto aumenten en intensidad hasta que sean lo único que siente.

> *Hay modos [específicos] de percepción que ayudan en nuestro esfuerzo por comprender lo infinito.*
>
> — GOETHE

Permita que el estado de ánimo generado por el fenómeno, su tono emocional y, lo que es más importante, los significados de los que éstos son expresión, se profundicen hasta que su experiencia del fenómeno llegue a ocupar todo su ser. Este proceso de profundización exige su inmersión total en la experiencia de la propia planta. No se puede permitir que nada desvíe su atención de la planta. Su experiencia relacionada con la planta pasa a ser lo único de lo que tiene conocimiento.

Durante esta atención potenciada y concentrada, su conciencia empieza a entrelazarse con la realidad viva del fenómeno; su percepción, a convertirse en una observación activa de la realidad perenne de la planta, que se desenvuelve de un instante a otro. Por medio de su inmersión y atención concentrada, el fenómeno cobrará vida dentro de usted, tarde o temprano, en una forma completamente nueva. Los dos se entrelazarán a un nivel de contacto extremadamente profundo. Su vida se entrelazará con la vida del fenómeno, su ser quedará configurado por su presencia viva.

> *Mi pensamiento no es independiente de los objetos; los elementos y percepciones del objeto fluyen hacia mi pensamiento y quedan plenamente permeados por él. Mi propia percepción es una forma de pensar, y mi forma de pensar es una percepción.*
>
> — GOETHE

Su concentración ininterrumpida en el fenómeno y la amplificación del sentimiento/experiencia que tuvo lugar en el momento del primer contacto activan una capacidad más profunda de comprender el significado inherente a esta modalidad de cognición. Los significados, las comunicaciones que emite la planta, le irán surgiendo interiormente en conjuntos extremadamente elegantes y sofisticados. Estas percepciones más profundas tienen lugar a través de un tipo de pensamiento particular, que es específico del corazón y se desenvuelve a través de la imaginación. (Pero tampoco es el tipo de imaginación que se nos ha enseñado).

> *El matrimonio del alma con la Naturaleza es lo que hace fructificar el intelecto, lo que da nacimiento a la imaginación.*
>
> — HENRY DAVID THOREAU

En realidad no es necesario estar en presencia de la planta cuando uno emprende esta profundización de la percepción.

Una vez que haya experimentado ese algo verdadero (la ráfaga de sentimientos experienciales de la planta), manténgalo vivo dentro de sí cuando ya no esté en presencia de la planta. Lléveselo consigo. Envuélvalo cuidadosamente en el paño de su corazón. Y, cuando tenga tiempo, un tiempo del que pueda disponer sin interrupciones, en que pueda concentrarse en la experiencia sin que nadie lo moleste, sáquelo de nuevo. Desenvuélvalo cuidadosamente y vuelva a experimentarlo.

> *Todo mi cuerpo siente. Cuando voy para aquí o para allá y entro en contacto con esto o aquello, me siento estimulado como si me hubieran tocado los cables de una batería. Generalmente puedo recordar*

(tener frescos en mi mente) varios arañazos recientes. Me dedico constantemente a recordarlos, volver a experimentarlos y pontificar sobre ellos. Así, la era de los milagros vuelve a cada minuto.

— HENRY DAVID THOREAU

Vuelva a sentir ese momento del primer contacto como si fuera la primera vez. Permítale aumentar de intensidad. Sostenga interiormente ese momento de encuentro inicial, permita que todos los sentimientos que experimentó por primera vez crezcan hasta que sean lo único que siente. Envíe en este momento una súplica a la planta, al Creador si así lo desea, para pedir que se le conceda el conocimiento de las propiedades profundas de sanación de la planta.

Tenemos que buscar ayuda, no tanto en los contadores de estambre, como en las propias plantas.

— LUTHER BURBANK

Sostenga esta intención en primer plano en su mente y siga intensificando el momento del primer contacto hasta el límite de lo que usted sea capaz. Entonces . . . retírese un poco de ella. Permita que suceda lo que tenga que suceder en ese momento de desconexión. Fíjese en lo que sea.

póngalo por escrito si lo desea

Entonces, antes de dejarse llevar muy lejos por caminos analíticos, vuelva a sentir el momento del primer contacto, vuelva a conectarse con la realidad emocional de la planta. Amplifíquela, envíe su pedido, intensifique el momento del primer contacto hasta el límite del que usted es capaz, y vuelva a desconectarse un poco. Una vez más, fíjese en lo que ocurre en ese momento de desconexión. Luego vuelva a repetir el proceso.

esto es la oscilación

La enorme amplificación del momento del primer contacto, combinada con el intenso deseo de conocimiento de su yo más profundo, fluye hacia las partes del cerebro que tienen la función de percibir (de desbloquear) el significado. La desconexión con el fenómeno, la leve disociación de la experiencia inmediata, permite que el cerebro se reactive momentáneamente. El patrón de significado dentro del fenómeno es interpretado por las partes del cerebro que se ocupan del significado y entonces surge la comprensión dentro de usted en una nueva forma. Los significados de la planta están codificados en descripciones lingüísticas diferenciadas y ráfagas de comprensión.

Este proceso ocurre con el apoyo de la planta, del medio ambiente y de otras fuentes diversas. Ni nosotros ni nuestro pensamiento están separados del mundo.

Todo tono emocional, intimación o estado de ánimo que se siente en respuesta a un fenómeno, es una expresión de significado. Y este significado, o serie de significados, es lo que están tratando de convertir en conocimiento utilizable. Estos significados codifican entendimientos más profundos de la planta. El hecho de asimilar ese conocimiento, de "ponerle sal en la cola", significa alcanzar una comprensión profunda de estos significados y luego captarlos en la expresión lingüística, que es altamente sofisticada, verbal y analítica. Y eso es lo que este proceso le permite hacer.

No se trata de un proceso forzado. Más bien, se permite a las capacidades analíticas del cerebro generar, por sí mismas, descripciones lingüísticas que captan la esencia del objeto o fenómeno, los significados que están codificados en los sentimientos que ha experimentado. Durante este proceso, la modalidad de conciencia verbal-analítica no inventa las frases lingüísticas que describen el significado del fenómeno. En lugar de ello, las descripciones lingüísticas del fenómeno surgen por su propia cuenta de la reserva de recuerdos, información y experiencias que uno ha acumulado a lo largo de su vida. En este caso, el corazón y el cerebro trabajan juntos, con lo que forman la sístole y la diástole de la comprensión.

Toda mi vida, fuese en la poesía o en la investigación, alterné entre un criterio sintético y un criterio analítico, que eran para mí la sístole y diástole de la mente humana, como una segunda respiración, nunca separada, siempre pulsante.

— GOETHE

El corazón es el principal órgano de percepción; la función del cerebro, aunque esencial, es de apoyo, es secundaria.

El intelecto no puede expresar el pensamiento sin la ayuda del corazón.

— HENRY DAVID THOREAU

El cerebro, bajo el ímpetu de su deseo y el inmenso flujo concentrado de información que llega del mundo a través del corazón, convierte las comunicaciones incorporadas de la planta en lenguaje humano e imágenes totales de entendimiento, valiéndose para ello de sus reservas de recuerdos, información y experiencias.

Sienta y retenga interiormente este tono emocional dentro de usted, amplifíquelo hasta el grado máximo del que sea capaz y luego desconéctese levemente de su experiencia del fenómeno, y

haga una pausa

Pase a un breve instante en el que no siente, ni piensa, ni hace nada en absoluto. Este momento de "nada" está cargado de tensión. No se puede mantener durante mucho tiempo, sólo por unos segundos cuando más. Si trata de retenerlo demasiado, la mente empezará a pensar de nuevo en todo tipo de cosas y se irá por tangentes que poco tienen que ver con este proceso. Recuerde: el corazón es el órgano principal de percepción en este caso, y el cerebro sólo cumple una función secundaria y de apoyo. La modalidad de cognición verbal/intelectual/analítica utilizada por el cerebro es la sirvienta del proceso. El simple hecho de pensar nunca nos conducirá a estos entendimientos más profundos.

A menudo digo que es mejor pensar lo menos posible.
— MASANOBU FUKUOKA

En el momento de la pausa, cuando uno está levemente desconectado del fenómeno propiamente dicho, la experiencia cargada de significado que usted ha sentido con tal intensidad se envía al cerebro para analizarla. La pausa, la desconexión de sus sentimientos y su experiencia del fenómeno hace que las facultades verbales/intelectuales/analíticas vuelvan a conectarse. Esto permite a la mente generar un conjunto de entendimiento que capta los significados que han dado lugar a los tonos emocionales particulares que usted experimentó. Este entendimiento viene en un estallido, un destello de significado en codificación lingüística. El conocimiento surge, aparentemente por su propia cuenta.

Lo peor es que todo el pensamiento del mundo no nos acerca al pensamiento; tenemos que estar a bien con la Naturaleza, de modo que los buenos pensamientos puedan presentarse ante nosotros como hijos libres de Dios y gritar: "Aquí estamos".
— GOETHE

Suele suceder que los entendimientos más profundos que son posibles no surgen dentro de usted la primera vez que hace este ejercicio. La primera vez (o la segunda, tercera o cuarta), quizás no surja nada en absoluto. Hace la pausa y ese espacio de nada no se llena o, cuando más, sólo contiene una pizca de ráfagas de imágenes conjuntas de significado lingüístico transcrito. Estas ráfagas iniciales no son el punto final del proceso, sólo señales en el camino. Se añaden a su forma de experimentar la planta, y se incorporan dentro del campo magnético de su propio corazón, como bloques de construcción utilizados en el proceso.

Sin embargo, cada entendimiento debe compararse en sentido emocional con el fenómeno vivo, con la propia planta, para verificar su exactitud. Al retenerlos interiormente, integre su esencia en el campo electromagnético del corazón; fluirán desde usted hasta el propio fenómeno (que está retenido en su imaginación, en el recuerdo del momento del primer contacto) y luego volverán a usted. En esencia, usted retiene interiormente tanto su experiencia del fenómeno en una forma amplificada como las ráfagas de comprensión que ha generado su cerebro, y también amplifica estas últimas. Combina interiormente ambos elementos en su visualización imaginal. A continuación vuelve a desconectarse levemente y el cerebro hace una comparación entre los dos campos magnéticos, o sea, entre su experiencia vital de la planta y esa descripción inicial que ha retenido interiormente. Esto se utiliza para refinar la precisión de la totalidad del cerebro. Las diferencias que se detecten entre los dos campos se separan y entonces esas minúsculas discrepancias se concentran en el error hasta que éste se perciba y se corrija.

La información obtenida por medio de este proceso de comparación se utiliza para refinar los resultados. Es esencial para la ulterior comprensión de la planta. Este proceso de refinación es trabajoso. Exige concentrar la voluntad, la intención, el corazón y la mente. Es bastante agotador al principio. Se trata no sólo de refinar su comprensión de la planta, sino su capacidad de percibir con el corazón, a fin de determinar congruencias y diferencias sutiles en el significado. Es como crear nuevos músculos.

Entonces estaba, en efecto, en la oscuridad, y seguí luchando, inconsciente de lo que buscaba con tanto ahínco, pero sentí una sensación por la derecha, una vara de zahorí, que me indicó dónde encontraría oro.

— GOETHE

Este proceso de comparación, si bien es fundamental para refinar estas ráfagas de comprensión iniciales, no es el destino que busca. Después de comparar (y hacer las correcciones necesarias), deshágase de las dispersiones lingüísticas. No se concentre ni se aferre a ellas. Ya están codificadas dentro de su ser, incorporadas en el campo electromagnético de su corazón, almacenadas en su cerebro en forma de recuerdos. Son percepciones que no se perderán. En lugar de ello, usted avanza hacia una comprensión completa de la planta, un destello visual que va mucho más allá de estos indicios iniciales.

Debe repetir todo el proceso otra vez: vuelva a prestar atención a la planta propiamente dicha, vuelva a experimentar el momento del primer contacto, deje que alcance una gran intensidad, exprese con vehemencia su deseo de saber y luego vuelva a desconectarse levemente.

Este proceso siempre debe repetirse, por lo general muchas veces.

No fue gracias a un don espiritual extraordinario, ni a una inspiración momentánea, inesperada y única, sino gracias al trabajo constante, que pude alcanzar al fin resultados tan satisfactorios.
— GOETHE

Debe volver a conectarse con el fenómeno y repetir el proceso una y otra y otra vez hasta que, en una ráfaga de comprensión, perciba interiormente una articulación natural de significados como parte de una totalidad llena de comprensión muy cargada, completa e íntegra. En ese momento es que recibe la revelación de la planta, el momento en que se ha descubierto por completo. Ve literalmente dentro de sí la realidad vital de la planta, en su campo de visión imaginal. Esta realidad viva no se compone sólo de la condición física de la planta, de su energía, de los sentimientos que engendra, ni de esas ráfagas lingüísticas preliminares, imágenes o pensamientos aleatorios que ha experimentado. Ahora el fenómeno posee una profundidad que va mucho más allá de todo esto.

Encontrará, sin embargo que, al conectarse con este proceso, y antes de llegar al punto en que percibe el fenómeno bajo su propia luz, alguna que otra vez se irá por tangentes intelectuales. Es inevitable.

la tendencia a hacerlo disminuye con los años

El cerebro es un oscilador biológico normal y debe ser utilizado. Lo que sucede es que, sencillamente, no debe considerarse la sede principal de la conciencia. Dado que es esencial en este proceso y que se nos ha habituado a su uso, al punto de que hemos situado la conciencia únicamente en el cerebro, es muy fácil recaer en la modalidad de cognición verbal/intelectual/analítica, volver a sincronizarse con ella.

> *Aunque la práctica de pensar en el fenómeno en concreto mediante la imaginación sensorial exacta es fastidiosa para la mente intelectual, que siempre se impacienta, no puede exagerarse su valor para el desarrollo de la percepción del fenómeno.*
>
> — Henri Bortoft

No se preocupe, simplemente reoriéntese y siga adelante. Cuando note que vuelve a suceder, simplemente vuelva a conectarse con el fenómeno, amplifique el momento del primer contacto y vuelva a sumergirse en la experiencia de la planta. La culminación de este proceso es la aparición en un momento único de percepción en que el fenómeno, con un gesto de asentimiento, se descubre en una ráfaga de comprensión.

Llegará un momento, cuando se aparte levemente de la planta, un momento en que no esté pensando ni sintiendo, en que surgirá dentro de usted la percepción viva de la planta como una totalidad.

> *Lo mejor que podría hacer sería decir que si uno se despoja de todo, absolutamente de todo, empezando por el pensamiento humano, lo que aparece a partir de entonces en su alma —ese algo inefable que se aprehende . . . [es] la Naturaleza.*
>
> — Masanobu Fukuoka

El organismo se yergue en su propia luz y es comprendido. El conocimiento de la planta como remedio medicinal (o su función en el ecosistema, o más) se obtiene directamente de la misma planta.

Sin embargo, antes de que la planta en su conjunto aparezca y se revele a la visión imaginal, habrá un momento de inmovilidad, un momento en que se igualan la voluntad de quien percibe y la resistencia del fenómeno a ser revelado. Hay un punto muerto en el que se dificulta el avance. Tal vez sienta como si tratara de atravesar un tejido de lana de algodón, sin ninguna posibilidad de impulso. Llegado a este punto, la voluntad de saber del alumno (y la profundidad del amor que sienta hacia la planta) es lo esencial, lo que hace que el proceso avance. Pero el amor sin voluntad es insuficiente, pues se carece de fuerza motriz. Y sin amor, el fenómeno no accederá a revelarse a su mirada.

En ese momento de inmovilidad es que debe mantener la intención de conocer y no permitir que nada lo distraiga de su tarea. Si continúa, para poder mantener concentrada la atención, habrá un momento en que convergen las fuerzas involucradas, es decir, la voluntad y el amor de quien percibe y la fuerza vital del fenómeno. Habrá un momento de avance en el que usted aparece en un centro de entendimiento. En relación con esto, el filósofo Hegel comentó: "El ojo espiritual está inmediatamente en el centro de la Naturaleza".

En ese momento, se produce un proceso experiencial único, lleno de tensión dinámica, imbuido de un gran contenido empírico. El discípulo y la planta se entretejen, manteniendo la singularidad de sus identidades vívidamente presente, cada una tremendamente potente y viva, aunque entrelazada la una con la otra. El perceptor y el objeto percibido quedan vinculados, unificados como un todo orgánico. Cada uno fusionado con el otro, sincronizados sus dos campos magnéticos vitales.

> *El equilibrio chamánico no es una postura particular. No es un equilibrio que se logre mediante la síntesis, ni una condición estática que se alcance mediante la resolución de la oposición. No es una solución de transacción. Es más bien un estado de tensión aguda, el tipo de tensión que existe . . . cuando tropiezan entre sí dos fuerzas irrestrictas, frente a frente, y no se reconcilian, sino que se tambalean al borde del caos, no con la razón, sino con la experiencia. Es una posición ante la que el occidental, formado en la tradición aristotélica, se siente sumamente incómodo.*
> — BARBARA MEYERHOFF

Una vez que haya experimentado esto (una vez que la realidad viva de la planta se yerga dentro de su ser) debe compararlo con el momento del primer contacto. Mantenga en su conciencia tanto la realidad viva como el momento del primer contacto, confróntelos interiormente y observe lo que pasa. Si la realidad viva que ha surgido en su interior es completa, experimentará una congruencia en todos los puntos de contacto de los dos conjuntos o imágenes. En cierto sentido, las formas de onda, al compararse, se superponen, se fusionan entre sí hasta quedar una sola forma de onda.

esto es congruencia

Con la práctica, este proceso de comparación se vuelve extremadamente rápido y toma sólo unos segundos. Se trata simplemente de una autoverificación para asegurarse de haber percibido el fenómeno en su totalidad.

Debido a su constante concentración emocional en las cualidades, la energía de la planta, el cultivo de una gran tensión interna mediante el aumento del tono emocional de la planta hasta los límites de lo que usted es capaz, debido a su ferviente deseo de saber, y debido a su ligera desconexión, el fenómeno expresa su propia esencia en el interior de su ser en un momento cargado de sentido. En ese momento de percepción profunda, el momento en que el fenómeno se revela, usted se encontrará atrapado en su comprensión vívida de dicho fenómeno. Quedará suspendido en un breve instante, en un momento de pausa saturada. Y en ese momento, verá literalmente múltiples aspectos de la planta como expresiones vivas de ésta. Se le revelará todo: sus efectos medicinales, su propósito en el ecosistema, sus relaciones con otras plantas, la forma en que aparecía en la antigüedad en otros hábitats —incluso el aspecto que tenían sus antepasados.

Persisto hasta que haya descubierto un punto fecundo del que pueden derivarse varias cosas o, más bien, que produce varias cosas, ofreciéndolas por su propia voluntad.

— GOETHE

Este momento está saturado de contenido empírico, lleno de significado multidimensional, de una tensión sumamente dinámica. Se trata de un momento de conocimiento altamente involucrado, un momento de descubrimiento, un gesto de consentimiento proveniente del fenómeno mismo, que permite que la entidad que efectivamente es, salga adelante y se manifieste a la luz de su propia verdad, que se muestre según su propia perspectiva. Todas las interacciones anteriores con el fenómeno, hasta este punto, no eran más que preliminares. En este momento, una dialéctica viva e instantánea unifica al discípulo con todas las partes del fenómeno en una totalidad dinámica e interpenetrada.

esto es conciencia participativa

En este momento, el flujo de usted a la planta y de vuelta otra vez se convierte en un lenguaje vivo en el que nada queda oculto de su percepción. La planta y usted siguen siendo dos seres, pero ahora están fusionados en uno. Conoce a la planta desde dentro de su propio ser. (Y, por cierto, no hay que olvidar que la planta lo conoce a usted también).

Hay un delicado empirismo que se hace totalmente idéntico al objeto, con lo que se convierte en teoría verdadera.

— GOETHE

Y lo que usted conoce no es ni teoría analítica ni un artificio mental al que ha llegado mediante la linealidad,

La agricultura natural llega a sus conclusiones mediante la aplicación del razonamiento deductivo, o a priori, basado en la intuición. No me refiero con esto a la formulación imaginativa de hipótesis descabelladas, sino a un proceso mental que procura llegar a una conclusión amplia por medio de la comprensión intuitiva.

— MASANOBU FUKUOKA

sino una realidad viva en que la propia planta le muestra directamente su multidimensionalidad. La "teoría" de la planta no es una mera sombra bidimensional de la mente lineal, sino una experiencia viva y multidimensional de la verdadera teoría de la planta, de la que su imagen, su forma, no es más que una dimensión de expresión.

Quien oye podría ser incrédulo,
Quien es testigo, cree.

— EMILY DICKINSON

Desde esta perspectiva, la mente puede percibir y desarrollar absolutamente cualquier aspecto de un fenómeno. Para entender dicho fenómeno no se precisa de participación exhaustiva en sus pormenores (por ejemplo, la composición química o la estructura celular de la planta).

Sólo hay comprensión, a partir de la que se pueden conocer todos los aspectos del objeto o fenómeno si uno simplemente concentra en él su atención. En este caso, se empieza a usar la capacidad de pensamiento imaginal del corazón.

En la imaginación, me remonto al pasado lejano e indago sobre la historia racial de esta fruta.

— LUTHER BURBANK

La intención se puede enfocar a una dimensión particular del fenómeno; por ejemplo, sus usos medicinales. No obstante, en general, suele haber una razón en la que se basa su atracción profunda hacia la planta: lo que desde el principio le llamó la atención. Durante el momento de descubrimiento, esa razón, tan profundamente presente en su inconsciente, invocará un aspecto en particular de la planta. El único aspecto que satisfará su necesidad profunda, este extraordinario llamamiento de su propio ser. Este aspecto en particular empezará por presentarse ante su mirada.

Este proceso no es una dinámica bien definida ni fácil. El momento de descubrimiento suele ser difícil de lograr.

si fuese fácil, todo el mundo lo haría

Si la comprensión profunda lo evade, debe volver al momento inicial de contacto y dejar que el estado de ánimo y el tono emocional de la planta vuelvan a surgir dentro de usted con toda su frescura. Su intención de conocer, la concentración de su voluntad y su inmersión profunda dentro de los sentimientos que el objeto o fenómeno genera en usted son lo que a la postre lo lleva al momento de avance. Tiene que permanecer con el propio fenómeno y volver a él una y otra vez. Permita que la realidad viva de la planta como la experimentó en su medio natural resurja dentro de usted con todo su poder.

> *Los fenómenos individuales nunca se deben arrancar de su contexto. Permanezca con los fenómenos, piense como si estuviera dentro de ellos, acceda a sus patrones con su intencionalidad, y esto irá abriendo gradualmente su pensamiento a una intuición de su estructura.*
>
> — Goethe

Siga con el proceso durante todo el tiempo que sea necesario. Podría necesitar años con fenómenos muy complejos, plantas muy potentes o plantas que tienen grandes enseñanzas para usted, enseñanzas que son esenciales para el desarrollo de su alma. Las cosas de gran valor toman tiempo para adquirirlas. Usted busca una sabiduría profunda del mundo. Tal vez el mundo vegetal se la ofrezca de buena gana, pero la cosecha propiamente dicha exige esfuerzo. Mientras realiza esta labor pudieran ir surgiendo aspectos intensos de fenómenos muy complejos o plantas muy poderosas, pero la enseñanza en su totalidad podría resistirse más. Varias expresiones de un fenómeno, percepciones particulares que va obteniendo, pudieran parecer disímiles entre sí, o estar en conflicto o incluso resultar muy extrañas, incomprensibles. Simplemente guárdelas en el fardo de la experiencia que usted tiene de ese fenómeno y trabaje con ellas poco a poco.

Si en mi investigación aparece algún fenómeno, y no encuentro la fuente de donde proviene, lo dejo existir como problema. . . Quizás tenga que dejarlo descansar durante mucho tiempo pero, en algún momento, años después, la iluminación sobreviene de la forma más maravillosa.

— GOETHE

Eventualmente el fenómeno se abrirá a su entendimiento y entonces usted se erguirá, suspendido en el tiempo, en el punto fecundo.

Con el paso del tiempo, el hecho de que este trabajo se concentre en las plantas crea una base de datos de remedios botánicos generada en forma experiencial. Cada planta se mantendrá fresca dentro de usted, pues el instante del primer contacto queda almacenado y se puede recordar en cualquier momento. El conocimiento de su poder como remedio surge desde la dialéctica viva y profunda que las plantas y usted han creado conjuntamente.

Todos los pueblos aborígenes generaron sus conocimientos sobre remedios botánicos, de esta manera directamente desde el corazón del mundo, del alma de las plantas. Todos decían que podían hablar con las plantas y que éstas podían hablar con ellos, que ellas mismas les revelaron sus usos medicinales. Esta forma de percepción, de diagnóstico y sanación, es la más antigua que han conocido los humanos.

No estamos obligados a conectarnos tan sólo con significados ya presentes en el mundo; también podemos iniciar la comunicación de significados particulares que nosotros mismos necesitamos. Y las plantas, al sentir sobre ellas el contacto de nuestras comunicaciones del corazón, escucharán y responderán.

Si desea cosechar ciertas medicinas en particular, plantas que ya conoce y que necesita para alguna finalidad particular, antes de aprestarse a hacerlo, sienta la necesidad que tiene de ellas, y siéntala intensamente. Luego vea a la planta en su visión imaginal y deje que su realidad penetre en su ser. Cuando la experiencia interior sea intensa, envíe a la planta el mensaje de su necesidad. Espere y observe. Manténgase concentrado en el proceso. Mantenga a la planta viva en la pantalla d su visión y concentre en ella una y otra vez la necesidad que tiene. Si presta atención, se percatará de que la planta experimentará un cambio repentino. Cobrará vida en una forma particular mientras usted la observa. Despertará de su arraigo en la vitalidad del mundo y se percatará de su presencia y de su necesidad. Luego empezará a asimilar sus comunicaciones. Manténgase concentrado en este proceso hasta que sienta que se ha terminado, que se ha dicho todo lo que se tiene que decir. Entonces envíe su agradecimiento a la planta y vaya a acopiar los remedios que necesite.

Cuando las plantas reciben este tipo de comunicación, empiezan a modificar las sustancias químicas que producen, en anticipación del momento en que usted las acopiará como medicinas. Sus comunicaciones contienen significados específicos, solicitudes que inician respuestas químicas particulares, pues la fitoquímica creada intencionalmente es un lenguaje primario de respuesta que poseen las plantas.

Mientras más fuertemente surja dentro de usted la realidad emocional de su necesidad, más desnuda es esa necesidad (y menos cubierta está de arrogancia centrada en los seres humanos), mejor responderán las plantas y más potentes serán sus remedios. Pues se trata principalmente de un proceso emocional, no de un ejercicio mental lineal. Las necesidades y valores profundos que experimentamos como seres humanos son los que portan los efectos más grandes, las comunicaciones emocionales más poderosas.

La vida no es un mero ejercicio académico ni retórico.

> *En presencia de la Naturaleza todos somos niños, nada más, y los honores y nombres y carteras pierden su significado e importancia y se olvidan y sólo queda el asombro y la maravilla de nuestros corazones.*
>
> — LUTHER BURBANK

A veces encontrará que necesita una planta que no conoce para poder saciar alguna necesidad interior, algún sufrimiento que tiene usted u otra persona. Antes de salir a buscar una planta para atender este sufrimiento, sostenga su necesidad con firmeza en el primer plano de su mente, siéntala con intensidad. Envíe entonces al mundo la necesidad que usted tiene, la solicitud de recibir ayuda de una planta.

El poder emocional de esta necesidad modificará las comunicaciones incorporadas en el campo electromagnético de su corazón, y esas comunicaciones se proyectarán por delante de usted y tendrán un gran efecto sobre todo lo que toquen. Luego, cuando se adentre en los bosques, en la dimensión silvestre del mundo, una planta en particular le responderá con mayor intensidad.

Se percatará de que una planta en particular le atrae la atención. Tendrá un aspecto especialmente bello, o la verá erguirse entre las

plantas que la rodean, como si le estuviera asintiendo al sol. Y una
parte de usted querrá acudir a esta planta y no a otra.

Y a ésa es a la que debe ir, con la que debe sentarse a meditar y de la que recibirá la información que necesita. El gesto de consentimiento que luego le llega, una vez que haya pasado por todo el proceso de descubrimiento, no sólo revelará al organismo, sino que contendrá la información necesaria para satisfacer su necesidad.

El poder de las plantas fluye desde el pasado profundo hasta transitar por cada generación sucesiva y culminar, en la época actual, en esta planta que ve ante usted. Lo mismo sucede con esta forma de conocimiento. Fluye desde las generaciones anteriores de seres humanos y ahora culmina en usted. Cuando aprenda esta modalidad de cognición, asúmala como su labor, pues lleva usted por dentro un linaje que es tan antiguo como el del Primer Hombre y la Primera Mujer.

Hoy leí la descripción
de una planta medicinal
en un libro de herbolarios del siglo décimoséptimo.
Su texto describía,
con lujo de detalles,
la Potentilla
y cómo el autor la usaba con fines de sanación
hace muchísimo tiempo.

Después que cerré el libro
y me aparté del extraño y obsoleto vocabulario,
Tomé mi bastón,
y salí a andar por los campos
que rodeán mi casa.
No sé por qué me detuve
y miré hacia abajo
y entonces vi la misma Potentilla
trescientos años más tarde.

La descripción del libro,
como una sombra insustancial en mi mente,
se dispuso
sobre los cinco dedos irregulares de las hojas de Potentilla,

su tallo desgreñado,
sus flores amarillas que se movían al viento,
y quedó afianzada en el lugar.

El viento,
que arrastraba consigo
un millón de años de remedios con plantas,
me rozó.
Parpadeé y desaparecí,
como una sombra insustancial en la mente de la Tierra.

Y, durante un instante,
fui un viejo herbolario en 1720,
que apartaba su capa con la mano
y que se inclinaba para
observar una planta
que Hipócrates había usado
dos mil años antes.

CAPÍTULO ONCE

EL PUNTO FECUNDO Y EL *MUNDUS IMAGINALIS*

No estoy seguro de nada más que de los afectos del corazón y la verdad de la imaginación.

— JOHN KEATS

Al ofrecer las dos palabras latinas mundus imaginalis . . . *me propongo un orden preciso de la realidad que corresponde con una modalidad precisa de percepción.*

— HENRI CORBIN

A un hombre nacido y formado en lo que se conoce como ciencias exactas, y que se encuentre en la cúspide del pensar empírico, le resultará difícil aceptar que también pueda existir una imaginación sensorial exacta.

— GOETHE

Uno [no depende del concepto restrictivo típico de deducción] sino de un método deductivo más amplio, es decir, del razonamiento intuitivo . . . Las raíces creativas de la agricultura natural están en la verdadera comprensión intuitiva. El punto de partida tiene que ser una verdadera comprensión de la Naturaleza, la que se obtiene al fijar la mirada en el mundo natural que se extiende más allá de las acciones y los sucesos que ocurren en su entorno inmediato.

— MASANOBU FUKUOKA

LA RÁFAGA DE COMPRENSIÓN QUE TIENE LUGAR cuando se descubre un fenómeno, el momento que Goethe denomina "el punto fecundo", puede entenderse más profundamente si se piensa en un proceso paralelo, para lo que habría que concentrarse en la figura siguiente.

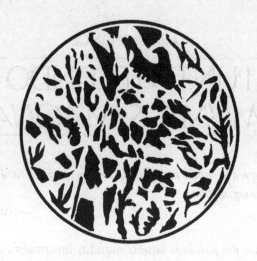

Esta figura está compuesta por una agrupación aparentemente aleatoria de manchones blancos y negros de tamaño irregular. Son los impulsos sensoriales que llegan a su ojo y pasan así al cerebro. Pero esta imagen posee significado. Si se queda mirándola, surgirá de repente una figura reconocible, la cabeza y el cuello de una jirafa. Sin embargo, cuando al fin la vea, será de repente, de inmediato.

> *El efecto es exactamente como si alguien hubiera "encendido" la jirafa, como si fuera una lámpara.*
>
> — Henri Bortoft

Este instante de percepción, una vez que ocurre, va acompañado de una pausa momentánea.

el punto fecundo

En ese momento de pausa, su mente no está pensando, su corazón no siente; usted percibe directamente una verdad específica que ha estallado en su conciencia y ahora tiene toda su atención. En este momento —cuando el significado del objeto o fenómeno al que ha estado prestando atención aparece de repente en su conciencia— usted queda sostenido por un momento, suspendido en el tiempo, atrapado en la individualidad del objeto o fenómeno que ha percibido y comprendido.

¿Qué sucede en este instante de transición? Evidentemente no hay cambio en la experiencia puramente sensorial, es decir, en el estímulo sensorial al organismo. El patrón registrado en la retina del ojo es el mismo, incluso si no ve la jirafa. No ocurre ningún cambio en este patrón en el instante en que se ve la jirafa —de hecho, después del reconocimiento, las figuras que están en la página siguen siendo exactamente las mismas que eran antes. Por lo tanto, la diferencia no se puede explicar desde el punto de vista de la experiencia sensorial.

— Henri Bortoft

Lo que sucede es que se ha captado el *significado* que está contenido en los impulsos sensoriales. El hipocampo ha recibido los impulsos sensoriales —la imagen— y los ha asimilado. Funciona con la relación entre las partes de la figura y su organización, e integra a ambas. Entonces el objeto que es más que la suma de las partes, el patrón organizado que está presente, aparece de repente en su conciencia y capta toda la esencia de su entendimiento.

No obstante, los elementos que están en la imagen no son en realidad la imagen.

la totalidad siempre es más que la suma de sus partes

El significado está en la imagen, pero no es la imagen. Este significado no es meramente un elemento de la figura. El hecho de hacer una copia exacta de la imagen no hará que la jirafa resalte con mayor claridad para alguien que no sea capaz de verla.

Lo que vemos no está en realidad en la página, aunque parezca estar allí.

— Henri Bortoft

Este *significado* es una dimensión añadida a los colores entremezclados en la página. Es una dimensión que tiene que ver con las relaciones y la tensión entre las partes y ese algo identificable que sobreviene cuando una agrupación de partes se unifica de repente en una totalidad coordinada, cuando se autoorganiza y empieza a mostrar comportamientos emergentes.

Poseemos una capacidad innata de percibir las identidades singulares que tienen lugar en los momentos de autoorganización. Nacemos con esta capacidad y debemos a provechá ria. En el sencillo momento en que la percepción de la jirafa entra en la conciencia, se ha activado una modalidad de cognición particular, que nos resulta tan natural como la respiración o los latidos del corazón.

No se necesitan títulos universitarios para usar o desarrollar esta habilidad. En realidad, el hecho de poseerlos suele ser un obstáculo para el surgimiento de esta modalidad de cognición.

Permanentemente.

Sin embargo, la figura de la jirafa no es más que una analogía para referirse a la forma en que funciona este proceso en la percepción de la Naturaleza.

> *Es preciso darse cuenta*
> *de que la Naturaleza*
> *es mucho más compleja.*
> *El proceso real es mucho más . . . multidimensional*
> *que esto.*

La imagen de la jirafa no es algo que podría existir por sí mismo en la Naturaleza. Es una invención humana, no una realidad viva. La dimensionalidad de la jirafa es mucho menor —más euclidiana— que cualquier dimensionalidad que se encuentre en la Naturaleza, pues no es real.

> *Las cosas que entran en nuestra conciencia son innumerables, y sus relaciones —en la medida en que la mente las pueda comprender— son extraordinariamente complejas. Las mentes que tienen el poder interior de crecer empezarán a establecer un orden para que el conocimiento venga más fácilmente; empezarán a satisfacerse mediante la búsqueda de coherencia y conexión.*
>
> — GOETHE

La figura de la jirafa es sólo levemente compleja. Es un ser vivo, no lineal, pero permite revelar la experiencia de lo que sucede en la Naturaleza cuando el significado contenido en las cosas vivas se experimenta directamente. Ilustra la experiencia que tiene lugar cuando un fenómeno se descubre, cuando se llega al punto fecundo, cuando el entendimiento aparece de repente en su conciencia.

Este destello de comprensión, y la pausa del punto fecundo que tiene lugar en el momento del entendimiento, puede experimentarse con absolutamente cualquier cosa en la Naturaleza. En el acopio de conocimientos directos de los usos medicinales de las plantas, éstas son el centro específico de la atención.

El primer paso consiste en prestar atención a las impresiones sensoriales que entran en el cuerpo provenientes de la planta. El segundo paso, es prestar atención a los sentimientos que estos impulsos sensoriales generan. El tercero, concentrarse en los significados que están codificados dentro de estos sentimientos o sensaciones, es decir, los significados que experimentamos en forma de sentimientos.

En cada paso, algo reemplaza a lo anterior. La percepción sensorial reemplaza a la cháchara mental. El sentimiento reemplaza a la percepción sensorial. La experiencia del significado reemplaza al sentimiento.

Inicialmente, los significados que se experimentan son simplemente una dimensión más profunda del objeto o fenómeno en sí; en este momento no se encuentran unificados en la experiencia como una comprensión plena y completa. La experiencia de la totalidad del organismo vivo no llega hasta que ocurra este estallido de conciencia, cuando se ha alcanzado el punto fecundo.

Los significados que existen en un fenómeno vivo

en una planta

son mucho más complejos que los significados que se encuentra a en la figura multivariada de la jirafa. Incluso la planta más simple posee millones y millones de componentes. Basta con unos pocos segundos o minutos para que el significado de la imagen de la jirafa aparezca de repente en la conciencia. En el caso de los seres vivos, la concentración dirigida de la atención a menudo tiene que ocurrir durante un largo período de tiempo. Hay un número de factores extremadamente grande que el hipocampo debe procesar y organizar para convertirlo en significado.

Pero recuerde,
el hipocampo no es más que una parte de lo que está sucediendo,
no es la totalidad de su ser.
Se trata de un entrelazamiento de seres vivos,
no de un proceso estático, lineal, mental.
Se supone que se experimente
no que se le busquen
explicaciones.

Para encontrar el punto fecundo en una planta, o en cualquier cosa en la Naturaleza, el momento del primer contacto tiene que estar profundamente afianzado en su experiencia. El centro de la atención tiene que ser el indicio o el estado de ánimo iniciales del fenómeno la planta, el complejo de sentimientos primarios y secundarios que uno experimentó cuando se abrió por primera vez a los sentimientos.

En los próximos días o semanas, tiene que volver a experimentar continuamente ese momento del primer contacto y dejar que el fenómeno pase a formar parte de su conciencia como si fuera la primera vez. Cuando esto haya sucedido, tiene que amplificar la experiencia y dejarla convertirse en todo lo que usted experimenta en este momento de renovación. La intimación o estado de ánimo iniciales, los sentimientos de la planta, tienen que amplificarse hasta que sean muy fuertes en su experiencia. Hasta que los sentimientos de la planta inunden su conciencia y sensaciones corporales.

Entonces, se desconecta levemente, se retrotrae del fenómeno,

y hace una pausa

para dejar que el cerebro realice su labor de análisis.

su función esencial de apoyo

Entonces vuelva a conectarse con el momento de primer contacto y repita el proceso.

Si sigue repitiendo este proceso con cualquier cosa que le interese, que le atraiga, que esté tratando de comprender, llegará un momento en que se retrotraerá levemente y la *totalidad* del objeto o fenómeno aparecerá de repente en su conciencia, al igual que sucedió con la jirafa. Habrá un momento en que experimentará directamente dentro de sí la vitalidad profunda del fenómeno, entenderá su significado y tendrá una imagen conjunta interna al respecto, del mismo modo que hizo con la jirafa.

> *La intuición es la insistencia de velocidad absoluta del intelecto sobre el cerebro que reacciona tardíamente por reflejo para señalar a su atención la importancia de distintas relaciones experienciales, registradas en el cerebro, que constituyen casos especiales.*
> — Buckminster Fuller

La concentración continua de su intención durante los días y semanas posteriores al primer encuentro permite que las partes más profundas de su ser sepan que usted realmente insiste en saber.

que es serio

Se esfuerzan por encontrar el significado incluso mientras uno duerme. A un nivel más bajo que el de la plena conciencia, a lo largo de cada día, procuran entender.

Usted puede hacer sus tareas cotidianas y vivir su vida y dedicar solamente uno o dos momentos, en tres o cuatro o más ocasiones a lo largo del día, para permitir que la experiencia del primer contacto resurja en su conciencia. Esto hace que el proceso se mantenga activo, mantiene en juego la intención de saber, mantiene latente la fuerza de su deseo sobre el propio fenómeno.

Llegará un momento

siempre

en que la totalidad del fenómeno le aparecerá de repente. Cuando llegue ese momento, vendrá acompañado por una intensa alegría, un momento en el que usted quedará atrapado en la maravilla del propio objeto o fenómeno. Y también existe la pausa, el punto fecundo, cuando tanto usted como el propio fenómeno —en este momento de conciencia participativa entrelazada— quedan suspendidos en el tiempo de un estado de tensión dinámica.

En este momento de descubrimiento cuando el fenómeno, en un gesto de consentimiento, se le revela como totalidad, el cerebro genera interiormente una singular descripción multidimensional de la planta, una forma dentro de la que se pueden contener los significados que ahora usted comprende. Es una amalgama creada a partir de las reservas de recuerdos, experiencias, pensamientos, ideas y sucesos de su vida. Esta amalgama es una ráfaga de información que ha hecho coalescencia y que toma su forma de objetos o fenómenos que ya están dentro de usted. El hecho de que el cerebro entrelace los fragmentos que ya están presentes dentro de su ser hace que el significado de la planta asuma una forma útil.

Pero este conjunto,
contiene algo nuevo,
que es algo más
que las partes que lo forman,
la identidad viva del propio fenómeno.

Se reúnen de inmediato todos estos trozos de conocimientos en un conjunto que aparece fugaz en la superficie de la mente en un diminuto instante de tiempo.

Al estar tan cargado de contenido empírico, de sentimientos, de significados, este instante se encuentra bien arraigado en la memoria. Se puede invocar en cualquier momento con sólo recordar la planta y el instante del primer contacto.

Al dejar que el recuerdo del primer contacto con la planta se fortalezca, la experiencia de este instante de entendimiento aparecerá una vez más de repente en su conciencia. Se encontrará inmerso de nuevo en el instante fecundo.

En este instante fecundo, durante la pausa, es cuando se perciben los significados complejos, de valores múltiples que la planta emite desde el núcleo de su ser,

que son su ser

cuando se comienza a utilizar lo que Goethe llamó "imaginación sensorial exacta". Sin embargo, ha de comprenderse que esta no es la imaginación en la que por lo general se piensa, sino algo completamente distinto.

La palabra "imaginario" posee la ineludible connotación de algo irreal, creado en la mente sin base en la realidad, inventado. Esta definición es cierta sólo cuando la conciencia se localiza en el cerebro, cuando se emplea la modalidad lineal de cognición.

Dentro de la modalidad lineal de la conciencia, la imaginación es la generación de una serie de imágenes mentales que sólo se relacionan con la modalidad lineal de cognición. Sin embargo, cuando el corazón es el órgano de percepción primario, la imaginación es algo más. Es el tipo de pensamiento que se realiza con el corazón. Posee una naturaleza particular, una forma particular. Constituye una manera sumamente elegante de ver.

> *Todos hemos escuchado cómo algunas personas describen a otras de forma despectiva con la frase "tiene mucha imaginación". Lo cierto es que si no se tiene mucha imaginación, no se está muy cuerdo.*
>
> — BUCKMINSTER FULLER

Al comenzar este proceso de cognición, el primer paso consiste en entrar en la Naturaleza, concentrar la atención en el mundo exterior y percibir con los sentidos. Desde un punto de vista visual, esto significa que la imagen del fenómeno es el objeto de la atención consciente y esta imagen es la que se desarrolla hasta convertirse en la clase de imaginación que resulta importante. Ésta es la imaginación que el gran erudito islámico Henri Corbin definió como *mundus imaginalis*, literalmente "imaginación del mundo". Lo que quiso expresar realmente con el término es la imaginación por medio de la que se percibe la verdadera naturaleza del mundo. Es de hecho una forma específica de ver, de percibir.

Se produce después de la atención sensorial, de los sentimientos, luego de haberse conectado con la realidad viva de la planta y luego de que su totalidad aparezca de repente en su conciencia y uno se encuentra en el punto fecundo. En cierto sentido, lo que se tiene interiormente es el propio fenómeno vivo en el campo imaginal, multidimensional, del corazón. La imagen interior, completa y cargada de significados, es una realidad viva. En el momento fecundo, una vez que se haya recuperado de la alegría —de la cosa, del proceso— se dará cuenta de que por un instante asirá la imagen que ve ahora dentro de sí en un estado momentáneamente estático.

En este efímero instante de tiempo suspendido se puede ver la imagen viva, llena de significados, desde múltiples puntos de vista, la puede hacer rotar para verla desde cualquier perspectiva que se desee.

> *Cuando somos capaces de examinar un objeto en detalle, aprehenderlo adecuadamente y reproducirlo en nuestra imaginación, podemos afirmar que poseemos una percepción intuitiva de dicho objeto en el sentido más real y elevado.*
>
> — GOETHE

Es posible tocarla literalmente en diferentes puntos de contacto, en múltiples dimensiones de significado, con el campo vivo del corazón. Cada uno de estos puntos de contacto diferentes revelará nuevos significados que sólo pueden verse desde ese nuevo punto de vista.

> *El objetivo es pensar en el fenómeno concretamente en la imaginación y no pensar en él, tratar de no excluir nada ni de agregar algo que no pueda observarse. Goethe se refirió a esta disciplina como "la recreación tras el despertar hacia la Naturaleza siempre*

creadora". Combinada con la observación activa, da al pensamiento una cualidad más bien de percepción y a la observación sensorial una cualidad más bien de pensamiento. El propósito es desarrollar un órgano de percepción que pueda profundizar nuestro contacto con el fenómeno, de una forma que sería imposible si nos limitáramos a pensar en él y procesarlo con la mente intelectual.

— Henri Bortoft

Uno puede además introducirse literalmente dentro de la imagen y fluir a nivel experiencial hacia cualquier punto de orientación. En el momento fecundo, la conciencia puede hacer rotar su orientación y mirar por cualquier eje de la realidad de la planta o de la enfermedad. Por consiguiente, se pueden conocer las acciones medicinales de una planta desde dentro de la propia planta, conocer la enfermedad que padece una persona desde el interior del propio órgano afectado.

Amigo, debes darte cuenta de que, mientras más profundizamos en esto, las palabras dichas y escritas del lenguaje formal se tornan cada vez menos adecuadas como medio de expresión.

— Manuel Córdova Ríos

Literalmente, su experiencia se desenvuelve en diferentes niveles de realidad, de significado, dentro de la propia planta. Durante de este proceso, debe dejar que el campo vivo del corazón se mueva dentro de la imagen viva en su interior. En este punto, el corazón va tacto a tientas. Su tacto es en extremo refinado, como el de los dedos de un ciego de nacimiento. El corazón puede palpar los significados. Así como dedos sensibles que pueden seguir un hilo basto sobre la superficie de un abrigo con los ojos cerrados, así también el corazón puede ahora palpar hilos de significados entretejidos en el ser de la planta.

Todas las facultades del alma han devenido en una sola facultad. La imaginación del alma se ha convertido como en una percepción sensorial de lo suprasensorial. Su visión imaginativa es como su visión sensorial. De modo similar, sus sentidos de la audición, el olfato, el gusto y el tacto —todos ellos sentidos imaginativos— son como facultades sensoriales, pero relegadas a lo suprasensorial, pues a pesar de que externamente las facultades sensoriales son cinco, cada una con su órgano correspondiente en el cuerpo, internamente constituyen en realidad una sola sinaistesis.

— SADRA SHIRAZI

Mientras el corazón sigue los hilos de significado a través de su imagen tridimensional interior, los significados que el corazón encuentra se envían directamente al cerebro para su análisis. Una vez que se experimenta este punto fecundo, la mayoría de estos significados más refinados se interpretarán al instante, tan pronto llegan al cerebro.

La función cognitiva de la imaginación es lo que permite el establecimiento de un riguroso conocimiento analógico.

— HENRI CORBIN

Uno hace una pausa momentánea en la percepción de este nuevo hilo de significado, espera a que el cerebro lo comprenda y luego toma el significado y lo compara con el propio objeto o fenómeno.

Todas las cosas vivas que existen poseen su relación dentro de sí mismas; consideramos así real la impresión individual o colectiva que nos producen, siempre que provengan de la totalidad de su existencia.

— GOETHE

Uno palpa el significado que el cerebro ha generado y lo compara con la percepción del significado que se persigue.

La piedra de toque para lo que nace del espíritu [es] lo que un sentido interno reconoce como verdadero.

— GOETHE

Ambos sentimientos han de ser congruentes. Sus formas de onda deben superponerse. Uno debe ser el reflejo del otro, como una imagen en el espejo.

en cierto sentido

Durante este proceso de emplear la imaginación sensorial exacta, se está refinando la ráfaga de conocimientos provenientes del momento de la comprensión en el punto fecundo.

Mientras uno permanece equilibrado en el punto fecundo y dirige la percepción por una vía de significados, puede que experimente una serie de ráfagas de comprensión más profunda provenientes de ese eje de la realidad de la planta. Estas ráfagas no siempre constituyen un entendimiento completo, cabal, de ese eje o dimensión. Es como si se hubieran tomado al azar tres o cuatro diapositivas o fotografías de una extensa serie. Notará en seguida que su comprensión del fenómeno a lo largo de este eje de la realidad resulta incompleta. En ese instante, calmese, reljese y permitase enfocarse en este eje específico de significado. Comience a contemplarlo como una meditación profunda.

Tome el inicio y el final de su visión —la primera y la última diapositiva o fotografía que percibió— y comience a revisarlas, en orden, de la primera a la última y viceversa, una y otra vez.

> *Si observo el objeto creado, me informo de su creación y sigo este proceso lo más que pueda hasta su origen, encontraré una serie de pasos. Como en realidad no se ven estos pasos juntos frente a mí, tengo que visualizarlos en mi memoria de manera tal que conformen una cierta totalidad ideal. Al comienzo tenderé a pensar en pasos, pero la Naturaleza no deja brechas y, por tanto, al final tendré que ver esta progresión de actividad ininterrumpida como una totalidad. Lo puedo hacer si disuelvo lo particular sin destruir la impresión propiamente dicha.*
>
> — Goethe

Este eje específico de la multidimensionalidad de las plantas se convertirá en el objeto de su meditación y si usted le dedica un tiempo todos los días. Mientras reproduce las imágenes hacia atrás y adelante una y otra vez, la naturaleza de las brechas se hace más evidente y, lentamente, las piezas que faltaban comienzan a aparecer, por sí mismas.

Cada nueva pieza se inserta en la fila y toma su lugar en la contemplación mientras se reproduce la serie hacia atrás y adelante, una y otra vez. Cada pieza en particular es necesariamente un objeto de cariño y contemplación. Húndase en cada uno, sumérjase en su interior, permítase sentir su naturaleza con la imaginación sensorial. Toque cada detalle con el campo electromagnético de su corazón. Lentamente comenzará a detectar dónde debe encajar naturalmente cada pieza y cómo se debe transformar en la siguiente imagen. Ha de enfocarse tanto en lo particular como en lo general, en toda la serie de percepciones que ha recibido y en cada una individualmente. Al final, todo el eje o línea dimensional de la expresión de la planta cobrará vida, se revelará.

Sin embargo, esto no es una serie de fotografías,

es sólo una metáfora

es una realidad viva, que fluye en forma completa y nunca lineal. No existen de hecho vacíos en la realidad viva que se capta. Continué experimentando con la sene de percepciones, de acá para allá en su visión imaginal hasta que los perciba como un flujo completo sin vacíos. Este proceso hacia atrás y hacia delante resulta esencial, pues la Naturaleza no conoce dirección alguna, no es lineal. Si sólo se va en una dirección, se perderán aspectos esenciales.

Concentrarse en un aspecto o eje en particular, en una dimensionalidad específica de la planta le permitirá conocer esa expresión particular mejor de lo que lo llegará a conocer cualquier científico reduccionista. La conocerá desde dentro del propio fenómeno en toda su realidad viva. Si busca alguna expresión química específica, podrá ver el espectro electromagnético del sol que penetra en las hojas, las moléculas de dióxido de carbono y de agua que se desconectan y luego se recombinan en nuevas formas.

Sin embargo, no se trata de un mero proceso mecánico.

el mundo no es una fábrica sin sentido

Estos procesos ocurren por determinadas razones. Cualquier sustancia química específica elaborada por una planta es una respuesta a ciertas comunicaciones. La química de las plantas constituye una forma particular de lenguaje y una respuesta al hecho de que la planta percibe significados dirigidos y responde en consecuencia.

Cada estructura molecular que produce una planta
está rodeada por su propio y singular campo electromagnético,
cada campo electromagnético está codificado con significados,
cada uno puede percibirse
con el campo bien afinado del corazón
y comprenderse por medio del poder concentrado
de la conciencia.

Con este método se percibe no sólo el propio compuesto químico, sino el significado al que responde la planta, la comunicación que origina su respuesta química, y se ve, se percibe, se experimenta el significado dentro del propio compuesto químico.

Se percibe verdaderamente el significado en la química de la planta y se comprende de forma experiencial que la química de la planta no es como la química farmacéutica. La planta está imbuida de significado, mientras que la farmacéutica no posee ninguno. Una es comunicación, la otra es ruido (y ni siquiera un ruido útil).

Si siente inclinación por la química molecular, las imágenes que se forman en su interior pueden en ocasiones ser diagramas moleculares. Si no siente inclinación alguna

es aburrido realmente

percibirá los compuestos químicos por medio de otras metáforas.

> *Los diagramas de la química molecular no son más que metáforas,*
> *no son reales ni tienen que ver con el mundo real.*
> *Son expresiones lineales, no realidades no lineales.*

Las metáforas no moleculares son por lo general más útiles, más reales, al ser menos lineales y menos propensas a hacernos adoptar una actitud mental analítica en virtud de la cual se cree que el nivel de escolaridad es (jerárquicamente) importante, una actitud mental en la que se piensa que se sabe algo, en la que se coloca el símbolo en lugar del objeto en sí mismo.

> *Existen muchas dimensiones en el espacio de la alianza y el eje far-*
> *macológico es sólo una de ellas.*

— DALE PENDELL

Cada planta produce miles de compuestos químicos y todos son biológicamente activos y con efectos únicos. Estos compuestos son resultados de transformaciones de mensajes. Son comunicaciones. Y no se necesita entender química para comprender sus comunicaciones. No hay que ser experto en filología para comprender esta oración. Del mismo modo, no se requieren conocimientos acerca de la química de las plantas para entender su lenguaje. De hecho, tales conocimientos a menudo hacen más daño que beneficio. Los fanáticos de la gramática casi nunca pueden escribir, pues no pueden trabajar con significados, sino sólo con formas. Los expertos en la química de las plantas padecen de la misma limitación.

Nuestros antepasados, que obtenían directamente del corazón del mundo los conocimientos sobre la medicina de las plantas, empleaban otras metáforas.

> *Nunca debes menospreciar*
> *la forma en que surgen tus percepciones,*
> *nunca pienses que eres menos,*
> *si no usas metáforas científicas.*
> *Cada cual debe rescatar su capacidad*
> *de conocer el mundo en forma directa,*
> *profunda y adecuada.*
> *(Cualquier sensación "de ser menos"*
> *no es más que un síntoma*
> *de la colonización de la mente).*
> *No lo dejes en manos de los expertos.*
> *Así es como*
> *fuimos cayendo*
> *en este desorden*
> *desde el principio.*

Las metáforas propiamente dichas no vienen al caso; lo importante es el significado que se percibe. Y, desde el momento en que uno percibe el significado a lo largo del eje químico, de la dimensión química de la realidad de una planta, empieza a comprender sus poderes curativos tal como se manifiestan en esta dimensión de expresión. Se dará cuenta de que, si la planta se cosecha de cierta manera, concentrando la atención en una forma concreta, se hará presente un aspecto específico de curación de la planta justamente en la forma en que usted, o la persona enferma, lo necesita. Usted ha de usar sus propias palabras para que se revele este aspecto de la sanación. Será tan real como si lo llamara por un nombre químico

inulina

pero su efecto medicinal será mucho más intenso si no utiliza esta nomenclatura.

Porque su poder de sanación radica en el significado; su forma química sólo cumple una función secundaria. Contiene el significado, pero no es el significado, del mismo modo que la imagen de la jirafa contiene la figura pero no es la figura. El significado, el espíritu de la planta, es lo que cura la enfermedad. La sustancia química de la planta simplemente le proporciona una forma en la que puede viajar. Y, aunque esta forma ayuda efectivamente al cuerpo, es decir, va de forma a forma, no somos (únicamente) nuestra forma física y la enfermedad no se encuentra (normalmente) en una mera forma física, como un virus.

aunque, a veces, un tabaco es un tabaco no más

La propia enfermedad es un significado y no se puede sanar simplemente mediante la elección de una forma. En muchos casos, el hecho de elegir una forma simplemente oculta los síntomas de la enfermedad.

el error de la medicina tecnológica

La propia sustancia fitoquímica, sin el significado insertado en ella, es como una palabra sin significado. Es como tener el corazón cerrado cuando uno le dice a otra persona que la ama. Semejante frase vacía posee un lastre muy distinto al de una frase cargada de significado.

La percepción de cualquier eje dimensional de una planta, o de cualquier fenómeno, tiene que ver con los significados. Por medio de la atención concentrada puede percibirse el flujo de estos significados por todo el organismo, a lo largo de toda su historia y su tiempo, y verse sus usos como remedios medicinales o en la sanación. Mientras más tiempo dedique a la contemplación de cualquier eje específico, más significados recibirá, hasta que haya interiorizado por completo ese eje de expresión.

aunque todavía quedan por delante
359 grados de orientación . . . por lo menos

El número posible de ejes desde los cuales examinar es sumamente extenso. Los mundos de la experiencia que se pueden abrir a su observación son prácticamente infinitos. Mientras más de cerca se examine cualquier eje de determinado fenómeno, más similitud le encontrará con el borde de un litoral. Mientras más de cerca lo observe, mayor será el grado de aumento y, por lo tanto, mayor será su extensión y su nivel de detalle. Lo mismo se aplica al propio fenómeno: al examinarlo más de cerca en su imaginación sensorial, mayores son el grado aumento y el número de ejes.

Éste es exactamente el procedimiento que utilizó Goethe para comprender la metamorfosis de las plantas. Descubrió así que todas las plantas y todas las partes que las conforman no eran más que hojas metamorfoseadas en distintas configuraciones por el poder vivo que corre por toda la planta.

Cuando cerré los ojos e incliné la cabeza y me hice una representación de una flor justo en el centro del órgano de la vista, de este

corazón surgieron nuevas flores, con pétalos de colores y hojas verdes
. . . No había forma de detener la efusión: este proceso no se detuvo
ni se aceleró, pero continuó mientras duró mi contemplación.

— GOETHE

Ésta es la forma en que Luther Burbank, al observar las plantas, podía
ver su historia a lo largo de millones de años de evolución y verlas en todas
las formas en que se desarrolló cualquiera de sus antepasados. Es la fuente
de donde proviene su comprensión de que la herencia no es más que lo que
se ha registrado del entorno.

> *De ahí el valor de la búsqueda en la imaginación de los antepasa-*
> *dos de nuestra cereza actual en sus muy disímiles hábitats y con sus*
> *rasgos y hábitos muy diversificados.*
>
> — LUTHER BURBANK

Ésta fue la experiencia que Burbank luego utilizó para crear nuevas
plantas alimenticias en una, dos, o tres generaciones; plantas que eran singulares y manifestaban características particulares que se reproducirían en
cada nueva generación. Luther Burbank podía examinar profundamente
cualquier eje de orientación. Podía echar una mirada a una planta y ver
su forma de expresión de hace un millón de años en un hábitat distinto.
Al verla, sostenía esa imagen en primer plano en su mente, le hablaba a la
planta y le rogaba, hasta que dicha planta liberara la forma deseada desde
el interior de su semilla, o sea, desde el interior de su entorno almacenado.
Después de haber sembrado veinte mil semillas, recorría los surcos plan-
tados y podía determinar de un vistazo cuáles eran las siete plántulas que
mejor expresarían la forma precisa que había pedido a la planta.

> *Mi talento consistía en este instinto de selección. Nací con él y lo fui*
> *educando y dándole experiencia; siempre me he mantenido sinton-*
> *izado con él. Mis nervios son particularmente sensibles y a eso se*
> *debe en parte mi inusual éxito cuando se trata de elegir entre dos*
> *plantas aparentemente idénticas, trátese de flores, árboles o plantas*
> *frutales.*
>
> — LUTHER BURBANK

Por medio de este procedimiento, Masanobu Fukuoka descubrió
la verdadera forma del arroz. Le habló al arroz durante años, se sentó

a contemplar sus respuestas, y procuró examinar el eje adecuado de su expresión hasta encontrar su forma verdadera.

> *Mi método para cultivar el arroz puede parecer insensato y absurdo pero, en todo momento, lo que he buscado es la forma verdadera del arroz. He buscado la forma del arroz natural e indagado sobre lo que constituye un arroz sano . . . Si uno comprende la forma ideal, todo es cuestión de cultivar una planta que tenga esa forma, en las condiciones específicas de su propio terreno.*
>
> — MASANOBU FUKUOKA

Así fue como encontró la forma verdadera de los árboles frutales y aprendió a cultivarlos sin tener que podarlos.

> *Si se crea una imagen mental de la forma natural del árbol y hace todos los esfuerzos posibles por [mantener presente esta forma en todas sus interacciones con el árbol y] proteger al árbol del entorno local, el árbol prosperará.*
>
> — MASANOBU FUKUOKA

Y ése es el método que utilizó para entender cómo cultivar sus plantas sin tener que usar fertilizantes, ni desmalezar, ni labrar el terreno y, aun así, igualar los volúmenes de producción de la agricultura tecnológica.

Todas estas personas se valieron de la percepción directa para llegar a conocer verdaderamente las plantas y sus múltiples ejes de expresión dimensional. Todos descubrieron la realidad viva de las plantas, desarrollaron relaciones con ellas y les permitieron ser su principal maestro.

> *En este caso no imponemos arbitrariamente signos ni letras, ni ninguna otra cosa que se nos ocurra en lugar del fenómeno; en este caso no creamos frases que se puedan repetir cientos de veces sin pensar, como para no dar a nadie un respiro para pensar. Se trata más bien de fenómenos que hay que tener presentes ante los ojos del cuerpo y del espíritu para poder hacer que su origen y su desarrollo evolucionen, para uno mismo y para otros.*
>
> — GOETHE

Al desproveer la materia de todo significado, inteligencia y alma, los científicos han hecho que los seres humanos abandonemos esta capacidad.

Hemos sido colonizados
por una forma particular de pensamiento.

Porque, si las cosas que experimentamos externamente no son más que materia y formas de vida mudas, sin sentimiento ni sensación —piedras, o átomos, o aire—entonces no hay necesidad de que realmente nos percatemos de ellas. No es necesario fusionarse con ellas en una conciencia participativa. La vitalidad del mundo se reduce a una expresión inferior y, en esta reducción, lo imaginal se ha convertido simplemente en lo imaginario.

¿Qué son estos ríos y colinas, estos jeroglíficos que ven mis ojos? . . .
¿Por qué hemos vituperado lo externo? La percepción de super-
ficies siempre tendrá, para el sentido cuerdo, el efecto de un
milagro.

— HENRY DAVID THOREAU

Para recuperar esta capacidad hay que volver a hacer inmersión en el mundo. Esto significa que tenemos que *recuperar el sentido* y percibir efectivamente sobre nosotros el contacto del mundo. Y tenemos que volver a despertar el corazón como órgano de percepción.

El corazón es lo que estoy tratando de despertar en una respuesta esté-
tica ante el mundo. El anima mundi simplemente no se percibe si el
corazón permanece inconsciente debido a que sólo se le concibe como
una bomba física o como una cámara personal de sentimientos . . .
El despertar del corazón imaginador, sensible . . . no se puede
lograr si no se transfiere también la sede del alma del cerebro al
corazón.

— JAMES HILLMAN

El uso constante del corazón como órgano de percepción conlleva el refinamiento del proceso hasta hacerlo mucho más elegante y confiable que cualquier método científico.

> *La experimentación deductiva nunca ha sido de mucho interés para los científicos porque nunca han logrado comprender bien lo que para muchos parece ser un proceso caprichoso.*
>
> — MASANOBU FUKUOKA

Cuando uno entiende este proceso de forma personal, cuando maneja el proceso facilmente y se siente tan cómodo con él como si estuviera montando bicicleta, lo puede utilizar para crear una base de datos de conocimientos vivos de su mundo interior.

> *esto se llama biognosis*

Puede acumular un acervo de plantas medicinales similar al que poseían nuestros antepasados de hace mucho tiempo.

> *y este linaje vivo continúa en usted*

Con este procedimiento, no es que uno piense que determinado remedio botánico tendrá uno u otro efecto, sino que de hecho lo sabe.

Y esta capacidad de ver, de saber, se puede aplicar también a las enfermedades humanas y los resultados serán igualmente elegantes y profundos.

> *La sabiduría fundamental*
> *puede identificar con precisión cualquier*
> *excepción a la regla*
> *dentro del todo general*
> *al prestar atención a la intuición*
> *que es el único medio*
> *por el que se puede articular la integración generalizada*
> *y subconsciente de la retroalimentación*
> *de cognición de patrones.*
>
> — BUCKMINSTER FULLER

Ésta es nuestra modalidad de cognición principal y primaria. En muchos sentidos, la Ilustración europea no fue otra cosa sino el "Oscurecimiento" europeo. Fue el momento cultural en el que la mente lineal comenzó a imponerse, o sea, el momento en que se abandonó esta modalidad de cognición más antigua.

La Tierra es una comunidad orgánica entrelazada de plantas, animales y microorganismos . . . Si bien este flujo de la materia y los ciclos de la biosfera sólo se pueden percibir por medio de la intuición, nuestra fe imperturbable en la omnipotencia de la ciencia nos ha llevado a analizar y estudiar estos fenómenos; de este modo hemos hecho caer una lluvia de destrucción sobre el mundo de los seres vivos y hemos provocado el desorden en la Naturaleza por la forma en que la vemos.

— MASANOBU FUKUOKA

LA OSCURIDAD FRUCTÍFERA

✤ ✤ ✤ ✤ ✤

Dilo a una persona sabia o permanece callado,
porque el hombre del montón se burlaría en seguida.
Alabo aquello que en verdad vive,
aquello que anhela ser consumido por el fuego, hasta la muerte.

En el agua tranquila de las noches de amor,
donde fuiste engendrado, donde engendraste,
te invade un sentimiento extraño
cuando ves cómo se quema la vela silenciosa.

Ya no quedas atrapado
en la obsesión por la oscuridad,
y el deseo de un amor más exaltado
te eleva.

La distancia no te hace vacilar,
cuando llegas, a la magia, volando
y por último, enloquecido por la luz,
eres la mariposa y desapareces.

Y en la medida en que no hayas experimentado esto:
morir y de ese modo crecer,
solamente eres un huésped perturbado
sobre la tierra oscura.

— GOETHE

CAPÍTULO DOCE

EL DIAGNÓSTICO PROFUNDO Y LA SANACIÓN DE LAS ENFERMEDADES HUMANAS

Oh, humano, mira bien al ser humano: el ser humano contiene el cielo y la tierra y toda la creación en sí mismo y, aun así, es una forma completa y en él todo se encuentra presente, aunque oculto.

— HILDEGARDA DE BINGEN

Llega un momento en que un objeto o fenómeno se convierte en una carga pesada de la que hay que deshacerse. Pero su naturaleza es tal que no se le puede abandonar sobre una roca ni acomodar entre las ramas de un árbol como si fuera un fardo pesado. Sólo hay un objeto que tiene la forma necesaria para recibirlo: otra mente humana.

— THEODORE STURGEON

Los órganos internos de la mujer aparecieron con infinito detalle en la pantalla de mi visión. Al hacerse visible el hígado, me resultó evidente, debido a su coloración negra, que ya había dejado de funcionar y supe que ya no cumplía su función de purificar la sangre. Al percatarme claramente de esto, concentré mi atención en el remedio y las plantas correspondientes aparecieron en mi visión: las flores de la retama y las raíces de la retamilla. Cuando las visiones se difuminaron hasta dar paso a sueños más generales, supe que ella tenía posibilidades de recuperarse.

— MANUEL CÓRDOVA RÍOS

Esta forma de acopiar conocimientos se puede utilizar, por supuesto, con fenómenos distintos a las plantas. También se puede utilizar para entender y sanar enfermedades. El uso de la percepción directa para hacer diagnósticos es una manera sumamente elegante no sólo de pensar en lo que está ocurriendo dentro del cuerpo, sino en realidad de saberlo. Con el procedimiento de diagnóstico profundo, nada se interpone entre la persona y usted, entre la propia enfermedad y usted.

no tiene que concentrar la mirada en máquinas

El procedimiento es el mismo que se utiliza para encontrar el uso medicinal de una planta. Sólo que ahora su mirada se dirige a una persona. La intención es conocer la enfermedad de esa persona, el propio órgano enfermo, y lo que necesita.

Cuando un enfermo acuda a usted,

dedique un momento a respirar profundamente

relájese. Ahora, así como lo hizo con las plantas, permítase percatarse de esta persona. Concentre en ella sus sentidos.

Empezará por ver a la persona con los ojos físicos, y le parecerá que es de un modo determinado. Notará alguna cualidad específica de su piel, que tendrá una vitalidad (o una falta de vitalidad) propia. Un color. Una textura. Cierta cualidad de viveza o mortandad. Cierto grado de salud o enfermedad.

¿Le gusta, o no?
¿Se siente atraído a la piel esa persona, o siente que le repele?
¿Le gustaría tocarla? ¿O no?

Las ropas que esa persona haya escogido también tendrán cualidades sensoriales. Tendrán colores, texturas y combinación.

concentre ahora en ellas su mirada

Permita que la realidad visual del aspecto de la persona entre en su ser. Deje que sus sentidos visuales se concentren completamente en la apariencia de esa persona. Fíjese en todo, incluida la forma en que responde ante lo que ve, pues esa persona se está comunicando con usted a través de su cuerpo y usted es capaz de percibir todo lo que dice.

si lo desea

Por supuesto, la persona también le estará hablando, pues tratará de sentirse cómodo con usted y con el lugar donde se encuentra. O sea, tratará de establecer una relación. Tratará de ver si usted realmente estará presente con ella, si de veras recibirá su dolor. Querrá saber si usted le puede ayudar.

Al escuchar a la persona, preste atención a su voz. Permítase oír de veras el sonido de esa voz, las múltiples comunicaciones que provienen de ella.

¿Cómo suena la voz? ¿Cuál es su timbre? ¿Qué entonación tiene? ¿Es musical o es monótona? ¿Vívida o carente de vida?

¿Le gusta, o no?
¿Siente que la piel de esa persona le repele, o se siente atraído a ella?
¿Cuál es el sentimiento principal
que lo embarga cuando escucha
la voz de esa persona?

A medida que sus comunicaciones surten efecto en usted, empezará a reaccionar en numerosas formas. Quizás aparezcan en su mente pensamientos raros y aleatorios. Tal vez se altere el funcionamiento de su cuerpo: su respiración puede hacerse rápida y superficial o lenta y profunda. Podría sentir tensión en los antebrazos o empezar a sentir dolor de estómago. Puede surgir una gran variedad de emociones. Preste atención a todo esto, pues en todos los casos se trata de información acerca de la persona con quien está trabando conocimiento.

Estas intimaciones iniciales son el comienzo de conocer a la persona. Pero, al igual que con las plantas, usted lo puede llevar a un nivel más profundo. Puede trabajar para ver la realidad viva de la propia enfermedad. Puede buscar el punto fecundo. Ahora,

concéntrese más directamente

¿cuál fue el aspecto de la persona del que se percató con mayor intensidad? ¿A qué parte del cuerpo se siente atraída su atención, aparentemente sin ninguna influencia?

Podría ser a los pulmones, las manos,
o al gesto que hace con la boca.
Podría ser a su zona pélvica o a su pecho.

Permita que su atención se concentre en esa parte del cuerpo de la persona.

¿Cómo se siente al verla? Sigue estando dispuesto a seguir su atención adondequiera que lo lleve? ¿Está dispuesto a dejarse llevar donde su percepción lo guié?

Permita que la sensación que le produce esa parte del cuerpo de la persona se intensifique dentro de usted. Amplifíquela hasta que sea la sensación más intensa que tiene.

En este momento tendrá reacciones particulares. Es importante percatarse de ellas y no dejar que la cortesía social se interponga en su proceso de observación. Se nos ha inculcado que no miremos a otras personas con mucha insistencia,

porque es de mala educación

ni en forma demasiado penetrante. Debe desconfiar de cualquier limitación mental de su parte, de cualquier pensamiento que le diga que no mire, o que está mal mirar, o que intente justificar la forma de ser de esas personas para que estas observaciones no afloren tan a menudo en su conciencia.

Tiene que permanecer con la sensación que ha surgido dentro de usted de la parte del cuerpo a la que se sintió atraído. Ése es el algo verdadero con el que tiene que permanecer a lo largo de todo el proceso. La primera parte del cuerpo a la que se sintió atraído es la que está estableciendo la mayor comunicación con usted, la parte con la que ya ha empezado a comunicarse, la que más le atrae al encontrarse por primera vez con esa persona.

Cualquier aspecto del fenómeno terminará por revelar la totalidad de dicho fenómeno y le permitirá entrar en su realidad viva. La parte que le llama la atención es la puerta que está más abierta a usted. Ése es el eje de la multidimensionalidad del fenómeno con el que debe empezar.

El tono emocional de esa parte, su intimación o estado de ánimo, es el sentimiento de la comunicación específica que está estableciendo con usted. Con esa parte de la persona se asociará una emoción primaria: enojo, tristeza, temor o alegría. Habrá también una serie de emociones secundarias que no se podrán identificar en forma lingüística y que tendrán un enorme efecto, pero que no son tan fáciles de expresar. Este complejo de emociones secundarias provocará una sensación global concreta.

del mismo modo que un ramo de flores tiene una aparicencia global concreta

Tenga presentes todas estas emociones. Manténgalas cerca de sí, afiáncelas a su experiencia, envuélvalas cuidadosamente en el paño de su corazón, porque tendrá que volver a ellas una y otra vez.

Encontrará que puede seguir hablando con la persona con una parte de su conciencia mientras todo esto sucede. Encontrará que, mientras más practique, su capacidad de hacer dos o tres cosas al mismo tiempo será cada vez mayor.

> *Recibir un simple fenómeno primitivo, reconocerlo en su elevada significación y disponerse a trabajar con él, requiere un espíritu productivo que pueda tomar una perspectiva amplia ... E incluso esto es insuficiente ... aún se requiere la práctica ininterrumpida ... es necesario estar constantemente ocupado con los diversos fenómenos por separado (que a menudo son muy misteriosos) y con sus deducciones y combinaciones.*
>
> — GOETHE

Mientras habla, déjese caer en la compleja agrupación de sentimientos que está experimentando, pues tienen una identidad específica. Son una agrupación ordenada que, en conjunto, conforma la comunicación que usted recibe. Permita que su experiencia de este complejo de sensaciones sutiles se intensifique hasta que sea lo único que siente.

Amplifique el estado de ánimo o el tono emocional. Permítale intensificarse hasta tal punto que cualquier otra cosa desaparezca de su atención.

(Digamos que lo primero que le atrajo de la persona fue su pecho: quizás le parece triste, contraído, recogido. Además, de esa parte del cuerpo emana una combinación sutil de emociones, como una compleja mezcla de olores a lo largo de un sendero en el prado. Mantenga todas estas impresiones en primer plano en su mente. Intensifíquelas).

Ahora, permítase sentir afecto por esa parte del cuerpo que le ha llamado la atención.

Si se resiste a sentir afecto
esta información es crucial.
No deje que lo distraigan
las sensaciones de culpabilidad
si no desea sentir afecto por esa persona.
Trabaje con su propio ser
para que pueda de todos modos sentir el afecto necesario.

Si cree que en realidad no puede llegar a sentirlo
(ésta es la segunda pregunta que se debe hacer)
entonces no trabaje con esa persona.
(La primera pregunta debe ser: "¿Estoy o no estoy destinado
a trabajar con esta persona?")

Permita que la capacidad natural que tiene de sentir amor pase a formar parte de su conciencia. Sienta el campo magnético de su corazón y cobre conciencia de él como órgano táctil. Cólmelo del afecto que tiene. Ahora expanda el campo magnético de su corazón, como manos abiertas, y envuelva en él la parte del cuerpo que le ha atraído la atención. Tóquela, sea sensible a cada uno de sus matices. Permita que sus comunicaciones penetren profundamente en usted y envíe su afecto en respuesta. Acune esta parte en el contacto del campo electromagnético de su corazón, arrúllela como lo haría con un niño pequeño. Tal vez haya algunas cosas que usted espontáneamente sienta que debe expresarle. Dígalas en silencio, para sí; llene estas comunicaciones de afecto y envíelas al órgano en cuestión por medio de su contacto del corazón. Recibirá una respuesta y, a su vez, deberá responder. Entable un diálogo vivo, orientado al significado. Entonces la parte en cuestión empezará a suavizarse, a relajarse ante su acogida y a dejarse abrazar.

Su afecto tendrá que ser auténtico y su presencia, genuina.
Uno tiene que ser real
para que la parte esté dispuesta a responderle.

Amplifique esta experiencia para que lo abarque todo. Deje que su afecto fluya profundamente a la parte en cuestión. Tome el tiempo que sea necesario para terminar esta fase del proceso.

Cuando sienta que puede pasar a otra fase, siga aferrado a este diálogo vivo de la experiencia, pero ahora permítase tomar conciencia del objeto de su intención principal, es decir, la aparición de la enfermedad y del sistema orgánico afectado como un fenómeno que forma parte de una totalidad. Concéntrese en su deseo y su petición de conocer plenamente el sistema orgánico y su enfermedad, y añádalos al flujo de energía que está enviando a esa parte del cuerpo.

[Tiene que haber un] esfuerzo del espíritu humano para ver como
una totalidad al objeto que observa.
— GOETHE

A continuación, profundice más en el sistema orgánico que se encuentra *debajo* de la parte del cuerpo a la que se siente atraído. Por ejemplo, profundice en los pulmones de la persona si la parte del cuerpo a la que se sintió atraído era el pecho. Valiéndose de la imaginación sensorial de su corazón, perciba la imagen de los pulmones.

Llegado este punto, a veces encontrará resistencia, quizás de usted mismo, quizás de la persona, o incluso del órgano que está tratando de ver. No importa de dónde provenga la resistencia. Simplemente percátese de ella y déjela pasar a través de su ser. Desvíela a otra parte de su mente para analizarla, y luego déjela ir. Permita que esa otra parte de su mente procese la Naturaleza y el significado de la resistencia, pero mantenga su atención primaria concentrada en los pulmones de la persona. *Propóngase* ver.

El órgano empezará a surgir en fragmentos, en breves destellos visuales, sensaciones específicas y frases lingüísticas. *Obligue* a los pulmones, implóreles, a presentarse a su vista. Entre en contacto con ellos y con los fragmentos de las percepciones que han ido surgiendo, así como con su afecto, como mismo hizo con la parte del cuerpo de la persona a la que se sintió atraído. Deje que su afecto fluya profundamente hacia ellos.

> *Son un ser vivo.*
> *Un singular organismo autoorganizado*
> *que presenta comportamientos emergentes*
> *e inteligencia.*
> *Poseen una identidad particular*
> *que se puede percibir.*

En esta labor, es posible que a veces vea una imagen del órgano que está tratando de conocer. Tal vez no sea más que una imagen que vio una vez en un libro. Como usted ya conoce el aspecto de ese órgano, su propia mente creó la imagen correspondiente en forma instintiva. Esa imagen se puede convertir en un punto focal. Manténgala en primer plano y trate de amplificarla, de darle vida, para que sea más que una simple imagen recordada y que, en lugar de ello, sea la realidad viva del propio órgano. Concentre su afecto intensamente en la imagen y oblíguela a cobrar vida, a plantearse en su conciencia como un fenómeno completamente vivo. Pídale al órgano que se revele ante su presencia.

Lleve todos estos sentimientos, imágenes e intenciones a una mayor intensidad de atención, hasta que sea lo único que siente. Ahora dé un pequeño paso hacia atrás. Desconéctese y haga una pausa. Fíjese en lo que asoma en su conciencia. Incorpórelo en el trabajo que está realizando y repita el procedimiento.

Esto puede tomar algún tiempo, pues el proceso de descubrimiento a menudo no es inmediato. Durante esta labor inicial, se llevará una idea del sistema orgánico y del problema que presenta, así como un indicio del problema, y aquí es donde debe comenzar. No obstante, la intención es conocer íntima y completamente, en las profundidades de su ser, lo que realmente está pasando en el sistema orgánico, saber cuál es realmente la enfermedad, no sólo sus síntomas.

*Sería útil
si hace que la persona le envíe
una lista de sus síntomas
antes de que venga a encontrarse
con usted por primera vez.
Su relación comienza desde el minuto en que recibe la lista,
el minuto en que empieza a sentirla, a reflexionar sobre ella
en esta nueva forma de pensar.*

Después que la persona abandona su presencia, cada día a partir de entonces —tres o cuatro veces al día— en su imaginación, tiene que volver a este lugar, volver a experimentar las sensaciones, a ver el sistema orgánico que tiene ante sí, y repetir luego el proceso, al igual como lo hizo con las plantas.

Intente atravesar el velo que existe entre su entendimiento y el sistema orgánico para que vea completamente lo que hay. Esto puede tomar un tiempo entre dos minutos o dos meses, dependendiendo de su habilidad, la propia enfermedad y la intensidad de su intención.

*Los diagnósticos médicos a menudo toman todo ese tiempo.
O más*

No puede avanzar por la fuerza. La intención de saber es crucial, pero no es el único factor que influye. Usted está estableciendo una relación con la persona, con su sistema orgánico y con el complejo de la enfermedad. Es un acto sumamente profundo de intimidad.

*respire, sea paciente,
permita que esto sea una comunicación*

Durante este proceso, su ser empieza a entrelazarse con el de la otra persona, con su sistema orgánico, con la propia enfermedad, hasta que no queda ninguna distinción entre usted y esa persona. La única parte de usted que podrá

y deberá

mantenerse bien definida y singular es su atención, su conciencia de percepción. Pero sus sentimientos, su propia vitalidad, se entrelazarán con los de la persona que está tratando de comprender.

*se registra una profunda empatía
que es inherente a esta labor*

Tiene que liberar su mente de cualquier otra cosa durante estos períodos de concentración en la enfermedad, en la persona y en sus sistemas orgánicos. Estos aspectos son lo único en lo que debe concentrar su atención.

Está sintiendo el espectro electromagnético de la información de energía codificada que el fenómeno emite como agrupación específica de sentimientos, los cuales se deben amplificar. Tiene que volver sobre ellos en cualquier momento en que se sienta confundido o pierda su orientación. Mientras más amplifique estos sentimientos, este gesto de comunicación proveniente del cuerpo de la persona, más podrá trabajar su cerebro para traducir la comunicación.

Así pues, mantenga la experiencia en su mente, dé un leve paso hacia atrás y luego vuelva a conectarse. Diga constantemente: "¿Qué está verdaderamente mal? ¿Qué está sucediendo? Permítame verlo".

A la postre, habrá un destello de comprensión. Un momento en que el órgano se presenta bajo su propia luz, en el que se descubre y aparece revelado frente a usted.

*verá su realidad viva
en el campo de su visión imaginativa*

Entonces el sistema orgánico y su enfermedad se le revelarán claramente. Podrá ver los efectos de la enfermedad en el órgano, y la manera en que lo transforman. Sabrá si lo que le causa las heces con sangre a la persona es una úlcera del tracto gastrointestinal, cáncer, inflamación de los intestinos, parásitos o una enfermedad bacteriana.

Tendrá, además, varias respuestas experienciales al sistema orgánico que está percibiendo y a la propia enfermedad. Muchos sistemas orgánicos, cuando aparecen, poseen un tipo específico de falta de vitalidad, no tanto debido a su enfermedad como a nuestra histórica (falta de) relación con ellos. Nuestros cuerpos han experimentado un enorme menosprecio. El resultado es que nuestros sistemas orgánicos, cuando aparecen en detalle, suelen verse disminuidos y faltos de vitalidad. Si repite este procedimiento con un animal salvaje —no uno que se encuentre en un zoológico— percibirá un sistema orgánico muy distinto. Poseerá vitalidad, inteligencia, capacidad perceptiva y atención.

el sistema orgánico de un animal salvaje sano
se mostrará en su visión interna en su verdadera forma
como lo hizo la Naturaleza

Percibir la falta de vitalidad de un sistema orgánico puede resultar un poco aterrador. Es una realidad con la que no tropezamos a menudo.

conscientemente

Cuando el órgano aparezca en la pantalla de su visión, procure darle vida. Háblele, siéntalo profundamente, exhórtelo a despertar, a surgir en una forma más vital. Los sistemas orgánicos pierden su vitalidad inherente al encontrarse bajo la presión de nuestra habitual falta de atención y de afecto, debido a nuestro menosprecio del cuerpo. Se vuelven inconscientes, como una parte reprimida de la personalidad.

Este método de visión y de cognición, estas comunicaciones dirigidas, los hacen volver al mundo, los despiertan y los ayudan a cobrar una mayor vitalidad.

Cuando alguien nos ve tal como somos
y, con afecto, nos atrae
a la calidez de un abrazo amoroso,
abandonamos la oscuridad
en que nos hemos refugiado
y volvemos a salir
a la luz.

En el momento en que el sistema orgánico se descubre, su realidad efectiva entrará en usted. Surgirá dentro de usted, y su conciencia se conformará en torno a dicho sistema. Experimentará simultáneamente el sistema orgánico tanto desde el punto de vista de éste como desde el punto de vista personal. Cuando esto sucede, se alterarán su orientación, su experiencia de la vida y su forma de ver el mundo, pues está viendo y experimentando a través de la perspectiva de otro organismo. Esto puede resultar desorientador, porque los sistemas orgánicos ven la vida desde una orientación muy distinta.

Mientras más cercana es la realidad del sistema orgánico a su punto de vista normal, más fácil le será experimentar su realidad. Mientras más lejana, más perturbadora será. El propio hecho de asumir experiencialmente una orientación muy distinta le enseñará sobre la estrechez de su punto de vista normal. La resistencia que tiene ante esta perspectiva nueva y muy diferente resulta reveladora en cuanto a la forma en que se aferra a sus percepciones normales y hasta qué grado lo hace.

Cuando asume el punto de vista de un fenómeno, es como si lo empujaran a un nuevo territorio que debe aprender y al que le debe perder el miedo, además de mirar a ese nuevo mundo sin ideas preconcebidas, sin sesgos personales ni emocionales. Tiene que aprenderse sus lugares importantes y señalizaciones y ser capaz de responder a la persona cuyo mundo ha interiorizado como un acompañante que viaja por el mismo camino que usted. La persona (y el sistema orgánico) sabrán en ese momento de descubrimiento si quien la acompaña la juzga o si la acepta con el corazón abierto, o si se encuentra en presencia de alguien que también teme a su mundo interno.

Los espíritus que invocamos "saben lo que pensamos" y, si notan que nuestra convicción flaquea, no nos prestarán atención a nosotros ni a lo que digamos.

— Swimmer

Su propia ausencia de miedo es, de por sí, uno de los componentes principales de la sanación. Para poder trabajar verdaderamente con la realidad viva de un sistema orgánico, para fluir por sus distintos ejes de significado y fusionarse en cualquiera de sus orientaciones, tiene que esforzarse internamente por sobreponerse a cualquier incomodidad o temor que le produzca el nuevo punto de vista que se le presenta, por diferente que sea.

tiene que adentrarse en la oscuridad fructífera

Una de las formas mejores de hacerlo consiste en sentarse cada día a contemplar el sistema orgánico hasta que se encuentre cómodo con él y con la nueva forma de verlo y experimentarlo. Al mismo tiempo, pruebe moverse por distintos ejes de rotación del fenómeno, al igual como hizo con las plantas. En este proceso, llegará a sentirse cómodo con cada eje del fenómeno y a conocer su territorio interno tan bien como conoce el suyo propio. Al final, se convertirá en su amigo íntimo.

Al avanzar por cada eje distinto de significado del órgano, aprenderá múltiples aspectos de su naturaleza. Puede ver ante sí la historia del sistema orgánico y experimentar las realidades emocionales que dieron lugar a la modificación del funcionamiento del órgano. Visualice literalmente ante usted los cuerpos emocionales de la persona y del sistema orgánico.

Si desea ver cómo empezó la enfermedad o desde cuándo comenzó, lo puede hacer. Lo mismo se aplica si desea ver los efectos de dicha enfermedad sobre otros órganos.

> *Tan pronto observamos un objeto o fenómeno en relación consigo mismo y con otros objetos o fenómenos, si renunciamos a los deseos o aversiones personales, podremos verlo con una atención calmada y formarnos un concepto bastante claro de sus partes y de sus relaciones. Mientras más persistamos en estas observaciones, mayor capacidad tendremos de establecer vínculos entre objetos aislados y de ejercer nuestras facultades de observación.*
>
> — GOETHE

La enfermedad misma, como descubrirá, tiene una identidad particular. Se puede percibir como una entidad inteligente por derecho propio. Tiene sus propios deseos, energía y realidad.

> *también ella es un sistema autoorganizado*
> *con comportamientos emergentes*
> *como un saltamontes*
> *o un virus*

Mientras trabaja profundamente con el sistema orgánico y la enfermedad, quizás también sienta el dolor que está experimentando la persona. Es importante que reciba este dolor, que establezca una relación con él, y que no lo rechace (ni a la persona) debido al efecto o al temor que le produce.

Fíjese, además, en cómo responde a la enfermedad y el dolor que encuentra. Esa respuesta es una información esencial. Hay dolores que son soportables y otros que son aterradores. Su manera natural de responder ante ellos le revelará muchos detalles sobre la naturaleza de esos dolores.

Y también le revelará muchos detalles sobre su propia naturaleza

Al llegar a entender la naturaleza de la enfermedad y del dolor que está presente, deberá empezar a establecer un diálogo con ellos, tal como lo hizo con las plantas y con el propio sistema orgánico. Esta comunicación es esencial. Entender la enfermedad y el dolor, y verlos en su totalidad, es tan importante como ver el sistema orgánico en su totalidad.

Es esencial entenderlos bajo su propia luz, sin ideas preconcebidas ni sesgos, sin clasificarlos como enemigos, porque si nosotros somos parte de la Tierra, las enfermedades también lo son.

> *La Naturaleza ve como frutos de la tierra tanto al grano de cereal como a la mala hierba y a todos los animales y microorganismos que habitan el mundo natural.*
>
> — MASANOBU FUKUOKA

La mayoría de ellos llevan aquí más tiempo que nosotros, permanecerán mucho después que hayamos desaparecido y tendrán funciones más importantes en el ecosistema que la de simplemente hacernos la vida difícil. Es necesario que los veamos en su totalidad.

> *Para poner un ejemplo, cuando un insecto se posa sobre una planta de arroz, la ciencia se concentra de inmediato en la relación entre la planta de arroz y el insecto. Si éste se alimenta de los jugos que corren por las hojas de la planta y la planta muere, entonces se le considera una plaga. Se realiza una investigación sobre la plaga: se hace su identificación taxonómica y se estudian ampliamente su morfología y su ecología. Luego ese conocimiento se usa para determinar la forma de matarlo.*
>
> *Lo primero que hace el agricultor natural cuando ve este cultivo y los insectos es ver el arroz, pero sin verlo, y ver al insecto, pero sin verlo. No se deja confundir por cuestiones circunstanciales . . . ¿Qué hace entonces? Busca más allá del tiempo y el espacio y asume la posición de que, para empezar, en la Naturaleza no hay ni cultivos ni plagas . . . Así pues, este insecto es una plaga pero, al mismo tiempo, no lo es.*
>
> — MASANOBU FUKUOKA

Con este procedimiento uno entra en el territorio de la enfermedad y la curación, se entreteje con él como una conciencia participativa, fijo en el punto de apoyo, y se convierte en el canal a través del que puede ocurrir la resolución. En consecuencia, resulta sumamente necesario aprender a no temer este territorio, a andar por él sin permitir que el miedo sea paralizante.

resulta siempre aterrador
entrar en esta oscuridad fructífera,
pero ello no es motivo para detenerse,
es sólo parte del proceso

En ocasiones tendrá también la tendencia, durante el establecimiento de la empatía, a que su cuerpo se sincronice con el de la persona, a asumir su complejo de enfermedad, sus patrones físicos. Si conoce su propio cuerpo lo suficiente, puede permitir que esto prosiga hasta que su cuerpo se enferme (temporalmente) de la misma manera. Luego, en virtud de un examen interno de su cuerpo, puede ver con exactitud cómo se manifiesta la enfermedad y qué se necesita para curarla. Al conocer tan bien su cuerpo, puede permitirle entonces volver a su funcionamiento natural.

ésta es una forma difícil y a veces dolorosa de hacerlo,
pero algunos de nosotros tenemos una inclinación natural a ello

Si no conoce su cuerpo muy bien, este enfoque no es necesario. Puede distraer la atención. Por tanto, ha de percatarse de ello de inmediato,

sin temor

retroceder un tanto y reorientarse a su modo normal de funcionamiento.

lo que importa ahora es que la persona se sincronice con usted

Mientras se establece la compenetración, ella puede también sincronizarse con usted, su cuerpo puede modelar su funcionamiento a partir del suyo. Sus formas de onda se adaptarán a las suyas. Su cuerpo comenzará a seguir los pasos de los sistemas fisiológicos de usted.

del mismo modo en que sus osciladores biológicos
se sincronizan con el corazón coherente de la persona,
los osciladores biológicos de ésta
se sincronizarán con su corazón coherente

Si uno dedica muchos años de la vida a entrenarse en este proceso, también puede llegar a aprender la forma verdadera de cada sistema orgánico en particular, tal como Masanobu Fukuoka aprendió la verdadera forma del arroz, pues cada sistema de este tipo posee su identidad propia, una identidad que existe independientemente de su manifestación actual en cualquier persona específica. Aunque un órgano se adapta al campo específico en que se desarrolla, posee una identidad que subyace en el mundo y dentro de él y de la que cualquier sistema orgánico individual adopta sus patrones originales.

tal como las plantas adoptan el suyo

Una vez conocida la verdadera forma del sistema orgánico, en cada encuentro con él se puede ver exactamente cómo se ha deformado. (Esta deformación es lo que ha permitido que la "enfermedad" aparezca como lo ha hecho). Al comparar el verdadero estado del órgano con el que ahora tiene ante sí, puede determinar dónde está el problema. En consecuencia, si se aplica el poder de la Naturaleza directamente en el sistema orgánico, éste puede comenzar a reestructurarse una vez más y volver a su verdadera forma.

puede también preguntar al propio sistema orgánico
lo que necesita

Cuando haya desarrollado cierta práctica en esta clase de diagnóstico, cada uno de estos enfoques potenciales se incorporará en su interior. El diagnóstico será entonces mucho más rápido y fácil. En ocasiones el sistema orgánico mismo aparecerá en la pantalla de su visión y sabrá de inmediato lo que anda mal, pues habrá aprendido bien el territorio y procesará automáticamente la información, se filtrarán y despejarán sus respuestas internas a un nivel por debajo del pensamiento consciente.

Una vez que alcance el punto fecundo con cualquier enfermedad o sistema orgánico y le hayan dado su consentimiento para ser revelados, envíe desde su ser una petición para que una planta o serie de plantas lo ayuden. Conserve la realidad viva del sistema orgánico en su interior, permita que su necesidad y la necesidad de la persona aparezcan y conserve asimismo su entendimiento de la enfermedad dentro de sí. Deje que todo esto aumente en intensidad y cuando llegue al máximo envíe un pedido de ayuda, de curación, al mundo desde el interior de su ser. En ese momento la base de datos de conocimientos de la planta viva que tiene dentro de su ser le proveerá la ayuda necesaria.

la planta vendrá entonces a usted

Se percatará de repente que hay una planta cerca. (A veces esto sucederá de inmediato, en el momento en que visualiza el sistema orgánico). Sentirá su vibrante fuerza vital proveniente de la imagen viva que tiene ante sí. Si indaga ahora por las dosis apropiadas, entrará en su conciencia la información acerca de cómo preparar la planta para tomar de su medicina y qué cantidad suministrar.

Cuando se comience a preparar la medicina, tenga bien presente la vitalidad e inteligencia de la planta. Hable con ella a cada momento, manténgala viva en su experiencia. Es importante no pasar en este punto a la modalidad de cognición verbal/intelectual/analítica, pues con la palabra se matará este proceso vivo.

Una vez preparada la medicina y suministrada a la persona, debe tenerse bien presente a esa persona, a ese ser vivo que tiene delante.

Al mismo tiempo y del mismo modo, sujete la medicina viva. Observe además la realidad viva del órgano enfermo que tiene ante sí, su enfermedad. Percátese, si puede, de la forma verdadera del órgano y hágala fluir hacia dentro del órgano enfermo y a través de él.

Junte la medicina, el órgano y la enfermedad. Véalas tocarse en su imaginación y comenzar a fluir entre sí.

> *El poder de curar es de la Naturaleza, no del hombre.*
> *Al reconectar la realidad viva del sistema orgánico*
> *a la Naturaleza y las plantas,*
> *éstas son las que realizan el trabajo.*
> *Enseñan al sistema orgánico*
> *cómo ser y qué hacer,*
> *le enseñan cómo*
> *volver*
> *a su forma verdadera*
> *y curarse.*

Ha de verse todo esto en la imaginación cada día que la persona tome la medicina. Cada día, mientras progresa la sanación, podrá observar realmente cómo se va curando la enfermedad. Sabrá el momento en el que concluya la curación.

> *[El hombre] no tiene el control, ni es un mero espectador. Debe mantener una visión que sea coherente con la Naturaleza.*
> — MASANOBU FUKUOKA

Este enfoque consciente en los sistemas orgánicos permite a cada uno de ellos surgir del sistema vivo en el que están arraigados. Se desarrollará una dialéctica viva, semejante a la que se desarrolló con las plantas, y el sistema orgánico se comunicará con uno en su propio modo de representación y se mostrará abiertamente. A partir de esta modalidad de cognición podrá saber qué problema tiene cualquier sistema orgánico en particular y no se limitará a pensarlo.

Este conocimiento, que se transmitirá a la persona a la que ayuda, desempeña un papel importante en su curación. Además, la elegancia de la comprensión que se deriva de esta modalidad de cognición supera con creces lo que pueda generarse con la modalidad verbal/intelectual/analítica. Con ésta los elementos se destacan, las relaciones devienen sólo un trasfondo impreciso, apenas perceptible. Con la modalidad holística/intuitiva/profunda, las relaciones, intercomunicaciones e interdependencias son vívidas. Los elementos psicológicos y espirituales de la enfermedad, así como los elementos físicos, se destacan nítidamente. No existe separación entre ellos. Son sólo distintas facetas de lo mismo, ejes diferentes de su dimensionalidad.

Sin embargo, ha de saber que este enfoque de la curación no constituye una técnica. No es una serie reduccionista de pasos, de comportamientos específicos, como el de sembrar y regar el césped. Es una comunicación.

Los pasos a los que me refiero son sólo un mapa del territorio y no el territorio mismo. Lo importante y decisivo aquí es estar en el propio territorio y aprender cómo encontrar el camino con confianza, un paso de sensación congruente cada vez. Cada interacción, cada comunicación viva, posee su propia identidad, su propio territorio. Debe entrenar su sensibilidad hasta el punto de que nada escape al tacto, donde incluso la menor alteración o aparición de significado atraiga su atención. En respuesta, usted generará nuevas comunicaciones. Esencialmente percibe significados, se empeña por comprender esos significados y elabora respuestas que sean tan profundas y significativas como las comunicaciones que recibió.

Estas habilidades que va aprendiendo no son más que el armazón del proceso. Sin el flujo vivo de la fuerza del alma que se le impregna al proceso, sin el flujo de significados, nada se conseguirá con ellas.

Los maestros nos dijeron en voz baja que el método de los expertos se había vuelto poco fiable. Nos dijeron que en todos los casos sería fatal para nuestras artes emplear mal las habilidades que habíamos aprendido. Las habilidades mismas no eran sino conchas vacías que necesitaban llenarse de sustancia proveniente de nuestras almas. Nos advirtieron que jamás las pusiéramos al servicio de cosas que se apartaran del camino. Esto sería lo más difícil.

— Ayi Kewi Armah

Por consiguiente, la esencia de este empeño no debe jamás confundirse con una forma estática que puede repetirse o producirse en serie. No ha de emplearse simplemente para extraer recursos del mundo no material. No es un procedimiento que se pueda aplicar a cualquier situación.

no es la facultad de medicina

Es un proceso participativo en el que uno se debe involucrar de lleno, que se basa en una profunda intimidad. No hay sitio aquí para observadores desinteresados.

alguien distante

No existen niveles, ni jerarquía,

En el espíritu humano, como en el universo, nada es superior ni inferior. Todo posee los mismos derechos en relación con un centro común que manifiesta su existencia oculta precisamente mediante esta relación armónica entre cada parte y sí mismo.

— GOETHE

no hay nada mejor ni peor, ni expertos *profesionales*. En cambio, hay dos seres humanos, vivos y entrelazados, que establecen una empatía de entendimientos conectados. Puede que uno conozca más (acerca del proceso), pero eso no lo hace valer más que la otra persona. Ambos poseen el mismo valor inherente, sufren el mismo aprieto, tienen la misma naturaleza intrínseca.

el enfermo es tu maestro
y has de involucrarte de lleno
para saber porqué

Hay una sensación particular asociada a esta clase de comunicación viva, una sensación que se llegará a reconocer con la práctica. Ha de cultivarse y mejorarse cuidadosamente la entidad que constituye la comunicación viva que fluye entre ambas personas, pues es lo más importante. Mientras más fuerte sea esta sustancia, esta sensación, más fuerte será el vínculo con la persona con la que establece la relación y más fuertes serán sus comunicaciones.

El diálogo vivo que se entabla posee su propio punto de equilibrio, como lo tiene montar un monociclo. Con la práctica podrá determinar inmediatamente si cambia el equilibrio, comprender de inmediato por qué lo hace (si presta la debida atención) e idear una respuesta adecuada para restablecerlo. Esto sólo será posible si la comunicación se mantiene como una entidad viva, cambiante, no lineal y autoorganizada.

La comunicación es un proceso de percepción, interpretación, elaboración y orientación del significado. Durante este proceso se capacita uno para percibir significados sumamente sutiles y elaborar otros tan sutiles como ellos para luego orientarlos y ser capaces de percibirlos cuando se reciban. Tan pronto como se recibe una comunicación, la persona o el sistema orgánico modificarán su orientación.

> *Cuando algo ha adquirido una forma, ésta se metamorfosea de inmediato en otra forma nueva. Si se desea lograr alguna percepción viva de la Naturaleza, se debe ser siempre tan rápido y flexible como la Naturaleza y seguir su ejemplo.*
>
> — GOETHE

La identidad específica con la que se haya establecido una relación cambiará ligeramente a través de algún medio de expresión perceptible. Por tanto, es necesario regresar al fenómeno mismo, verlo de nuevo una y otra vez, pues es una entidad viva y cambia continuamente.

> *La Naturaleza es una entidad fluida que cambia de un momento a otro. El hombre no puede aprehender la esencia de algo, porque la forma verdadera de la Naturaleza no deja en ninguna parte espacios que puedan aprehenderse. Las personas se quedan perplejas cuando se ven limitadas por teorías que pretenden congelar una naturaleza fluida.*
>
> — MASANOBU FUKUOKA

Para que sea efectivo este tipo de curación ha de involucrarse uno de lleno en el proceso, intimar con la persona, el sistema orgánico y la planta. Ha de creerse realmente en lo que se comunica, ha de sentirse realmente el afecto que se transmite. Lo más importante es responder con la congruencia más completa posible, es decir, todas las partes de su ser deben estar de acuerdo con el proceso y con lo que hace. El cuerpo debe responder congruentemente todas sus comunicaciones. Sus partes inconscientes deben reflejar congruentemente todas sus comunicaciones. Ninguna parte puede reprimirse y permanecer hosca, temerosa y distante.

Para poder responder sin autoengaños, ocultaciones ni incongruencias, ha de simpatizarle a uno realmente la persona, incluida la parte de ella que está enferma.

así como se deben proporcionar cuidados a la propia enfermedad

Esta interacción debe ser genuina, real. El ser profundo, todo lo que proviene de la Naturaleza y está dentro de ella, y más específicamente las plantas y los sistemas orgánicos, se percatan de la falsedad de inmediato.

esto es un camino difícil de recorrer

Para lograr la elegancia no sólo han de desarrollarse habilidades durante el proceso, sino que debe realizarse un autoexamen riguroso. Las percepciones deben liberarse de cualquier falta de claridad de tipo personal y psicológico, de la misma manera que un estanque apacible está libre de ondas. No hay ninguna magia en esto, pero sí mucha habilidad. A fin de desarrollarla, se debe ser sumamente sensible al campo vivo del corazón, ser capaz de percibir cualesquiera alteraciones que ocurran dentro del campo cuando éste entra en contacto con otros campos vivos y descifrar lo que significa cada una de esas modificaciones.

> *No hay nada mágico ni misterioso en mis métodos. Lo que he aprendido a hacer lo pueden aprender otras personas y lo que he iniciado, otros lo pueden concluir. Lo que he aprendido acerca de las leyes de la Naturaleza, otros lo pueden aplicar y ampliar con sólo percatarse de las posibilidades que existen.*
>
> — LUTHER BURBANK

INTERLUDIO

La mujer que había venido a verme titubeaba junto al umbral de la puerta. Sus ojos eran nerviosos, de movimientos rápidos, rodeados de líneas de preocupación. Entró por la puerta como una voluta de humo, atravesó la sala como un susurro y parecía suspendida sobre la silla. Tenía 45 años y era de pequeña estatura, delgada y enjuta. Su piel era pálida, como desteñida; su cabello castaño parecía una sombra, sin vitalidad ni soltura.

Había venido a verme por sus problemas de respiración. Tenía asma.

La saludé y tomó asiento, empezó a tomar té y a contarme su vida con muchas expresiones distintas. Con palabras. Con los pequeños movimientos agitados de sus manos. Con su entonación, con el subir y bajar de su voz mientras hablaba. Con los sutiles cambios de posición de su cuerpo, los diminutos patrones de emoción que pasaban por su rostro. Con la forma de su cuerpo. Con la ropa que usaba.

El asma le había sobrevenido repentinamente, sin que tuviera ningún antecedente. Llevaba casi veinte años así. Usaba muchos medicamentos, muy caros y con muchos efectos secundarios.

Respondí ante sus gestos de comunicación. Le hablé con parte de mi mente

oyéndola hablar de su vida

mientras otra parte de mi mente escudriñaba más hondo, buscando el camino por el que la enfermedad había entrado en ella. Buscando trazas de su verdad.

Su pecho me llamó la atención, se erguía como por iniciativa propia. Parecía hacerme señas.

Concentré la atención en esa parte de su cuerpo y, mientras me concentraba, tomé aliento, hice que mi atención se profundizara hasta entrar en contacto con su forma, como si anduviera a tientas. Me sentí embargado por la tristeza, por un abrumador deseo de llorar. Y luego se me empezó a apretar el pecho. Los músculos se me tensaron y se trancaron. Empecé a encorvarme levemente, casi a acurrucarme. El pecho se me ahuecó y empecé a respirar fuerte y rápidamente, en pequeñas bocanadas. Mi respiración era como un pajarillo que aleteaba dentro de mi pecho.

Entonces empecé a sentir miedo, casi histeria.

Me calmé y respiré más hondo. Me recliné en mi asiento. Sentí una ola de relajación que me recorrió los músculos. Se liberaron lentamente, uno por uno.

Entonces me permití atender a mi invitada. Le envié una oleada de ternura que llegó hasta su pecho, como si lo sostuviera en el cuenco de unas manos afectuosas. Esperé . . . esperé . . . y esperé. Seguí respirando en forma lenta, suave y calmada, concentrando la intención en su pecho. Como si lo instara suave y lenta, muy lentamente . . . a que se relajara, se calmara y respirara.

Tardó unos minutos.

Vi que la mujer se hundía más en el asiento y que sus músculos comenzaban a relajarse. El tono de su piel empezaba a cambiar, los músculos y la propia piel se suavizaban. Su rostro se relajó. Y respiró profundamente. Sentí que profería un leve resuello. Entonces volvió a respirar, pero más profundamente. El pecho se le volvió a abrir levemente y los músculos a relajarse.

Por supuesto, todo el tiempo nos mantuvimos hablando. Dejé que mi respiración más profunda se notara en el tono de mi voz. Al profundizarse mi respiración, mi entonación también se fue profundizando lentamente. Mis palabras, que originalmente eran danzarinas y rápidas, a tono con la respiración de la mujer, empezaron —pacientemente— a hacerse más lentas, profundas y volverse más calmadas.

Sus ojos se suavizaron, se humedecieron y se desenfocaron levemente. Empezó a llorar, suave y quedamente.

Algunas lágrimas rodaron por sus mejillas.

Mi mirada se concentró en su pecho y empecé a incorporar comunicaciones en mi habla, para hacerle saber a su pecho que todo estaba bien. Que se podía relajar, respirar y revelarme sus secretos.

El habla de la mujer comenzó a ponerse a la par de la mía, y se hicieron más lentas, más estudiadas, menos nerviosas.

Respiró en forma lenta y profunda. Sonrió en forma tímida. Su piel empezó a adquirir algún color, a resplandecer un poco. Entonces yo también sonreí y asentí levemente con la cabeza. Hice que mi voz la envolviera y la sostuviera en sus brazos, que le dijera que todo estaba bien, que ya no había problema. Que les dijera a sus pulmones que ya podían relajarse.

Entonces dejé que mi conciencia explorara más hondo. A través de la superficie de su pecho y hasta sus pulmones.

Mis pulmones se trancaron. Tenía dificultad para respirar, no encontraba mi respiración. Una parte pequeña de mí sentía temor, histeria. Concentré parte de mi visión dentro de mí mismo, vi el lugar de dónde provenía el temor y lo sostuve en mis brazos. Lo calmé con palabras tiernas, haciendo que mis entonaciones y mi presencia expresaran mucho más de lo que las palabras jamás podrían expresar. La parte de mi ser asustada empezó a relajarse, a sentirse mejor. A no sentirse abandonada.

Mantuve parte de mi propio ser en contacto con mis pulmones y con aquel lugar amedrentado y entonces volví a concentrar la atención en sus pulmones. Me dejé hundir profundamente dentro de ellos y empecé a *mirar*.

Hubo un leve titubeo, como si estuviera empujando contra una suave manta de lana de algodón. Había cierta resistencia. Envié mi afecto a esa resistencia y más allá, más hondo, a sus pulmones. Les pedí que me dejaran ver. Me mantuve presente y *respiré* hasta profundizar más en la experiencia. Aumenté la intensidad de mi afecto. Miré profundamente, concentré mi vista, *quise* ver.

Hubo un leve titubeo otra vez, seguido de un repentino movimiento a un centro de calma y quietud. Y pude *ver, sentir,* la realidad viva de los pulmones de mi invitada.

Tenían un tono descolorido, como una extraña combinación de gris con mucosidad blanquecina. Era una mucosidad vieja, como un pegamento amarillo-marrón poco sano. Arrugué levemente la nariz cuando me llegó el olor, un olor apenas perceptible, tan tenue como susurros de niños. Un olor enfermizo, nauseabundo.

La superficie y las propias células de sus pulmones estaban tupidas, obstruidas. *Se asfixiaban.* No eran rosadas, sino grisáceas, y estaban cubiertas por una capa de viejos residuos pegajosos, una capa que no sólo las cubría, sino que las penetraba, las atravesaba. La mucosidad estaba muerta, *carente de vida,* no como la mucosidad normal, que es fina y acuosa, reluciente, móvil, viva, plena de vitalidad.

La mucosidad de ella estaba como muerta, inmóvil, adherida, antigua y descuidada. Carecía de fuerza vital. Las células de sus pulmones, el propio tejido, estaban asumiendo esa misma mortandad, esa misma falta de vitalidad poco sana. El funcionamiento de los pulmones era más lento, a consecuencia de aquella mucosidad vieja.

Concentré la atención en los pulmones y mi vista buscó activamente cada parte que se me había revelado. Entonces llevé mi afecto a una mayor profundidad en sus pulmones. Hice que el campo vivo y sensible de mi corazón los sostuviera y los envolviera. Mi afecto se adentró con más profundidad en sus pulmones, se entrelazó con sus tejidos, los sostuvo y, entretanto, todos quedamos suspendidos en un instante vivo. Entonces, aún sosteniéndolos y aún presente dentro de ellos, desvié parte de mi atención en un leve ángulo y la dirigí hacia afuera, al mundo. Emití una petición de ayuda, una oración desde las profundidades de mi ser, haciendo que mi ferviente necesidad fluyera a través de este canal que yo había abierto al mundo. Al mismo tiempo, mantuve abierto a través de mí un canal que llegaba hasta la realidad viva de sus pulmones.

Luego palpé *la necesidad* de sus pulmones y dejé que fluyera a través de mí y saliera. La uní a mi oración de ayuda para que fluyeran juntas, entrelazándose entre sí, fluyendo como una necesidad y súplicas fervientes.

Sentí cómo esa comunicación viva fluía desde mí, con su campo magnético que se extendía por todas partes, entrando en la realidad viva del mundo. Sentí en él la inteligencia viva, profundamente incorporada en su propia labor, su propia vida. Entonces, al sentir mi contacto y saber que era genuino, que detrás y dentro de ese contacto había afecto, la comunicación se aceleró, se despertó, *se volvió* hacia mí y *vio*. En ese momento, una corriente viva de energía regresó por el canal que yo había abierto entre ambos. Era una corriente cargada de afecto. De la dimensión silvestre del mundo, de la que todos provenimos, surgieron un afecto y un amor profundos.

Y en mi mente surgió de repente la imagen del aro de agua
intenso, verde
luminiscente, en un bosque húmedo.

Entonces relajé el contacto; la concentración disminuyó. Mi atención concentrada se relajó. Y, hablándole aún con aquella otra parte de mi mente, volví a la sala e hice que estas nuevas percepciones fluyeran en mi expresión. Empecé a entretejer la sanación de este remedio botánico en el cuerpo y en la vida de mi invitada.

Más tarde, después de hablar lo necesario, le di a la asmática un poco de tintura de aro de agua, dejé caer en su lengua una sola gota y la miré mientras cerraba la boca *cerraba los ojos*

y la probaba. La observé mientras dejaba que su sistema absorbiera la tintura. La vi respirar hondamente y abrir luego los ojos de repente, mientras la tintura llegaba más hondo dentro de su ser. Entonces vi la sonrisa que le sobrevino y vi cómo su cuerpo se relajaba y las líneas de tensión se difuminaban de su rostro.

Recordé entonces sus pulmones y me encontré una vez más junto a ellos, con su realidad viva ante mi visión. La mucosidad volvió a recuperar su coloración, su *espesor* era perceptible.

Sosteniendo esto en mi visión, giré levemente, abrí un canal desde mi ser hacia el mundo, hacia aquel bosque de humedal, hacia el aro de agua. Volví a ver a la planta frente a mí, con sus raíces que resplandecían, húmedas, en mi visión. Vi y sentí su realidad viva, volví a sentir su medicina.

dejé que su nombre se elevara dentro de mí

Luego la llamé, le pedí con mi afecto que se acercara, mi oración fue hasta ella, la tocó y ella se dio la vuelta y despertó. Su realidad viva entró en mi conciencia y fluyó por ese canal de comunicación hasta los pulmones de la mujer.

Entonces le di todo un gotero de la tintura.

Pude ver que los zarcillos de la planta, sus raíces

su color, que se asemejaba al de los pulmones

empezaban a introducirse en el tejido pulmonar, insertándose profundamente en sus células, *fluyendo* a través de ellas. Vi a la planta entrelazarse con sus pulmones. El poder de la planta, el remedio del aro de agua, penetró hondo en sus células, llenó sus pulmones y la mucosidad empezó a afinarse, la coloración de los pulmones empezó a cambiar. La mucosidad se tornó más acuosa, empezó a correr, a fluir. Empezó a rezumar por los tejidos hasta que las células se despejaron. Y pude ver que la sanación comenzaba, que la planta les enseñaba a sus pulmones cómo proceder. Vi que los pulmones empezaban a asumir el poder y la fuerza de la planta. Entonces, desde la tierra, surgió un poder más antiguo que el humano, que fluía por todo su cuerpo hasta entrar en sus pulmones. Un poder antiguo, profundo, oscuro y silente. Su cuerpo empezó a asimilarlo como un alimento que había olvidado desde hacía tiempo. Sus pulmones buscaban ese poder, se relajaban al recibirlo,

se calmaban

al obtenerlo. El poder empezó a fluir hasta entrar en sus pulmones y salir de ellos hacia el mundo. La vieja sustancia estancada en sus pulmones empezó a fluir con él, hasta abandonar el cuerpo de mi invitada. La planta, al igual que yo, había sido un canal. Y, entretejida con esa corriente en movimiento, estaba la enseñanza viva, la comprensión del remedio de esta planta, este aliado, este ser vivo que la gente llama aro de agua o "hierba fétida".

CAPÍTULO TRECE

LA IMPORTANCIA DE UN AUTOEXAMEN RIGUROSO Y LA NECESIDAD DE DESARROLLO MORAL

Todos sabemos que en el carácter de cada ser humano suele predominar alguna destreza o habilidad específica. Esto necesariamente conlleva al pensamiento unilateral. Como el hombre sólo conoce el mundo a través de sí mismo y tiene, por lo tanto, la ingenua arrogancia de creer que el mundo ha sido construido por él y para su propio disfrute, se desprende de esto que el hombre coloca en primer plano sus habilidades especiales, mientras procura desestimar las habilidades que le faltan y desterrarlas de su propia totalidad. Para corregir esta distorsión, necesita desarrollar todas las manifestaciones del carácter humano —la sensualidad y la razón, la imaginación y el sentido común— hasta crear un todo coherente, sin importar la cualidad que predomine en él. Si no lo consigue, tendrá que soportar dolorosas limitaciones, sin nunca llegar a entender por qué tiene tantos enemigos testarudos, ni por qué él mismo es su propio enemigo.

— GOETHE

[Thoreau] se había propuesto llegar a ser justo y, en este propósito, siguió la antigua doctrina, contraria a la científica, de que determinados secretos de la Naturaleza sólo se revelan al observador que ha alcanzado cierto desarrollo moral.

— ROBERT BLY

EN LAS FASES INICIALES DEL DESARROLLO DE SU CAPACIDAD natural de percepción directa, el propio aprendizaje, la experiencia del trabajo, absorben toda la atención. Pero luego, como sucede al montar bicicleta, una vez que tiene experiencia ya no importa tanto mantener el equilibrio. Finalmente, el equilibrio se vuelve automático. Puede empezar a disfrutar del paisaje. Sabe montar bicicleta tan bien que puede hacer cosas mucho más elegantes que simplemente ir de compras. Se da cuenta de que el propio proceso le proporcionó información sobre las bicicletas y el equilibrio y las calles y carreteras.

y acerca de usted mismo

Hay un refinamiento. Usted empieza a cobrar conciencia del campo magnético de su corazón como una entidad con derecho propio. Empieza a conocer su forma y su identidad. Mientras percibe a través del corazón y de su campo magnético, usted no es el corazón mismo, ni el campo (del mismo modo que usted no es su cerebro ni el campo magnético de éste).

aunque el campo magnético en el que usted se sitúe influirá en su manera de percibir

El campo magnético de su corazón posee una identidad, algo que es más que la suma de las partes. Tiene una forma particular, aunque esa forma se encuentra en constante fluctuación. Tiene un sentimiento o sensación particulares, aunque éstos también se encuentran en constante fluctuación. Posee una especificidad que usted puede llegar a conocer tan bien como sus propias manos.

Al utilizar con regularidad su corazón como órgano de percepción, se vuelve sensible a su forma y a su cualidad y a cada modificación que ocurra en esa forma y esa cualidad. El simple hecho de percibir de esta manera implica desarrollar su corazón como órgano de percepción y le hace tomar conciencia de su identidad. El reflejo del mundo dentro de su campo electromagnético, y su atención a ese reflejo, le proporciona un autoconocimiento más íntimo.

> *El ser humano sólo se conoce en tanto conoce el mundo; percibe el mundo solamente en sí mismo, y se percibe a sí mismo solamente en el mundo. Cada nuevo objeto, visto con claridad, abre en nosotros un nuevo órgano de percepción.*
>
> — GOETHE

En vista de lo sensible que es el campo magnético del corazón, todo lo que entra en contacto con él le hace cambiar de forma. Su cualidad se modifica con cada vez que hace contacto con el mundo. Estas modificaciones son vibraciones de formas de onda —ocasionadas por contactos vivos del mundo externo— que viajan sobre la superficie y por todo el interior del campo magnético del corazón. La naturaleza de estas ondulaciones, su intensidad, altura, duración y forma contienen —o sea, son— información sobre lo que está entrando en contacto con el corazón. Del mismo modo que la luna se refleja en el agua quieta de un estanque, estas ondulaciones son reflejos del mundo que nos rodea.

> *Todo el mundo pasa por nosotros y se refleja en nuestras profundidades.*
>
> — Henry David Thoreau

Así pues, si uno cultiva la sensibilidad a ser tocado de esta manera, si constantemente percibe a través de su corazón, tomará conciencia de que el campo magnético de su corazón es muy parecido a un estanque de aguas tranquilas.

del mismo modo que conoce sus manos

Cada vez que se toca el campo magnético del corazón, es como una piedra que produce ondulaciones en un estanque tranquilo. Cada vez que el campo magnético del corazón modifica su forma, uno puede permitirse percibirla. En ese momento de percepción, la mente puede concentrarse en las modificaciones del campo magnético y puede verse una imagen dentro de él.

El campo electromagnético del corazón

de cierta manera

es como un espejo tridimensional, si es que se puede concebir semejante cosa. Lo que está haciendo ahora es similar a trabajar con una imagen tridimensional reflejada en un espejo tridimensional. Una vez que reconozca esto, puede empezar a prestarle atención y a percatarse activamente de cualquier cosa que modifique el campo magnético.

la notitia de los griegos antiguos, la atención activa

Al utilizar la visualización imaginal como método de percepción con el propio campo electromagnético del corazón, su conciencia, su atención concentrada, se percatará de cualquier imagen que aparezca en la superficie de este espejo tridimensional.

Nunca podemos ver directamente lo que es verdad, es decir, lo que es idéntico a la divinidad; sólo lo vemos en su reflejo.

— GOETHE

(No obstante, para aumentar más aún la complejidad, las imágenes que aparecen en este espejo no aparecen simplemente en una superficie plana, sino por todo el espejo, dentro de él; en profundidad. Y por supuesto, el espejo no es tridimensional sino que, al igual que las montañas, posee un valor intermedio entre la bidimensionalidad y la tridimensionalidad).

Los significados del mundo, del objeto particular que usted está percibiendo, por ejemplo, una planta, modifican la composición de este campo electromagnético. La propia modificación es un reflejo, una imagen del objeto o fenómeno que entran en contacto con dicho campo.

Por medio de la atención concentrada, la conciencia dirigida, uno se percata de la forma en que cambia el campo electromagnético y, con la práctica, puede ver la imagen que porta de aquello que lo ha tocado. Uno mira al otro lado de la superficie del espejo para ver el objeto, pero lo que está percibiendo no es el espejo, ni el campo dentro del que aparece.

La sustancia material del metal o mineral que conforma el espejo, no es la sustancia de la imagen. Es simplemente "el lugar donde aparece".

— HENRI CORBIN

La aparición de la imagen en el campo electromagnético del corazón es casi instantánea.

la velocidad de la luz es muy rápida

Las modificaciones del campo electromagnético se envían al cerebro en un destello repentino de comunicación a través de las conexiones directas que existen entre el corazón y el cerebro. Éste compara las modificaciones con la identidad normal del campo magnético, las extrae en la forma de onda, y empieza a analizarlas a partir de su información incorporada. Los significados, las comunicaciones, del fenómeno externo que inició el cambio son comprendidos de la misma forma en que se comprende una planta o una enfermedad.

Normalmente esto empieza cuando uno percibe o siente algo,

una sensación distinta a lo habitual

y se concentra en la sensación. Esto dirige su atención al propio campo magnético. Entonces amplifica el sentimiento, se desconecta levemente, espera un momento y luego vuelve a conectarse. A la postre llegará un momento fecundo en el que los significados que subyacen las modificaciones del campo magnético revelarán su naturaleza, en el que usted comprenderá el propio fenómeno. En ese momento, esa pausa en el tiempo, también puede determinar la dirección de donde provinieron las modificaciones de su campo magnético y cuáles fueron exactamente los fenómenos que lo tocaron.

con la experiencia, esto toma apenas unos segundos;
al principio toma un tiempo

En este momento fecundo, como sucede con todos los momentos de este tipo, el conocimiento profundo del fenómeno se expresa a través de una singular modalidad de representación. Y, aunque usted ha experimentado directamente el propio fenómeno, éste asumirá su forma, su configuración comprensible desde el punto de vista analítico, a partir de su reserva preexistente de sentimientos, experiencias, recuerdos, ideas, pensamientos y enseñanzas.

La forma que asuma el fenómeno —como en el caso de las plantas y los sistemas orgánicos— tiene que poder surgir de sí misma en la configuración que desee. Esto significa que usted tiene que estar abierto a cualquier modo de representación que surja.

[Es fundamental] cultivar tantas modalidades de representación
como sea posible, o mejor aún, cultivar la modalidad que los propios
fenómenos exigen.

— Goethe

Debe mantenerse lo más abierto posible y dejar que su visión sea configurada por el propio fenómeno. Esto requiere una gran flexibilidad en su mundo interno. En consecuencia, este tipo de percepción directa da inicio a un encuentro inevitable con su propio *historial* personal. Si está realizando un diagnóstico profundo, por ejemplo, sobre una persona que en forma bastante desagradable le hace recordar la energía o el estado de ánimo emitidos por su padre alcohólico, no podrá ver a esta persona bajo su propia luz —a no ser que usted no mantenga un vínculo emocional con sus experiencias históricas en relación con su padre. Su mente analítica generará una modalidad de representación similar a la de su padre y, si bien esto resulta informativo,

tal vez el rostro de su padre le aparezca en su imaginación,
y entonces quizás experimente los sentimientos que asocia con él.

los fardos emocionales pendientes que acompañan a esta representación se interpondrán con su capacidad de ver con claridad a la persona que tiene enfrente.

la madurez, aunque resulta un tanto pedante,
ya no le permite engañarse

La imagen del rostro de su padre ante su visión interior constituye información sobre la persona que tiene frente a usted. Pero . . . esa persona no es su padre; usted no es su hijo. Y quien está ahora comunicándose con usted no es su padre. No obstante, la modalidad de representación que se ha manifestado es un conjunto representativo que le revela algo esencial sobre la persona que ahora ve.

Y ahora debe descifrar esta modalidad para poder entender la realidad viva que tiene frente a usted. Si se distrae de esta tarea, vuelva a conectarse con las cuestiones sin resolver que tiene con su padre,

empiece a pensar en todas las cosas
en que ha pensado antes,
vuelva a emprender el camino trillado,

o nunca podrá ver con ojos transparentes a la persona que tiene frente a usted. La modalidad de representación que surge tiene que ver con esa persona. Lo que usted haga con esta modalidad depende de usted.

Todos los seres humanos poseemos estas faltas de claridad, estas historias. Son un aspecto inevitable de la problemática humana. No obstante, al dedicarse a esta modalidad de percepción, se ve obligado a realizar una transformación personal para poder dominar el proceso. La aplicación no diferenciada de estos recuerdos antiguos y necesidades insatisfechas es lo que a menudo se describe como proyección psicológica.

Ver el mundo exclusivamente a través de la modalidad analítica
es otra forma de proyección: el mecanomorfismo.

Usted tiene que plantearse el propósito de observar con ojos transparentes, de no aplicar ningún juicio, ni deseos ni aversiones emocionales a la modalidad de representación que surge ante usted. Esto exige una enorme conciencia personal.

> *Todo el egocentrismo mezquino se desvanece. Me convierto en una*
> *pupila transparente.*
>
> — Ralph Waldo Emerson

Las experiencias emocionales no resueltas, cuando se activan, pueden aflorar desde el inconsciente y afectar la capacidad de ver. Como si fueran una capa que cubre la superficie del ojo, estas experiencias distorsionan, modifican y combian la forma de lo que vemos.

> *La más mínima parcialidad es el defecto de su propia vista y des-*
> *valora fatalmente la experiencia.*
>
> — Henry David Thoreau

Así pues, al trabajar con los sentimientos como medio sensorial, tendrá problemas si no entiende que la activación de antiguas experiencias emocionales es una parte integrante del proceso.

> *La manifestación de un fenómeno no está desvinculada del observa-*
> *dor —está atrapada y entrelazada con su individualidad.*
>
> — Goethe

Las historias personales son simplemente experiencias antiguas en las que se basa el cerebro cuando trata de conformar un conjunto de comprensión. Si usted no es capaz de entenderlas y no ha alcanzado alguna forma de resolución con ellas, las percibirá como si fueran reales cuando no son más que una modalidad de representación.

No es importante determinar si están resueltas por completo; lo decisivo es nuestra autoconciencia sobre ellas —nuestro conocimiento sobre la forma general en que nos afectan a nosotros y a nuestra capacidad de hacernos a un lado, de no volver a conectarnos con ellas, al mismo tiempo que las tomamos en cuenta como información y nos mantenemos genuinamente abiertos y conectados emocionalmente a la persona que tenemos ante nosotros.

La práctica continua de esta modalidad de cognición, el proceso de conectarse y luego desconectarse del fenómeno, provoca una falta de claridad psicológica que pasa a ocupar un plano más importante en la experiencia consciente. Mientras más haga esto, más modalidades de representación experimentará.

Sobre todo, los verdaderos investigadores tienen que observarse a sí mismos y procurar que sus órganos y su forma de ver mantengan la plasticidad. Esto es para evitar que uno siempre insista descortésmente en una sola forma de explicación y que, en lugar de ello, en cada caso sepa cómo seleccionar la forma más adecuada, la que sea más análoga al punto de vista y a la contemplación.

— GOETHE

La intención de crecer —de dominar el proceso— para poder ver con un ojo transparente obliga a la eliminación de patrones y significados preconcebidos y permite que el patrón organizacional de la interrelación compleja tenga un efecto directo en la mente y el corazón perceptores y, además, hace posible que el propio significado surja en forma de comprensión perceptiva *en su propia modalidad de representación.*

En esencia, esto significa que usted comprende tan bien el campo electromagnético de su corazón, que lo percibe como si fuera la superficie quieta de un estanque. Cualquier imagen que alcanza a ese campo magnético puede pasar directamente al interior de su ser, donde quedará retenida, hasta que tome una forma con la que usted no interfiera. Usted sigue siendo un observador distanciado, pero en un sentido especial. Lo que hace es sentir, en lugar de pensar como lo harían un Sherlock Holmes, un Mr. Spock o incluso un Hannibal Lecter, pues en realidad está estrechamente entrelazado con el fenómeno que está experimentando, el cual está envuelto en su individualidad y usted a su vez está envuelto en la individualidad del fenómeno. Lo experimenta, lo siente, profundamente. No está distanciado. Pero, al mismo tiempo, una parte de usted está observando, viendo al objeto cobrar forma frente a usted en toda su complejidad multidimensional. Al sentirlo, todo su campo de percepción cambia.

Los significados del objeto o fenómeno fluyen a través de usted: su cuerpo emocional cambia, sus sentimientos y sensaciones cambian, su perspectiva cambia, pero su conciencia perceptora se mantiene invariable. Y esta conciencia perceptora no es su mente lineal y pensante, sino algo completamente distinto. Es la conciencia que puede fluir a cualquier oscilador biológico el cuerpo.

Comprender los fenómenos, fijarlos en experimentos, ordenar las experiencias personales, y llegar a conocer todas las maneras en que los podría ver; estar lo más atento posible en el primer caso, ser lo más exacto posible en el segundo, lo más completo posible en el tercero y mantenerse lo suficientemente abierto en el cuarto, requiere que uno trabaje sobre su pobre ego con un ahínco que de otro modo casi me parecía imposible.

— Goethe

Así pues, en vista de que usted está percibiendo significados tan profundamente en su calidad de conciencia participativa, el proceso exige un compromiso con el autoexamen riguroso. Usted confía en sus sentidos, en la capacidad de su corazón de percibir de esta manera pero, simultáneamente, mantiene un sano escepticismo sobre su respuesta interna ante la modalidad de representación. La palabra clave en este caso es "respuesta".

Los sentidos no engañan; lo que engaña es el juicio.

— Goethe

La modalidad de representación surgirá por sí misma. Su respuesta ante ella es lo que debe examinar minuciosamente.

Al observar la Naturaleza en una escala grande o pequeña, siempre he preguntado: ¿quién habla aquí, el objeto o el observador?

— Goethe

Debe confiar en sus respuestas internas, en lo que le dicen sus sentidos, pero también debe darse cuenta de que se refieren al fenómeno que es externo a usted. Estas respuestas no se refieren a usted.

Sus ojos eran puntos minúsculos, muy bien enfocados. Observaban. Su cabello carecía de vida y era desteñido. También su piel tenía un extraño color y textura, blanca como la panza de un pez y rugosa como una cáscara de naranja. Y era fuerte: el poder de su corpulenta complexión llenaba la habitación.

Al oírlo hablar, sentí repentinamente un deseo abrumador de golpearlo, lastimarlo, hacerlo abandonar la oficina. La imagen de mi violencia apareció en la pantalla de mi visión. Me imaginaba la sensación de mis puños golpeando su piel. Y a una parte de mí le gustó la idea.

Quedé estupefacto. Horrorizado. Y empecé a concentrarme en mí, a tratar de extirpar de mi interior aquella violencia.

"Un sanador no debe sentirse de esta manera", pensé.

Entonces mi entrenamiento se hizo presente y me detuve. Respiré hondo y me deshice de mi reacción emocional ante la imagen.

Seguí hablándole y dejé que la imagen permaneciera dentro de mí. La sentí, busqué su fuente.

Entonces, de repente, tomé conciencia de su olor. Un olor que no llegaba a llamar la atención. Y me percaté de que, a un nivel muy profundo, el hombre olía mal. Me di cuenta de que era el mismo tipo de olor que hacía que los pájaros lanzaran a sus bebés del nido. Un olor de una enfermedad profunda en el organismo. Un mal que no se podía negar.

Inmediatamente le pregunté: "¿Tenías alguna persona allegada cuando estabas creciendo? ¿Tienes algún familiar o amigo realmente cercanos en este momento?" No me sorprendí cuando respondió: "No". Tampoco me sorprendí más tarde, cuando lo vi en un salón lleno de gente y noté que, inconscientemente, se estaban yendo hacia el lado opuesto del salón.

Tiene que desarrollar la facilidad para comprender sus propias respuestas ante las modalidades de representación que surgen dentro de usted, y tiene que aprender a desenredar su significado.

A veces, al principio de su aprendizaje de esta labor, las sensaciones que recibe de una fuente externa pueden enredarse en sus respuestas internas, como si se apilara sobre una mesa un montón de hilos de distintos colores. Para poder separarlos, tiene que ir tomando los hilos uno por uno, sacarlos lentamente del montón y seguirlos hasta el final. (Luego vuelva a seguirlos hasta el otro extremo, y de vuelta otra vez, y así sucesivamente, hasta que los conozca bien). De este modo sabrá cuáles hilos de emoción o significado le llegan desde afuera y cuáles son hilos de reacción o significado desde su propio interior.

Cada hilo que saque del montón debe convertirse en una contemplación, una meditación. Debe darse la oportunidad de bajar por cada uno de ellos y llegar a entenderlos tan claramente como entendió a las plantas. Tiene que permitirles descubrirse, como sucede con todas las cosas que uno examine de esta manera. Con el paso del tiempo, llegará a conocer cada hilo de reacción que tiene y los recogerá, cada uno por separado, y los guardará en una canasta que mantienen dentro de su ser. Conocerá a cada uno en lo que respecta a su propia identidad no oculta.

Entonces, cuando esté tratando de descifrar significados y note alguna confusión, puede buscar dentro de usted mismo la respuesta correspondiente. Pida, envíe una solicitud desde el yo, y desde la canasta, de la base de datos de conocimientos que usted ha elaborado, y surgirá la identidad que busca. Se elevará por sí misma ante su visión interna, igual que lo hacen las plantas.

Recordará esa identidad, conocerá su hilo de significado y volverá a ponerse en contacto en forma experiencial con sus ejes de dimensionalidad. Entonces puede introducirse en los significados con los que está trabajando y, lentamente, desenredar sus respuestas para que el fenómeno se yerga frente a usted en su propia luz. Cada uno de estos hilos representa algo acerca de usted mismo que no quiere ver; confundirán su visión si no llega a entenderlos íntimamente. Cada hilo conduce a nuestras profundidades, a lugares donde mantenemos guardadas las partes de nuestro ser que no hemos examinado.

Así pues, para alcanzar la claridad en este proceso es necesario tener un compromiso personal con sus yo ocultos, con sus demonios personales y con su sombra. Una conexión con las muchas partes distintas de usted, con los sentimientos que tienen, con su historia,

las partes de su ser que usted ha separado de sí mismo

sus aspectos propios que no desea ver. Hay una cosa cierta: al tratar de ver algo en este espejo uno obtiene también su propio reflejo. Este espejo que es el campo magnético del corazón lo refleja todo. No sólo refleja los significados profundos de los fenómenos con que tropieza, sino un singular reflejo secundario.

El espejo dentro del espejo

Una segunda reflexión es la distorsión del fenómeno, que proviene de su falta de claridad interna de sus respuestas. El tipo de distorsión que se registra es en sí misma un reflejo de su mundo interno, de las cosas que no desea ver. Para ver con claridad, para "convertirse en una pupila trasparente", tiene que aprender a mirar por debajo de la superficie del reflejo en el campo magnético de su corazón, de modo que vea el reflejo secundario que proviene de su yo profundo. Y entonces ha de empezar la labor necesaria para asumir la realidad de esos aspectos ocultos de su ser, para sanarlos, reincorporarlos, reintegrar a su propio ser las partes desconectadas de su ser.

Un espejo normal refleja su imagen física. Este espejo, en cambio, refleja todo lo que hay dentro de su imagen. El hecho de ver ese reflejo interior supone hacer frente a realidades incómodas. Esta realidad reflejada es algo que pocos quisieran ver.

¿Quién fue el que te lastimó?
¿Eras muy joven?
Seguramente lo eras, porque
veo tu boca moverse
como si buscara un pezón,
o esperara de la vida algún sustento,
que una parte más profunda de tu ser
ha anhelado,
pero que nunca ha podido encontrar.
A veces despierto en medio de la noche
y te encuentro acurrucado
en la sombra de mi brazo.
Con los pies recogidos y chupando el dedo pulgar
y hay que forcejear
para sacar de mi boca
el dedo fruncido
para relajar las piernas
y estirarlas
en el vacío
y la frialdad
de las sábanas.

Pero es esencial ver. Es imperativo desentrañar sus misterios y hacer el trabajo indicado para poder dominar satisfactoriamente esta modalidad de cognición. A fin de alcanzar el dominio de este trabajo, debemos estar dispuestos a ver, y reincorporar, las partes sombrías del ser que hemos ocultado.

Cuando teníamos uno o dos años de edad, poseíamos una personali-
dad que podríamos considerar de 360 grados. La energía irradiaba
desde todas partes de nuestro cuerpo y nuestra psiquis. Un niño que
corretea es un globo vivo de energía. Era como si poseyéramos una
esfera de energía; sin embargo un día nos dimos cuenta de que a
nuestros padres no les gustaban ciertas partes de nuestra esfera.

— ROBERT BLY

Estas partes sombrías, las que no agradaban a otras personas, quizás estén ocultas en una pequeña habitación, con la llave astutamente oculta o quizás, como dice Robert Bly, las hemos embutido en una largo fardo que arrastramos detrás de nosotros.

En el fardo, desde la infancia, ponemos las partes de nuestro ser que hemos aprendido que son inaceptables para nuestros padres. Un día se dirigen a nosotros y nos dicen,

"¡Tranquilo!"

Y así es como nuestra parte escandalosa va a parar al fardo y aprendemos a mantener la tranquilidad.

"Si me quisieras no harías eso".

Y la parte que ahora consideramos enemiga del amor termina en el fardo.

"No está bien tratar de matar a tu hermana".

Y ahora la parte depredadora va a parar al fardo.

lo que, por supuesto, es muy peligroso, como peligroso es
el lugar adonde ha ido a parar

Cuando llegamos a los veinte años, el fardo ya tiene un kilómetro de largo. Todas las partes de nuestro ser que no nos gustan o que pensamos que son malas o incorrectas o indignas de ser amadas o inútiles han ido a parar allí. Y el proceso de rellenar el fardo ha pasado a ser automático. Las muchas partes de nuestro ser que están en el fardo ya no forman parte de la conciencia, sino del inconsciente. Tal vez al llegar a los veinte años sólo una parte minúscula de nosotros no está en el fardo, una parte que está justo encima de las cejas y alrededor de dos centímetros hacia dentro del cráneo. Nos hemos reducido, nos hemos vuelto lineales,

unidimensionales

convencidos de que somos un solo punto de vista, y creyendo que las personalidades múltiples

multidimensionales

son la excepción, en lugar de la norma. Nuestra profundidad se encuentra en un fardo, que ya no recordamos, llena de partes que ya no sabemos que las tenemos

Detrás de nosotros llevamos un fardo invisible y la[s] parte[s] de
nuestro ser que desagradan a nuestros padres, entonces, para no
perder el amor de nuestros padres, las escondemos en el fardo.
Cuando llegamos a la edad escolar el fardo ya es muy grande.

Entonces toca el turno a nuestros maestros . . . [Y] después metemos muchísimas cosas en el fardo durante el bachillerato. Esta vez ya no son los adultos malvados los que nos presionan, sino los de nuestra misma edad.

— ROBERT BLY

Pero esas partes de nosotros son esenciales para nuestra integridad. Son parte de nuestro ser. Nunca se podrán eliminar, sólo es posible ocultarlas.

> *tal vez en un fardo*
> *o en una habitación pequeña,*
> *con la puerta (bien) trancada,*
> *y la llave escondida en un lugar secreto*

Tarde o temprano nos damos cuenta de que esas partes de nuestro ser, desde que quedaron aprisionadas, no han podido hacer otra cosa que tramar su fuga. (A nadie le gusta estar encerrado en un fardo o en una habitación pequeña). No pasa mucho tiempo antes de que encuentren la llave que creíamos que estaba tan bien escondida. Entonces empiezan a salir, cuando tenemos la mente en otro lugar, ocupada con alguna otra cosa. Y estas partes de nuestro ser no están de buen humor.

> *¿Fue tu amor lo que puso esto aquí,*
> *o la pequeña parte de tu ser*
> *que ocultas en la oscuridad?*

> *Ambas sonríen en forma tentadora,*
> *alzando espontáneamente las manos*
> *hasta tocar mis mejillas.*

> *Pero me he percatado*
> *de que los dientes de ésa*
> *son un tanto más largos.*

> *Y me mira con astucia*
> *por el rabillo de tu ojo*
> *al tomar las palabras afiladas,*

> *y hundirlas precisamente*

en la parte de mi ser
que el amor ha dejado indefensa.

Pues cualquier parte de nuestro ser que pongamos en el fardo

como cualquier prisionero

se vuelve distorsionada, malsana, demente. La vida no es para vivirla en un fardo. Se pierde la conciencia moral: es uno de los elementos que ya no quiere tener nada que ver con nosotros.

Por supuesto, la mayoría de nosotros desconocemos este proceso. Sólo más adelante en la vida es que descubrimos nuestro error, empezamos a comprender que algo está mal, que estas partes escindidas son fundamentales para nuestra integridad.

que nuestra insistencia en ser normales es, de por sí,
terriblemente anormal

Y entonces tratamos de sacar las partes que están ocultas dentro del fardo. Pero el problema es que ya no recordamos cuántas partes hay, ni exactamente en qué rincón del fardo las pusimos. A veces no recordamos siquiera que existe ese fardo.

Hasta los veinte años pasamos la vida decidiendo cuáles partes de
nuestro ser debemos colocar en el fardo, y pasamos el resto de nues-
tras vidas tratando de volver a sacarlas.

— ROBERT BLY

Y lo que es peor, esas partes ocultas están enfurecidas. Por eso, cuando atisbamos una con nuestra mente consciente, nos pega un inmenso susto. Porque otra verdad que aflora en su momento es que cualquier parte que hayamos dejado bloqueada empieza a desarrollar una tremenda energía. Y los años de represión, la energía existencial almacenada

¡cállate!

han tenido sus consecuencias. Las partes acalladas han empezado a involucionar, a volverse peludas y monstruosas, con garras.

el confinamiento solitario siempre tiene ese efecto

Empezamos a percatarnos de esas partes escondidas, reflejadas en los comportamientos a los que no hacíamos caso hasta que un amante o jefe o amigo cercano nos llamaran la atención sobre ellos. Se enciende una luz e, inesperadamente, la parte proyecta una sombra que ahora podemos ver.

> *Nos damos cuenta de que, cuando la luz del sol da sobre el cuerpo, éste se ilumina pero, a la vez, proyecta una sombra oscura. Mientras más intensa la luz, más oscura la sombra. Cada uno de nosotros tiene una parte de su personalidad que está oculta. Los padres, y los maestros en general, nos instan a desarrollar el lado luminoso de la personalidad —a concentrarnos en temas bien iluminados, como las matemáticas y la geometría— y a buscar el éxito.*
>
> — ROBERT BLY

Quizás nuestra parte consciente, nuestra parte exitosa, es un sanador al que hemos entrenado para ser bueno, bondadoso y lleno de luz.

El doctor Jekyll

pero el resto de él, lo que está en el fardo, es oscuro, como un simio, bárbaro y cruel.

El señor Hyde

Una parte dinámica, potente y llena de la energía de años de represión.

> *El lado agradable de la personalidad puede ser, por ejemplo, un médico liberal que siempre piensa en el bien de los demás. En sentido moral y ético es una persona maravillosa. No obstante, la sustancia contenida en el fardo asume una personalidad propia; no puede ser ignorada.*
>
> — ROBERT BLY

Y, cuando al fin acepta que esa parte realmente existe y descubre que no se puede deshacer de ella tomando una píldora

que es otro tipo de fardo

se da cuenta de que debe hacerle frente directamente. Así pues, empieza a lidiar con esa parte y descubre que es escurridiza y desconfiada de sus intenciones. No tiene ningún deseo de que la vuelvan a obligar a entrar en el fardo. (Que, por supuesto, siempre es su primera intención). Pero descubre que a la parte oscura le gusta estar fuera. Le gusta expresar su rabia en formas astutas.

perdona que manché el mantel de encaje con esa copa de vino

Pero, con el paso del tiempo, al ver que no se puede deshacer de ella, se resigna a esa realidad. Empieza a buscarla y termina por entablar conversación con ella. Al darse cuenta de que es una parte de su propio ser, un elemento integral de la totalidad que usted está buscando, usted empezará a luchar por establecer una relación con ella, a proporcionarle afecto, a reincorporarla en su propio ser. Si persiste en su propósito, descubrirá que, si bien estas partes ya no están dispuestas a recibir órdenes, sí están dispuestas a negociar. Porque desean ciertas cosas que sólo usted les puede dar. Y al cabo de un tiempo usted se da cuenta de que también hay ciertas cosas que usted desea y que sólo ellas les pueden proporcionar.

Gradualmente, al confiar más y más en sí mismo, la parte correspondiente empezará a confiar en usted otra vez, tarde o temprano se reintegrará con usted, y su esfera de energía se expandirá, dejando de ser una pequeña franja y haciéndose un poco más grande con cada nueva parte de su ser que recupere, con la que establezca relaciones, con la que cumple sus promesas, y a la que aprende a amar una vez más.

Mientras interactúa con la parte, también descubrirá que, a medida que amaina su furia, su forma empieza a modificarse. Y un día la mira y se da cuenta de que ya no es "peluda", que sus dientes ya no son largos y afilados, y que sus uñas ya no parecen garras. Tiene un rostro similar al suyo y usted se percata de que es un chico de determinada edad, con determinadas destrezas y talentos,

determinados puntos de vista

que usted necesita para poder percibir el mundo desde una perspectiva en 360 grados.

Emprender esta recuperación del yo

esta recuperación del alma

significa detenerse un buen día, dar la vuelta y ver el largo fardo que arrastra consigo. Significa abrir el fardo, meter la mano, sacar un pedazo de sombra e ingerirlo.

La ingestión de la sombra da a entender cierta autoridad moral.
Otros se percatan instintivamente
de que usted posee cierta profundidad del ser,
de que ha ingerido algo
que ellos no han ingerido.

La ingestión de la sombra, de las partes interiores encerradas, pone freno a su necesidad inconsciente de ingerir interiores externos. Detiene la progresión (lineal) que va desde Sherlock Holmes hasta Spock y Hannibal Lecter, siendo este último un personaje que sólo puede sobrevivir si ingiere el interior de otras personas.

la mente lineal, que come el corazón del mundo

Cuando abre por primera vez el fardo y permite que salga una de las partes que oculta dentro, a menudo la parte está deforme y enojada, y tiene un aspecto aterrador. Hace falta cierto tiempo, mucha negociación, muchas promesas cumplidas y mucho amor hasta que esa parte vuelva a tomar su forma adecuada: hasta que haya sanado y recuperado su integridad.

> *y tiene que sentir un afecto genuino por esas partes*
> *y restablecer una relación genuina*
> *para que ocurra cualquier reintegración*

Hace falta cierta entereza de carácter para reabsorber su propia sombra; esto requiere inevitablemente un encuentro con su oscuridad interior. Cualquier parte, si queda encerrada en su habitación o metida en un fardo sin que nunca se le permita deambular con libertad, se daña más y más a medida que pasa el tiempo.

La recuperación de todos las partes del yo que están bloqueadas es una parte esencial del desarrollo moral. Es una recuperación del yo desde el punto de vista ecológico.

Acomódese en algún lugar donde nadie lo moleste. Respire profundamente y deje que la tensión se escape de su cuerpo. Permita que el lugar donde está sentado sea lo que lo sostiene. Relájese.

Entonces: vea erguirse frente a usted la parte más fea de su cuerpo.

¿Qué aspecto tiene? ¿Cómo se siente al verla? ¿Hay algo en particular que esa parte desee de usted?

¿Está usted dispuesto a darle lo que quiere?

Sienta cuánto poder y energía tiene esa parte de usted, cuánta energía y poder le roba cada día que la mantiene encerrada. ¿Qué haría si pudiera disponer de esa energía para usarla cada día con algún otro fin?

¿Qué tendría que suceder para que ambos se hiciesen amigos?

Esta modalidad de cognición que está desarrollando, su continua percepción de significados, estimula por sí misma este proceso interno de recuperación ecológica.

> *Las heridas del mundo*
> *se reflejan en nuestro interior.*
> *O . . . ¿esas heridas externas comenzaron*
> *hace mucho tiempo*
> *cuando dejamos una parte de nuestro ser*
> *encerrada?*
> *¿Quién puede decir exactamente cuándo*
> *comienza la recuperación*
> *del mundo?*

Porque, cuando nos adentramos en la dimensión silvestre y empezamos a percibir con el corazón, leyendo así el texto del mundo, fluye hacia dentro de nuestras profundidades cierta energía del mundo.

Fluye hacia arriba a través de usted y vuelve a descender, a entrar en el mundo otra vez. Cualquier lugar dentro de su ser que esté doblado o torcido proyecta una sombra. Tal vez su jefe o amante o amigo cercano le señale alguna parte que está bloqueada y emita una luz que haga que la sombra de esa parte se proyecte sobre un muro, para que usted pueda ver su forma. Pero el mundo emite una luz que lo revela todo por la sombra que proyecta. Y estas sombras, su forma y orientación, le hacen saber exactamente en qué forma usted no está recto interiormente. La fuerza de esa corriente de significados presiona contra la torcedura y usted siente por dentro una presión, que no es más que un movimiento hacia la rectitud, hacia la posición erguida. A la luz del mundo, cada parte de su ser que se encuentra en el fardo quedará revelada a la postre. Y, junto con esa luz no sólo viene la revelación, sino las enseñanzas necesarias para que tenga lugar la recuperación ecológica personal.

Hay muerte en esta restructuración, en esta recuperación del yo. Porque la versión reducida de su ser muere cuando ingiere sombra, pues de este modo añade a su ser una parte nueva.

es una tarea difícil

Esta modalidad de cognición cambia en última instancia a cualquier persona que la practique. Ser veraz con el proceso, dominar esta manera de ver, significa que no puede quedar ningún resquicio de su ser que no se abra a su mirada.

o a la mirada del mundo

Significa que no puede haber ninguna parte de su ser que usted no llegue a conocer, que no libere de su encierro y la reintegre a la totalidad de su ser.

> *He visto cómo pierdo la intolerancia, la estrechez mental, la intransigencia, la complacencia, el orgullo y otro enorme montón de vicios intelectuales a través de mi contacto con la Naturaleza . . . No obstante, las materias primas necesarias para hacer que este crecimiento sea posible no vienen de la introspección ni el egoísmo. Vienen de la aplicación de lecciones externas —la influencia del entorno, que se repite una y otra vez sobre la placa sensible del cerebro y allí se transforma, como se transforman la luz del sol y las inundaciones en la hoja de una planta hasta convertirse en material embellecedor de la mente y enriquecedor del alma. Sólo uno puede mantener su cerebro sensible a las impresiones y su corazón y su mente adaptables al crecimiento; uno es quien tiene "el poder de variar" y hasta qué punto utilice y aproveche ese poder no depende de nadie más que de uno mismo.*
>
> — LUTHER BURBANK

El proceso es largo. Cada año que utilice esta modalidad de cognición irá encontrando cada vez más fenómenos y cada uno de ellos le exigirá una mayor claridad.

> *Pero, si al observador se le pide que aplique esta nueva facultad de juicio a la exploración de las relaciones ocultas en la Naturaleza, si pretendemos que encuentre su propio camino en un mundo en el que aparentemente está solo, si ha de evitar las conclusiones apresuradas y mantener la vista fija en la meta sin dejar de percatarse al mismo tiempo de todas las circunstancias útiles o nocivas que hay en su camino, si ha de ser su propio crítico más acérrimo en los casos en que nadie más pueda poner a prueba los resultados de su trabajo con facilidad, si ha de cuestionarse constantemente, incluso en sus momentos de mayor entusiasmo, resulta fácil ver lo duras que son estas exigencias y la escasa esperanza que hay de verlas cumplirse en nosotros mismos o en otras personas. No obstante . . . esto no debe disuadirnos de hacer lo que podamos.*
>
> — GOETHE

Justamente en el momento en que piensa que ha alcanzado la mayor profundidad posible, cuando ya no hay más sombras que encontrar, ni más partes encerradas, se le impondrá algún fenómeno (una persona, lugar o planta) que lo obligue a ir aún más hondo. Lo obligará a ver partes de su ser que no sabía que existían, pero tampoco tenía ningún deseo

consciente

de conocer.

Encontrará que, una vez que comience este proceso, el mundo lo configurará; los objetos y fenómenos que lleguen a usted serán los que necesite encontrar para poder convertirse en sí mismo, para volver a alcanzar una perspectiva de 360 grados. Descubrirá, como lo han hecho otros antes que usted, que esta modalidad de cognición es un proceso de creación del alma y que, realmente, como dijo el poeta John Keats: "El mundo es el lugar donde se crea el alma".

Necesariamente, descubrirá que ocurre una evolución moral dentro de usted. La configuración que está teniendo lugar dentro de su ser, las constantes exigencias de que se conozca a sí mismo, de que enfrente la oscuridad interna y externa, empiezan a asumir una dimensión moral. No en el sentido religioso e inadecuado de ese término tan mal utilizado, sino en su sentido original, que se refiere a su forma, su estructura y su disposición interna.

estar erguido

Y esta redistribución de su yo interno es estimulada y dirigida por el mundo exterior. No proviene de una estructura de valores impuesta en forma jerárquica, sino que es una cualidad, un valor, que surge desde dentro, desde el centro hacia fuera, cuando su individualidad está enredada con la del mundo. Viene desde un centro de significados expresados, de la interacción con el mundo, de la aistesis.

El campo magnético del corazón contiene dentro de sí todo lo que usted es, todo lo que está dentro de su ser. Cada pensamiento que tenga, cada deseo insatisfecho, cada necesidad y herida psicológica. En la mayoría de los casos se trata de cosas inconscientes. Al hacerles frente en el espejo, en los reflejos que llegan a usted desde los fenómenos del mundo, es que las percibe y empieza a quedar en paz con ellas, a conocerlas, a procesarlas y a reintegrarlas en su propio ser.

El propio espejo cambia,
su propia sustancia se modifica
por los procesos de su conversión en usted mismo.
Su capacidad de reflejar sin distorsión
empieza a mejorar.

La moral impuesta desde arriba, el hecho de obligar al yo a asumir una moral estática y lineal, no modifica al yo esencial, sino que sólo lo entierra más y más profundamente, debajo de un mayor número de capas de opresión. La moral impuesta desde arriba insiste en que estas capas no se deben retraer, y en que lo que está oculto bajo ellas nunca debe revelarse.

El mayor mal del sistema totalitario es precisamente el que lo hace funcionar: su monótona eficiencia programada y dedicada; su formalismo burocrático, el servicio diario embotador, estandarizado, tedioso, al pie de la letra, de generalidades, uniforme. Sin pensamiento ni capacidad de respuesta. La forma sin ánima se convierte en formalismo . . . en formas sin lustre, sin presencia corporal.
— JAMES HILLMAN

Quizás ésa es la razón por la que muchos que poseen una moral impuesta desde arriba nunca desean mirar al mundo y ver lo que verdaderamente hay en él. Porque los reflejos que recibirían serían ciertamente insoportables.

Pero la moral que surge de la conexión con el mundo no es una moral impuesta en forma jerarquica. Es algo distinto, un objeto vivo que viene del propio mundo.

Uno está conformado en la forma en que debe estarlo por esa interacción con el mundo. En su avance no lineal y no programado por el mundo, encuentra las cosas que necesita encontrar. Los clientes que llegan a uno, las plantas que conoce, la particular dimensión silvestre del mundo que uno ingiere, o lo que lo motiva a ingerir cualquier sombra en particular de su fardo, son todos factores que lo conforman de maneras particulares. De ahí empieza a surgir cierto tipo de moral. Uno empieza a asumir la cualidad luminosa presente en los ecosistemas sanos, en los bosques antiguos, en las montañas.

Una vez que nos hayamos . . . "enamorado hacia fuera", una vez que
hayamos experimentado el feroz júbilo de la vida que acompaña al

hecho de extender nuestra identidad a la Naturaleza, una vez que nos demos cuenta de que la Naturaleza interior y la interior son una continuidad, entonces también nosotros podremos compartir y manifestar la exquisita belleza y la gracia sin esfuerzo que se asocian con el mundo natural.

—JOHN SEED

La verdadera moral empieza a surgir por sí misma. El intercambio continuo de esencia del alma, de campos magnéticos del corazón, de comunicaciones con la dimensión silvestre del mundo permite que ésta, y su moral esencial, entren en nosotros.

Hay que dejar de lado las ideas preconcebidas, los dogmas y todos los perjuicios y sesgos personales. Preste atención en forma paciente, tranquila y reverente, una por una, a las lecciones que la madre Naturaleza tiene que enseñarnos, que proyectan luz sobre lo que antes era un misterio, para que todos los que lo deseen puedan ver y saber. La Naturaleza únicamente hace llegar sus verdades a quienes son pasivos y receptivos. La aceptación de estas verdades en la forma en que estén sugeridas, sin importar adónde nos lleven, es lo que hace que todo el universo esté en armonía con nosotros. Al fin el hombre ha descubierto . . . que es parte de un universo cuya forma es eternamente inestable y cuya sustancia es eternamente mutable.

—LUTHER BURBANK

Dado que los fenómenos en los que concentramos la atención penetran tan hondo en nuestro ser, somos tocados profundamente por los significados que representan. Esos mismos significados tienen enormes efectos en nuestra forma de percibirnos y de percibir el mundo viviente en que estamos incorporados. El organismo humano se reestructura naturalmente en torno a los significados que experimenta. Esto nos obliga a realizar una labor interna para permitir que esa reestructuración ocurra sin torceduras, sin dobleces. De este modo, los significados con que tropezamos nos reorientan, nos sincronizan, para que los reflejemos.

Como la Naturaleza no miente, su percepción directa significa que cada ser humano que miente, cada parte de nosotros que miente, incluso en nuestro inconsciente profundo, tiene que reordenarse, reestructurarse, si realmente queremos percibir con profundidad la Naturaleza.

Cada parte de nosotros que se encuentra en el fardo de las sombras
es una mentira,
una mentira interiorizada que nos vino de nuestros maestros o compañeros,
o una mentira que nos dijimos
a nosotros mismos.

Mientras más mentimos, mientras menos concordancia tenemos con la verdad que se encuentra en la Naturaleza, menos podremos percibir las dimensiones de profundidad de ésta. Así pues, la faz oculta de la Naturaleza es una expresión de sus dimensiones morales, que son tan reales como sus dimensiones físicas. Compartimos la dimensión moral no porque somos humanos, sino porque provenimos de la Naturaleza.

Al obedecer las sugerencias de una luz superior dentro de su ser es que uno escapa de sí mismo y, durante ese tránsito, por así decirlo, llega a ver con los lados no gastados de los ojos, a viajar por senderos totalmente nuevos.

— HENRY DAVID THOREAU

Al continuar la labor, se alinean con la Naturaleza nuestras motivaciones, temores e instintos inconscientes. Al ocurrir esta reorientación, empezará a percibir comunicaciones más profundas del mundo. Las enseñanzas se profundizarán. Cada realidad o fenómenos debidamente percibido desbloquea una nueva facultad del alma.

La Sal es lo que siempre estuvo allí, la parte que uno puede ver mientras no se haya deshecho de todo lo demás.
Es su derecho de nacimiento.

— DALE PENDELL

La *intensidad* de la lucha personal que la mayoría de nosotros experimentamos al desarrollar este tipo de moral es, en muchos sentidos, un reflejo del hecho de que hemos utilizado por demasiado tiempo en forma primaria una modalidad de cognición inadecuada: la modalidad lineal y analítica. La modalidad de cognición verbal/intelectual/analítica es amoral por Naturaleza. Es, además, excepcionalmente superficial.

El propio punto de vista de la mente lineal, insistente y de idea fija, es una mentira. En realidad, todos los seres humanos hemos nacido con múltiples personalidades. Lo natural es que todos poseamos múltiples puntos de vista y tengamos una conciencia multidimensional. La adopción de una perspectiva lineal *y monotemática* corrompe al yo, nos obliga a dejar atrás la profundidad del yo y a hacernos unidimensionales. Hace que partes de nosotros vuelvan al fardo, por su propia Naturaleza.

En cambio, la modalidad de cognición holística/intuitiva/profunda es inherentemente multidimensional, profunda y no lineal. Es inevitable experimentar un cambio si uno la utiliza. El simple hecho de hacerlo nos somete a una experiencia personal de una realidad multidimensional y, ante esta realidad, la mente lineal no puede mantener su perspectiva monotemática.

> *La Naturaleza es, al mismo tiempo, la creadora del hombre y su mejor maestra. La sensibilidad, la razón y la comprensión auténticas sólo se pueden manifestar a través de la simpatía con la Naturaleza. Los juicios y criterios relativos a lo correcto y lo incorrecto, a la virtud y el mal, a la excelencia y la mediocridad, la belleza y la frialdad, el amor y el odio, pierden su validez si el hombre se sale del gran camino que le indica la Naturaleza.*
>
> — MASANOBU FUKUOKA

Al encontrar y rescatar las partes de nuestro ser que hemos puesto en el fardo, establecemos una relación con ellas y aprendemos que debemos cumplir lo que les hemos prometido, volver a ser honorables.

Integridad: la condición de ser una totalidad indivisible.

El hecho de romper promesas crea una división entre el yo y el otro, al quedar partido en dos el contrato que había sido sellado con la palabra. Nuestras partes (antiguamente) sombrías tienen que llegar a comprobar, a través de nuestro comportamiento, que efectivamente mantendremos nuestra palabra, sin importar lo difícil que llegue a ser nuestra situación personal.

a menudo, la palabra de una persona sólo se mantiene mientras no se ponga a prueba su nivel de comodidad

Solamente en momentos difíciles, cuando la incomodidad personal es extrema, es que se pone a prueba el poder de las promesas que nos hemos hecho. El paso por estos puntos de incomodidad con la palabra intacta es lo que demuestra, más que cualquier cosa que podamos decir, que nuestra palabra es realmente válida. Y esto es un entrenamiento esencial, pues la Naturaleza también tiene que saber que somos capaces de mantener nuestras promesas. Las plantas no entienden de preocupaciones sociales humanas, de tener que llevar a los niños a practicar deportes, ni de estar demasiado atareado. En algún punto del proceso, la Naturaleza necesitará saber si uno es serio. O sea, si es lo suficientemente serio como para reconformarse a su imagen, de modo que dicha imagen, la Naturaleza que uno es, surja de las profundidades de su ser. Es decir, lo suficientemente serio como para ser verosímil.

> *La habitante del bosque lo examinará muy de cerca. Tal vez lo husmeará. Tal vez no. Pero, lo que sí es seguro, es que lo evaluará. Sacha Huarmi quiere ver si usted está completo, si tiene la fibra necesaria para llevar el entrenamiento hasta el fin.*
>
> — DALE PENDELL

¿Está usted realmente dispuesto a hacer lo que sea necesario para dominar este proceso? ¿Está dispuesto a adentrarse en la oscuridad fructífera y encontrar allí el fertilizante que yace a sus pies, en torno a sus raíces? ¿De veras está dispuesto a ver con la pupila transparente? En caso afirmativo, deberá empezar a ingerir sombras y a redefinir su propia existencia a partir de las enseñanzas que le llegan del mundo.

Al hacerlo, llegará un momento en que la labor se profundiza por sí sola, en que, de repente, empezará a percibir formas que no había creído posibles.

> *La Naturaleza es una amante exigente y una maestra celosa; no se revela por completo ante el aficionado o el diletante, y se niega a cooperar en forma plena y generosa con aquél que tome a la ligera sus lecciones o su obra.*
>
> — LUTHER BURBANK

De repente, un día encuentra que se ha convertido en sirviente de la Naturaleza, que ha ingerido la dimensión silvestre durante tanto tiempo, que ésta lo ha cambiado. Y ese cambio

y la labor que ha realizado interiormente

le ha hecho recuperar su estatura moral, de conformidad con las verdades profundas que permean toda la Naturaleza. Comprenderá, en su experiencia, que ella es la fuente de todas las cosas, que de ella han venido todas las formas de vida y a ella volverán.

Y, en este servicio a la Naturaleza, usted renuncia a la dominación de la mente lineal al entender, al fin, que esa renuncia no implica derrota, sino que es la vida misma.

La Naturaleza no entiende de bromas; siempre es auténtica, seria, severa; siempre tiene la razón, y los errores y faltas siempre son del hombre. La Naturaleza desprecia al hombre que sea incapaz de apreciarla; solamente se resigna y revela sus secretos a los que sean aptos, puros y auténticos.

— Goethe

Entonces uno entra, por completo, en el mundo de la Naturaleza. Ya no tiene un pie en este mundo y otro en aquél. Renuncia a ser un puente y al fin cruza al otro lado. Entra en una conversación (un entremezclamiento de esencia del alma) que es profunda y antigua, y esencial para nuestra especie. Lo que encuentra en esa conversación ya ha sido dicho por los poetas extasiados en todas las épocas y lugares. Porque, cuando uno hace esta transición, empieza a leer cada día el libro de la Naturaleza y a escuchar la dimensión sagrada, que le habla desde toda la creación.

Dios es el creador de todo en la Naturaleza, pero también se puede pensar que este Gran Espíritu está oculto en el seno de la Madre Naturaleza, donde es la fuerza que la hace crecer y la nutre. La forma de Dios encuentra expresión en la forma de la Madre Naturaleza; puede considerarse que las imágenes mentales del corazón de Dios surgen desde el seno de la Naturaleza y luego son captadas por el hombre. De este modo, el aliento de Dios se convierte en la Naturaleza, cuyo corazón hace que el hombre sea humano.

— Masanobu Fukuoka

GRANOS DE ARENA
DE OTRA ORILLA

Hubo una ocasión
en que vi el mundo
donde vive el coyote.

Me había acercado,
con un amiga —una vez,
por detrás de las rocas,
las grandes, que se elevan, verdes de musgo,
y sostienen en sus brazos los estanques
cubiertos de las sombras del bosque
que tanto gustan a patos y alces,
para buscar la pradera de leve pendiente
oculta tras ellas.

Quedamos tendidos a medias durante horas
entre las altas hierbas color esmeralda
entre los árboles antiguos que se empinaban sobre
las texturas cambiantes de la tierra.
Apoyados sobre nuestros codos
hablamos de plantas y piedras,
y de la sabiduría del musgo.

Empezamos lentamente,
como hacen a veces los humanos,

a dejarnos llevar por la dimensión silvestre del mundo.
Nuestra conversación empezó a hacerse
más lenta, a detenerse y titubear.
Derivamos hacia el silencio
y, por alguna razón
que ese día sólo nuestras almas entendieron
fluimos con el silencio, sin hablar.

Los colores se hicieron más vívidos
y el aire empezó a centellear.
Nuestra respiración y los sonidos del bosque
asumieron una cualidad luminosa.
Y en este silencio entró el coyote,
siguiendo un sendero de caza
que corría, como un canalillo marrón, cerca de nuestros
pies.

La lengua del coyote
colgaba por un costado de su boca;
el coyote reía,
con esa risa loca que tiene,
mientras sus ojos daban vueltas
al observar los huesos danzantes
que yacen por debajo del entramado del mundo.

Coyote alocado y retozón.
Tercera fuerza del universo.
Dije por lo bajo:
"Gira la cabeza hacia la derecha".
Y mi amiga se incorporó
y dijo: "¿Qué?"
Al hacerlo, perdió su oportunidad de ver.

Aún mirando, vi cómo los ojos del coyote
se salían de aquel alocado universo giratorio
y, consternado,
no,
traicionado,
por el secreto de nuestra inmersión

se irguió rápidamente, dio la vuelta
y se fue corriendo por el sendero,
con la cola entre las patas,
como si fuera un perro extraño.

Lo que pude captar a través de los ojos del coyote
se alojó en una parte del cerebro
que yo no sabía que existía.
A veces puedo estirar las manos y tocarla.
Los ojos me empiezan a dar vueltas
y siento un poco de mareo,
y alcanzo a ver
huesos danzantes
por debajo del entramado del mundo.

Aún no sé
lo que sucede en el mundo
donde vive el coyote
cuando nadie está mirando,
pero sí sé que es algo antiguo
muy anterior al comienzo de la especie humana
y que, en comparación, nuestro mundo
es apenas un astilla de madera
que flota sobre el océano.

CAPÍTULO CATORCE

LEER EL TEXTO DEL MUNDO

LA GEOGRAFÍA DEL SIGNIFICADO Y LA CREACIÓN DEL ALMA

Tan pronto uno empieza a leer en todas las formas de existencia que ha creado Dios, tanto animadas como inanimadas, la grandeza y el amor de Dios, entonces puede conversar con Él, en cualquier lugar, en todo momento. Ah, qué alegría tan plena sentirá.
— GEORGE WASHINGTON CARVER

Toda forma de existencia que se pueda entender es lenguaje.
— HANS-GEORG GADAMER

[La Naturaleza es] el Manuscrito de Dios.
— LUTHER BURBANK

El mundo es el lugar donde se crea el alma.
— JOHN KEATS

DE VERAS HAY PERSONAS QUE CARECEN DE TODA CAPACIDAD de percibir significados, así sea en las cosas más sencillas. No son capaces de decir que una mesa es una mesa o que una lámpara es una lámpara. Están atrapados en la experiencia sensorial directa. Reciben señales sensoriales, pero no pueden convertir esas impresiones en significados. Incluso el hecho de reconocer que un libro es un libro es un proceso de percepción de significado. El mundo en que vivimos no es de objetos sensoriales, sino de significados, que son inherentes a los propios objetos y fenómenos.

Al crear un libro, los seres humanos insertan el significado en el objeto físico. Pero, en la dimensión silvestre del mundo, el significado se insertó mucho antes de que existieran libros, ni imprentas, ni seres humanos.

Hay una identidad esencial, un significado en las propias plantas, que nos permite reconocer como plantas a algunas manifestaciones de vida que no son ni remotamente similares a ellas en cuanto a forma, color ni entorno.

Nuestra percepción de los significados contenidos en los fenómenos que nos rodean nos conecta con esos significados; el observador y lo observado se vinculan así mediante el proceso de percepción.

El error del empirismo consiste en su suposición de que las condensaciones de significado son objetos materiales. Por ejemplo, cuando vemos una silla, lo que estamos viendo es una condensación de significado, no simplemente un objeto físico. Puesto que los significados no son objetos de percepción sensorial, el hecho de ver una silla no es la experiencia sensorial que imaginamos que es.

— HENRI BORTOFT

Debido a que la condensación de significado tiene lugar casi inmediatamente cuando vemos algún objeto físico, no nos percatamos del proceso que está ocurriendo. Es tan automático, que pasamos por alto lo que estamos haciendo. Sin embargo, en el caso de los bebés, el proceso no es automático. Cuando un bebé observa algo por primera vez, no le asigna un significado, sino que experimenta directamente dicho significado.

y esa es una de las razones por las que
es tan delicioso observar a un bebé

Su capacidad de ser y estar con el mundo está intacta; su experiencia sobre el objeto y el propio objeto fluyen juntos en un constante intercambio de significado.

Para recuperar esta capacidad no tenemos que volver a ser bebés, pero sí debemos recuperar la capacidad de percepción directa que conocíamos cuando éramos bebés,

y que es nuestro derecho de nacimiento

una capacidad que todavía está dentro de nosotros (así como su recuerdo).

La condensación automática de significado que se produce por debajo de nuestro nivel consciente puede percibirse fácilmente cuando miramos en un papel una oración escrita en el lenguaje que utilizamos normalmente.

"¿Cómo le va?"

El lector comprende de inmediato una oración como ésta y le atribuye significado automáticamente al leerla. Pero la misma oración en un idioma con el que no estamos familiarizados

"Wie geht es ihnen?"

no produce el mismo efecto,

a menos que sepamos alemán

aunque las dos oraciones dicen lo mismo. En el primer ejemplo, el lector condensó el significado automáticamente al leerla. En cambio, el segundo ejemplo no es más que un grupo de letras sobre una página; su forma se diferencia de la figura de la jirafa antes de que comprendiera de qué se trataba, pero es lo mismo en cuanto a impacto sensorial.

Igual que en el caso de la figura de la jirafa, el significado de la oración, "¿Cómo le va?" no está contenido en la propia oración. Radica en la forma en que se combinan los elementos, en la tensión entre dichos elementos y en la proximidad entre uno y otro.

Esto se aplica a cada una de las palabras y también a las letras

Cuando uno está aprendiendo a escribir, no sabe cómo interpretar las oraciones, igual que el lector no sabía cómo interpretar la figura de la jirafa. Al cabo de un tiempo, el significado se le hace evidente de repente, del mismo modo que la jirafa surgió repentinamente de la imagen conjunta.

En el mundo real, los significados se expresan desde los organismos vivos, no como letra muerta y estática sobre una página. Los significados son siempre perceptibles por los seres humanos. Si no lo fueran, no podríamos entender el lenguaje y usted no estaría leyendo este libro. Lo principal no es el lenguaje, sino nuestra capacidad de percibir el sentido. El lenguaje vino después, producto de nuestra capacidad de percibir significados. Nuestra capacidad lingüística es una forma creada que se expresó a partir de los lenguajes no verbales originales que los seres humanos siempre han entendido. Es una sombra, un reflejo, una copia. El lenguaje humano es sólo un ejemplo especial de esa capacidad.

porque al principio estaba la capacidad lingüística

Cada fenómeno que experimentamos constituye su propio lenguaje. Siempre habla, aunque no estemos escuchando, pues nosotros no somos los objetos principales de su afecto. Todos los fenómenos, todas las plantas, emiten significados que modifican su estructura (su contenido) en un constante ir y venir. Se supone que los percibamos con una modalidad de conciencia distinta a la modalidad lineal y analítica. El acceso a esa otra modalidad es a través del corazón, el cual siente el efecto que tienen sobre nosotros los significados con que nos encontramos. La mente analítica, utilizada como sistema subsidiario, o sea, como apoyo al sistema primario de percepción, puede tomar las comunicaciones y sensaciones que experimentamos y traducirlas en ráfagas de comprensión en las que se incluyen estructuras lingüísticas analíticas utilizables.

> *Si bien puede haber significados que no sean verbales, no puede haber significados que no sean lingüísticos, por la misma razón que no puede haber un triángulo que no tenga tres lados.*
> — HENRI BORTOFT

Practicamos la comunicación por medio de una forma lingüística no verbal y altamente compleja, de la que nuestro lenguaje no es más que un reflejo. Nuestros cerebros realizan un acto de traducción. Esto es como poner sal sobre la cola de la experiencia y nos permite usarla en nuestras vidas cotidianas. Sin embargo, esa traducción tiene que volver a conectarse constantemente con el propio origen porque, de lo contrario, corre el riesgo de convertirse en algo muerto, como la mayor parte de las manifestaciones científicas. Tiene que renovarse constantemente mediante la interacción directa con el mundo y con sus imágenes, una y otra, y otra, y otra vez.

Euclides tomó un sistema que creó con la mente intelectual y lo aplicó al mundo entero. No permitió que el mundo se expresara en sus propios términos, sino que se negó a ver la no linealidad de la Naturaleza. Descartes, a través de sus proyecciones analíticas, creó una separación entre, por una parte, el ser y el lugar específico que éste ocupa y, por otra, el resto del mundo. Partió de la suposición de que hay un mundo externo de objetos sensoriales, cuya existencia es independiente de cualquier observador. Formalizó un dualismo entre mente y cuerpo, sujeto y objeto, que sólo existe inherentemente en la modalidad analítica de la propia conciencia. Es la modalidad de percepción que crea el mundo de Descartes, pero no está presente en el mundo mismo.

> *El dualismo cartesiano y la conciencia del espectador son consecuencias psicológicas del énfasis en la actividad verbal-analítica de la*

mente. La filosofía de Descartes es, por lo tanto, una proyección del estado psicológico que el filósofo produjo en su propia mente.

— HENRI BORTOFT

Entre las imágenes que nos ofrece el mundo tecnológico, no hay significados vivos, sino únicamente la apariencia de significado. La tecnología científica toma la imagen y la reduce a algo que no es real, pero que conserva la apariencia de realidad. Perdemos lo imaginal y nos quedamos simplemente con lo imaginario.

como la televisión

Tenemos que volver a experimentar constantemente las imágenes vivas del mundo, las plantas y toda la creación o, de lo contrario, corremos el riesgo de convertirnos en un pálido reflejo de la vida, una copia, una sombra.

La percepción profunda directa de una planta o de cualquier fenómeno de la Naturaleza siempre nos revelará dimensiones de su ser que la ciencia nunca es capaz de percibir porque esas dimensiones son invisibles a las modalidades lineales de conciencia.

El reconocimiento de que los objetos de la percepción cognitiva no son datos sensoriales, sino significados, nos demuestra que "el mundo" no es un objeto, ni un conjunto de objetos, sino un texto. La percepción cognitiva no es simplemente percepción sensorial, en la que uno encuentra los objetos materiales a través de "la ventana de los sentidos". Es, no en sentido metafórico, sino literal, la lectura del texto del mundo.

— HENRI BORTOFT

El encuentro directo con la planta viva a través de esta modalidad de cognición nos permite experimentar, sin intermediarios, el significado de su texto. Es como comprender esta oración sin tener que leer todas las palabras. Literalmente, usted está "leyendo el texto del mundo", el texto de las plantas que conoce individualmente cuando viaja a la dimensión silvestre del mundo.

ah, eso es lo que quieren decir cuando hablan de "hacer lecturas".

Pero este texto que estamos leyendo es más que simples palabras sobre una página.

El uso de la palabra "texto" indica falsamente la existencia de un observador y un objeto observado. No expresa el entrelazamiento participativo que implica este tipo de "lectura".

La lectura no es más que una pálida sombra de la percepción directa de los significados de la Naturaleza, como mismo sucede con la televisión y sus imágenes. Al interactuar con el texto del mundo, nos vemos literalmente insertados en el relato. Los detalles, las comunicaciones, son multidimensionales, no se limitan a ser palabras bidimensionales sobre una página. Nos tocan en todos los puntos de contacto, que se cuentan por millones. Estos lugares de contacto van desde nuestro inconsciente profundo hasta nuestra mente consciente, de nuestros cuerpos a nuestras almas. Y los significados dentro del texto se entrelazan literalmente con nosotros: estamos entrelazados con el texto del mundo.

Los usos de esta modalidad de cognición para recopilar conocimientos sobre remedios botánicos o para entender las enfermedades no son más que aplicaciones específicas de una modalidad de percepción general. Para nuestros antepasados, eran usos secundarios de una práctica general. Ellos no sabían cuándo encontrarían en el mundo significados que fueran directamente pertinentes a sus propias vidas. Por eso permitían que los significados del mundo fluyeran constantemente hacia ellos. Siempre mantenían extendidos los campos magnéticos de sus corazones y sólo se concentraban en una corriente específica de significado cuando les llamaba la atención.

Al profundizar más en esto, aprenderá, como lo hicieron ellos, a mantener extendido en todo momento el campo electromagnético de su corazón. Sabrá que el mundo es un texto que se puede leer, que los significados siempre vienen a usted. El hecho de mantener siempre extendido el campo magnético del corazón nos permite sentir el contacto del significado cada vez que lo encontremos.

Los límites del campo magnético del corazón
son difíciles de determinar
cuando nos encontramos en entornos silvestres.
Se trata de una identidad constantemente cambiante
como un litoral
que contiene muchas bahías y ensenadas.
Se extiende
hasta los rincones más lejanos de lo que es capaz
cuando se le reactiva

dentro del paisaje del que surgió.

Y, a medida que se profundiza nuestra capacidad de percepción directa, encontramos que todo posee conciencia, nos observa y se comunica con nosotros, y que esas comunicaciones de significado llegan hondo. Son, literalmente, contactos comunicativos de seres vivos, mucho más que meros fragmentos de información codificados dentro de las palabras.

El mejor pronombre para describir los detalles específicos de esta dimensión no es "qué", sino "quién".

— Henri Corbin

En este territorio lleno de significados, entablamos un diálogo con la vitalidad del mundo, recibimos los significados que nos envía y, a cambio, respondemos con nuestros propios significados. No existe ningún acto más íntimo que podamos conocer. Al involucrarnos en él, *sabemos* que nunca estamos solos, que estamos acompañados por fenómenos con alma que son tan inteligentes, reales y llenos de significado como nosotros. Se trata, literalmente, de una vuelta a las raíces de la vida y una reconexión con el ecosistema vivo a partir del cual hemos sido expresados, como una sola forma entre muchas.

Porque el universo no es un lugar, sino un suceso, no es un conjunto de objetos sólidos, sino una interacción de frecuencias. No es sustantivo, sino verbo. Y, aunque la mente lineal puede examinar partes del universo por medio de un aumento cada vez mayor, el tejido vivo de su verdad sólo puede experimentarse con un corazón abierto. Los significados del universo están a disposición de cualquiera que sea capaz de relocalizar la conciencia y empezar a percibir con el corazón.

A medida que los significados que vamos encontrando fluyen hacia nosotros, nos cambian, nos *reconfiguran*. Las cosas en que nosotros mismos debemos convertirnos, para rellenar nuestros vacíos interiores con los que nacimos, provienen de esta dimensión añadida del mundo, de este paisaje de significado. La creación del alma es algo que ocurre en el contexto del mundo.

Ese paisaje ha sido descrito de mil maneras distintas, aunque sutilmente relacionadas entre sí. Y la experiencia que proporciona a quienes lo enfocan de manera correcta siempre ha sido también una experiencia de integridad, de personalidad recuperada.

— Ptolemy Tompkins

Cuando aceptamos la realidad de este modo de percepción y empezamos a utilizarlo con regularidad en un entrelazamiento continuo y participativo, nos adentramos en la geografía del significado, el territorio del espíritu, del que las formas físicas del mundo son apenas un aspecto. Los que han venido antes que nosotros han dejado mapas de esa geografía. Aun así, cada uno de nosotros tiene que entrar personalmente en este territorio luminoso y aprenderse paso a paso el terreno.

> *Se hace camino al andar . . .*
> *Caminante, no hay camino,*
> *sino estelas en la mar*
> — ANTONIO MACHADO

Cuando uno empieza a extender habitualmente el campo magnético de su corazón y se permite ser sensible ante los encuentros fortuitos con el significado que siempre tienen lugar en los entornos silvestres, es posible que los significados con los que tropiece le parezcan al principio apenas impresiones generales. Al andar por un terreno determinado, es posible que sienta que le sobreviene un estado de ánimo del que no puede desprenderse. Esto puede provenir no sólo de los organismos vivos del lugar, del propio ecosistema autoorganizado, sino además de algún suceso que ocurrió allí, de algún pasaje de la historia del hombre.

> *Cosecho el polvo de mis antepasados, aunque el análisis químico no*
> *lo pueda detectar. Salgo al mundo para redimir las praderas en que*
> *se han convertido.*
> — HENRY DAVID THOREAU

Los sucesos históricos que han tenido lugar antes de nuestra época permanecen sobre el terreno, entrelazados con la tierra, escritos sobre piedra. Y, si el campo magnético de su corazón está abierto, penetrarán en usted a medida que ande por ese terreno. Tal vez usted se pregunte a qué viene este repentino cambio de estado de ánimo, por qué ahora lo embarga una profunda melancolía, y sienta de pronto un sobresalto ante los sonidos del fuego de los mosquetes a medida que se adentra en los bosques donde tuvo lugar una batalla histórica. Porque no todas las lecciones que encontramos son alegres, y los años no bastan para borrar las manchas de sangre creadas por manos fraternas.

Las guerras tienen ruidos característicos que permanecen en la mente y no dejan tranquila al alma humana. Cuando uno está rodeado por hombres heridos, se siente un suspiro, o un sollozo que proviene de ellos —suena como una suave brisa de un día de verano, pero porta un significado que la brisa de verano nunca tendrá. Uno piensa que quizás sea su imaginación, pero entonces empieza a prestarle atención al sonido y se da cuenta de que proviene de los heridos. Viene de ellos y entra en uno, que lo lleva por dentro hasta la muerte y quizás ni siquiera en ese momento lo deja tranquilo.

Más adelante, terminada la lucha y cuando los cañones han cesado de producir su espantoso trueno, durante unos breves instantes sobreviene un silencio tan profundo como los rincones más alejados del espacio sideral, un silencio que toca a todo lo que haya quedado vivo. Sufren el silencio aquellos a quienes la fortuna ha permitido vivir, aunque esta bendición no se haya debido a ninguna cualidad particular que ellos poseyeran, a nada que no poseyeran también otros hombres mejores, que yacen a su derredor. El silencio cae sobre ellos como en gruesas mantas y, por un minuto, les apabulla con su entramado la vista y el oído y todos sus sentidos. Entonces, sin hacerse esperar, los gritos y sollozos y los terribles quejidos de los heridos rompen el silencio en fragmentos que, si es que permanecen, lo hacen sólo en el recuerdo. Se escuchan las súplicas de agua, súplicas de ayuda que nunca vendrá, súplicas de una dulce atención maternal que esos jóvenes conocieron en una época más simple, oraciones para pedir la muerte. En los lugares más recónditos de la mente de los que aún viven, quedan grabados los gritos; son gritos que nunca los dejarán tranquilos, los seguirán oyendo mientras vivan.

Alrededor de la promesa destrozada de estos hombres jóvenes que nunca se casarán ni traerán hijos al mundo, que nunca verán la mirada amorosa en los ojos de un niño, que nunca hablarán a la siguiente generación con la voz de la madurez, están los restos del terreno en que se encuentran: cultivos que nunca conocerán la cosecha, cuerpos de animales salvajes que no huyeron con suficiente rapidez de la ira de hombres trabados en una antigua lucha, grandes árboles cuyos miles de años se descomponen en astillas en una hora, huertos que nunca conocerán la risa que proviene de un niño en un columpio. Todo yace en desorden alrededor de los húmedos cuerpos, que antes produjeran tanto orgullo y amor de madre. Entonces, al cabo de un tiempo, hay un olor que, junto con los sonidos, entra

en los vivos y deja en ellos una mancha que por mucho que se lave,
nunca se borrará. Y las tumbas, cavadas con premura, son sencillas
y poco profundas.

Mientras más se adentre en esta manera de percibir el mundo, mientras más se acostumbre a encontrar significados y entender en qué consis-
ten, descubrirá que los significados que encuentra se van profundizando.
Porque la mayoría de estos significados proceden de seres vivos; no son
mera historia codificada en la tierra, sino comunicaciones de momento
a momento. Empezará a buscar significados más antiguos, grabados
sobre la piedra mucho antes de que lo humano se expresara a partir de lo
bacteriano.

> *Me gusta pensar en la Naturaleza como estaciones de radiodifusión*
> *ilimitada, a través de las que Dios nos habla cada día, cada hora*
> *y cada momento de nuestras vidas, si tan sólo sintonizáramos la*
> *estación y nos mantuviéramos en sintonía.*
> — GEORGE WASHINGTON CARVER

En cierto sentido, estos significados más profundos son sermones.
Pero sermones vivos, enseñanzas vivas cuyo propósito es informarnos y
configurarnos.

> *Hay sermones en las piedras, sí, y tortugas de barro en el fondo de*
> *los charcos.*
> — HENRY DAVID THOREAU

Y a cada uno de nosotros nos llegan las enseñanzas particulares que necesitamos para que nuestras almas sean conformadas como deben. Éstas no
hablan a la mente lineal, como las enseñanzas polvorientas que se encuentran en las iglesias, sino directamente al alma.

> *Siento que [el Creador] nos habla a través de lo que ha creado.*
> *Sé, en mi propio caso, que de esta manera obtengo gran consuelo y*
> *mucha información. De hecho, los sermones más importantes que*
> *he tenido el privilegio de recibir se han plasmado precisamente en*
> *eso.*
> — GEORGE WASHINGTON CARVER

Y nuestra contemplación prolongada de estos "sermones" conduce a una reconfiguración directa de nuestro interior.

Cada flor del campo, cada fibra de una planta, cada partícula de un insecto lleva en sí la impronta de su fabricante y puede, si se le considera debidamente, darnos charlas sobre ética o divinidad.

— THOMAS POPE BLOUNT

Porque la Tierra es un lugar vivo de enseñanzas sagradas. No son palabras bidimensionales sobre una página, no es algo estático, sino una comunicación viva de significado en constante fluir.

Si uno toma la Biblia cristiana y la somete al viento y la lluvia, pronto desaparecerá el papel donde están impresas las palabras. Nuestra Biblia es el viento y la lluvia.

— SALISH ELDER

Como empezará a darse cuenta, las propias enseñanzas son en muchos casos específicas. Usted empezará a notar que en la mayoría de los casos no es por simple casualidad que las recibe, sino que es atraído hacia ellas. Hay una razón por la que uno va a determinada montaña y no a otra. Y, al hacer un examen más minucioso, comprobará que las enseñanzas con que se encuentra contienen comunicaciones específicas dirigidas exclusivamente a usted. Que, de hecho, son enseñanzas que tienen el propósito de *reconfigurarlo*.

Mi Creador me estaba mejorando. Cuando detecté esta interferencia, me sentí profundamente conmovido.

— HENRY DAVID THOREAU

Estas enseñanzas no vienen según un calendario predecible, ni a una hora establecida. En este proceso, aprenderá a estar abierto a lo que pueda venir y tomar el tiempo para adentrarse con regularidad en la Naturaleza, de modo que pueda encontrar las enseñanzas que fueron concebidos para usted.

Yo me confío a [la Naturaleza]. Ella puede hacer lo que quiera conmigo.

— GOETHE

Cuando uno entra en la Naturaleza, se deja guiar por el campo magnético de su corazón, y se acerca a las cosas que por alguna razón lo atraen. Tal vez un día sienta la necesidad de andar por las montañas o, al caminar en un bosque, se sienta atraído a una arboleda en particular. Para percatarse de estas cosas debe, como decía Thoreau, permitirse "ver con los lados no gastados de los ojos". En la visión periférica es que se ven estas cosas, en los pensamientos periféricos es que llegan sus señales. La visión siempre entocada hacia un determinado punto pertenece al dominio de la mente lineal.

Tan difícil es estudiar las estrellas y las nubes como las flores y las piedras. Debo dejar que mis sentidos vaguen mientras mis pensamientos y mis ojos ven, sin mirar. Carlyle dijo que la forma de observar es mirar, pero yo digo más bien que la forma de observar es ver, y que cuanto más se mira menos se observa . . . No se preocupe de mirar. No vaya al objeto, deje que éste venga a usted.
— Henry David Thoreau

Y, cuando se sienta tocado por el significado, sepa que en ese fenómeno que lo atrajo hay algo importante para usted. Vaya a ese significado, siéntese a meditar sobre él y procure escuchar el mensaje que contiene.

Mientras entraba en la Quebrada Honda, el viento, que traía un mensaje del cielo para mí, lo dejó caer sobre el cable del telégrafo, que vibró a su paso. De inmediato me senté sobre una piedra al pie del poste de telégrafo y presté atención a la comunicación.
— Henry David Thoreau

Las lecciones, como las que se reciben en escuelas lineales, suelen ser complejas. A muchos les toma años entenderlas. Usted conocerá la importancia de la lección por la fuerza con que lo toca. En ella habrá algo que le dice: he aquí una enseñanza especialmente concebida para usted. Y entonces debe envolverla con cuidado en el paño de su corazón, anclarla en su experiencia en el momento del primer contacto, y de vez en cuando volver a sacarla, desenvolverla y contemplarla. En su contemplación, aflorarán muchas verdades. Por último, a su debido tiempo, cuando usted haya madurado, la propia lección se hará entender. Usted permanecerá en la quietud, en el punto fecundo, y verá la enseñanza en toda su plenitud, podrá hacerla girar y mirar a lo largo de cualquiera de sus ejes de rotación.

Lo difícil es no convertir estas habilidades que está aprendiendo en un simple método de extracción de recursos del reino de lo no material y permanecer el resto del tiempo en una modalidad lineal de cognición. En última instancia, este modo de percepción no es una simple herramienta, es una forma de vida, un modo de ser. Es un mundo en el que uno está, y siempre ha estado, destinado a vivir. A la postre, se convierte

si lo desea

en una morada, no un lugar que visita de vez en cuando.

Al final, uno renuncia a ser un puente y pasa al otro lado

En última instancia, el uso de la percepción directa como modo existencial, como una forma normal de cognición, empieza a borrar el dualismo entre la mente y el cuerpo. Uno comienza a experimentar directamente que no hay mayor y menor, ni arriba y abajo, ni mejor o inferior. No hay ninguna jerarquía. Comienza entonces a superar el antropocentrismo.

> *Cuando el individuo es capaz de entrar en un mundo en que los dos aspectos del yin y el yang vuelven a su unidad original, ha culminado entonces la misión de estos símbolos.*
>
> — MASANOBU FUKUOKA

Pronto queda claro que en esta modalidad de cognición, a través de esta percepción de la Naturaleza, toda la Naturaleza es una totalidad unificada, todos los objetos y fenómenos son partes intrínsecas de otro objeto o fenómeno. Al igual que agrupaciones moleculares que se autoorganizan, este conjunto también se autoorganiza. Muestra comportamientos emergentes, contribuye al mantenimiento de la totalidad, la integridad de cada parte, y ninguna de sus partes es menos importante que la totalidad. Queda claro además que, en el momento de la autoorganización de este conjunto que llamamos universo, cobra existencia algo que es mucho, mucho más que la suma de las partes.

> *Creo que en un mundo más allá de las palabras, donde el lenguaje no tiene ninguna trascendencia, "Dios" y "Naturaleza" son una misma cosa. Cuando digo "la Naturaleza es Dios", lo que quiero decir es que la esencia de la Naturaleza y la esencia de Dios son como los lados opuestos de una misma realidad. Lo que aparece en la superficie es la forma física de la Naturaleza, Dios se oculta detrás de la*

Naturaleza. Desafortunadamente, sin embargo, cuando se habla de "interior y exterior" o "delante y atrás", debido a que la gente evoca imágenes de dos cosas relativas, no logran ver que la Naturaleza en el exterior y Dios en el interior forman una entidad única.

— MASANOBU FUKUOKA

Esta entidad se puede sentir y experimentar directamente. Tiene muchos nombres, pero una sola identidad.

las religiones son una modalidad particular de representación, no son el objeto en sí

Esta identidad es el centro de donde provienen todas las cosas. Y siempre ha estado claro para los que leen el texto del mundo, para los que están abiertos al contacto de la vida, que este misterio es de tal magnitud que nunca se puede comprender con la mente lineal. Que ante su presencia somos de veras diminutos.

No hay ningún lugar
donde no se te vea.

Quien te ve
no es un dios de segunda mano
sino las piedras bajo tus pies,
el árbol que se inclina
inocente en las sombras,
el lobo inmóvil
bajo la luz de la luna,
tu propia alma
que permanece silenciosa en la oscuridad
junto a tu yo inconsciente

son ellos quienes te ven,

te ven por completo.

Aunque pienses
que estás seguro en tu invisibilidad
estos seres,
sus vidas,

> *tiran,*
> *jalan,*
> *de tus amarras,*
> *y te exhortan a volver*
> *para amamantarte*
> *en las sombras entre las hojas,*
> *del antiguo pecho*
> *que amamantaba a los humanos*
> *mucho antes de que Jesús*
> *viese la luz del día,*
> *o tocase el hierro,*
> *o de que Buda estuviera sentado,*
> *o comiera hongos,*
> *o de que el hombre caminara*
> *sobre la superficie de la luna.*

Y una vez que se adentre plenamente en este misterio, empezará a ver que posee una geografía específica. Sus señalizaciones no son del mundo físico, sino que únicos al mundo dimensional de significado más profundo. Uno ve una montaña y se percata de que en su forma están codificadas comunicaciones específicas. Porque su forma posee significado, y éste nos revela algo acerca del paisaje en que se encuentra.

Uno empieza a comprender que, del mismo modo que el espectro electromagnético se fractaliza cuando la vida fluye por él, incorporando comunicaciones que uno puede percibir, los pliegues particulares que se forman cuando la vida fluye a través de la tierra también incorporan comunicaciones. Así pues, los eternamente lentos pero inexorables pliegues y repliegues de las montañas, y de cualquier terreno que uno encuentre, también contienen significados. Las configuraciones de las montañas son transformaciones de comunicaciones, mensajes particulares que el corazón perceptivo es capaz de entender.

Algunos de estos significados no tienen nada que ver con usted, pues usted no viaja en esa dirección ni está involucrado en esa particular comunidad de sucesos. Otros son enseñanzas dirigidas a usted acerca de la geografía del significado dentro del que usted se encuentra. Y otros son de carácter direccional, pues indican el sendero que debe tomar.

Cada zancada del viajero tiene un significado distinto, una importancia distinta a la anterior, en el sentido de que la meta que se

debe alcanzar se entiende perfectamente y está contenida en cada
paso individual una vez que se ha escogido la ruta correcta.

— Goethe

Las señales direccionales que nos encontramos nos dicen hacia dónde ir, nos trazan el rumbo. Pero en este lugar el rumbo no es como en el mundo físico, no es una cantidad, sino una cualidad. A veces la travesía es muy rápida y a veces muy lenta. Tal vez nos esforcemos durante años para avanzar apenas un metro y, en otras ocasiones, tal vez avancemos muchos kilómetros en sólo un segundo. En otras, las señales direccionales que encontramos nos hacen entrar más hondo en nuestro mundo interior, a un lugar dentro de nosotros que está torcido. Y nos esforzamos en esta reconfiguración, a veces durante años, antes de que podamos avanzar más.

No puedes saber lo que te espera
mientras no te hayas entregado y hayas penetrado en esa oscuridad.
Tal vez sea que allí brilla el sol,
que la hierba es verde,
que tu familia te espera
como lo han hecho,
durante años y años
por tanto tiempo, que tu yo adormecido no alcanza a imaginar.

Es en la entrega
en el hecho de darse la vuelta para enfrentar la oscuridad
donde se encuentra la libertad.

Pues no hay lugar tan oscuro
que Aquel que te ama
Aquel que ha venido al mundo para ayudarte
no lo haya visitado ya
preparando el lugar para tu llegada.

Entonces, un día, cuando menos se lo espera, el lugar torcido se endereza.

El propósito de la labor es aprender;
una vez que se aprende, la labor termina.

— Kabir

La cualidad de su mundo interior ha cambiado y, de pronto, usted siente que ha recorrido una distancia mayor. Aunque se sienta lejos del mundo luminoso al hacer la labor que tiene ante usted, cuando de repente vuelve a entrar en el mundo, encuentra que ha recorrido una buena distancia. Que la distancia recorrida no se mide en cantidades, sino en cualidades.

ésa es la sístole y la diástole de la labor

Algunos de esos lugares de trabajo interior son comunes para todos los viajeros y algunos son singulares para cada persona. El territorio tiene una sola identidad, pero lo atraviesan muchos senderos. Todos los viajeros encontrarán algunas de las señales, pero ninguno las encontrará todas. Eso sí, usted encontrará cierta familiaridad en el territorio en que se encuentra, en las señales que le aparecen, como si hubiera viajado a una tierra que al mismo tiempo conoce y desconoce. El territorio por el que anda tendrá cierto parecido a algo en su interior.

> *Esta tierra que se extiende a mi alrededor como un mapa no es más que el revestimiento que se ve de la parte más recóndita de mi alma.*
>
> — HENRY DAVID THOREAU

Encontrará de veras que, como dijo Sendivogius: "La mejor parte del alma se encuentra fuera del cuerpo". Cuando se adentra en los significados del mundo, viaja más profundamente a su propia alma.

La lectura del texto del mundo es una travesía que toma toda la vida. Su lenguaje es complejo y muchos de sus pasajes sólo se entienden cuando hayamos madurado lo suficiente como para comprenderlos. El territorio exige el uso de tantos nuevos músculos, que hay lugares por donde no podemos andar mientras no hayamos madurado. A menudo podemos ver la cima de la montaña antes de que lleguemos a ella. Pero, de todos modos, hay señales direccionales, "sermones" cuyo propósito es ayudarlo a descubrir su camino, que se encuentran en las piedras que ve a sus pies y en las plantas que lo invitan a venir a un claro del bosque.

> *Consideraría a la humanidad regenerada si tuviera la capacidad para elevarse lo suficiente como para venerar verdaderamente palos y piedras.*
>
> — HENRY DAVID THOREAU

Estas señales nos dan instrucciones para la travesía; la distancia que uno recorra dependerá de lo bien que haya entendido la lección. Cuando llegue a entenderla, podrá ver que, cuando fue colocada dentro de su ser, se inició un cambio en usted y se empezó a modificar la estructura de su alma. Su propia contemplación de esa lección fue lo que lo llevó adonde debía ir.

Una vez que haya realizado la labor, después que le llegue ese destello de comprensión, poseerá una joya que solamente será visible para quienes hayan transitado por este camino antes que usted. Es una joya de gran valor, que contiene una verdad profunda que se le concedió desde el corazón del mundo, una verdad cuyo propósito era llevarlo a usted a su propio ser. Al entender estas joyas, va tejiéndolas profundamente en su entramado espiritual. Se convierten literalmente en parte de lo que usted es. En cierto sentido, así se va entretejiendo el propio mapa en la estructura de su ser, a los niveles más profundos. Ahora, por el simple hecho de ser usted mismo, ya conoce el camino.

> *Cualesquiera que hayan sido las experiencias magníficas, bellas o importantes que se han puesto en nuestro camino, no deben ser recordadas otra vez desde afuera y capturadas, por así decirlo; más bien, tienen que convertirse desde el principio en parte del tejido de nuestra vida interior, y crear un ser nuevo y mejor dentro de nosotros, que continúe para siempre como agente activo dentro de nuestro edificio.*
>
> — GOETHE

Estos dones de comprensión, estas enseñanzas, son tan especiales que deberá cultivar una sensibilidad ante su contacto, mantenerlos cerrados cuando se los encuentre y dedicar los años que sean necesarios para comprender sus enseñanzas. Tiene que comprometerse a buscar niveles de comprensión cada vez más profundos, a penetrar los significados más complejos que le van llegando.

Lo mejor es no apresurar esta parte del aprendizaje. La contemplación debe desenvolverse a su propio ritmo. Cada contacto está lleno de significado profundo, mucho más profundo de lo que se puede percibir en poco tiempo. Así pues, a la larga, aprendemos a sentarnos a meditar con ellos, al permitirles que penetren en nosotros, a contemplarlos. A cultivar el poder de llevar la travesía hasta su fin.

> *Este canto de las aguas lo pueden captar todos los oídos, pero en estas colinas hay otras tonadas que no cualquier oído capta. Para poder*

escuchar aunque sea unas pocas notas, tiene que empezar por vivir aquí durante largo tiempo y tiene que conocer la forma de expresión de las colinas y los ríos. Entonces, en una noche quieta, cuando la hoguera esté casi apagada y la constelación de las Pléyades esté por encima de los bordes rocosos, siéntese en silencio y preste atención hasta que un lobo aúlle, y procure recordar todo lo que ha visto y ha tratado de entender.

— ALDO LEOPOLD

Al principio, quizás durante cierto tiempo, tenemos la tendencia a ver esta travesía con una perspectiva grandiosa. Sin embargo, una vez que adquirimos madurez al respecto, una vez que nos hayamos reconfigurado de forma que podamos vivir en este mundo de significados vivos durante períodos más extensos, la grandiosidad se desvanece. Se trata simplemente de nuestra misión cotidiana.

Entonces tiene tiempo para andar sin prisa, para saludar a los seres vivos que va conociendo como prójimos y vecinos. Se comparten relatos sobre la travesía, revelaciones de significados que ambos han encontrado. Entonces empieza a escuchar historias contadas por los ancianos que ya pasaron por aquí cuando ocurrieron los sucesos relatados. Porque las piedras y los árboles, las plantas y las montañas, los propios ríos, ya estaban aquí desde mucho antes que nosotros. Tienen larga memoria y son capaces de contarnos, si venimos con el corazón abierto, cómo eran las cosas mucho tiempo atrás. Nos cuentan los relatos de su juventud y de cómo se configuraron el mundo y la humanidad.

En las largas noches de invierno, recibo visitas ocasionales, cuando la nieve cae con fuerza y el viento aúlla en el bosque, de un antiguo colono y propietario original, del que se dice que excavó el estanque de Walden y lo forró de piedras y madera de pino, que me cuenta relatos de antaño y de la nueva eternidad; entre los dos, nos las arreglamos para pasar una alegre velada con regocijo social y perspectivas agradables de las cosas, aunque no haya manzanas ni sidra, es un amigo muy sabio y lleno de humor, por quien siento un gran cariño y que se mantiene en mayor secreto de lo que jamás hayan logrado Goffe o Whalley; aunque se piensa que está muerto, nadie sabe indicarme donde está enterrado. En mi barrio reside también una dama ya mayor, que es invisible a la mayoría de las personas y por cuyo aromático jardín de hierbas a veces me encanta pasear, recolectando ejemplares y escuchando sus fábulas, pues posee un genio de fertilidad incomparable, su memoria llega a tiempos más remotos que la mitología, y puede contar la versión original de cada fábula, y en qué suceso se basa cada una, pues se trata de incidentes que ocurrieron cuando ella era muy joven. Es una anciana rubicunda y lozana, que disfruta de todos los climas y estaciones del año, y lo más probable es que sobreviva a todos sus hijos.

— HENRY DAVID THOREAU

Al final, en esta modalidad de existencia, usted se encuentra a sí mismo, una verdad que viene desde las profundidades del mundo y que fue concebida para usted, en la compañía de seres con alma que son veraces, amorosos y profundos, en una travesía que todos los seres humanos extasiados han emprendido desde que existe la humanidad. Es nuestro derecho de nacimiento practicar esta modalidad de cognición; y no hay ningún ser humano que no pueda hacerlo, pues es esencial para nuestra naturaleza y lo tenemos codificado interiormente como seres humanos.

Lo que yo he obtenido, lo puede obtener usted, lo que he disfrutado, lo puede disfrutar usted, lo que he aprendido, lo puede aprender usted, todo está abierto, a su disposición, todo ha sido concedido generosamente al hombre.

— LUTHER BURBANK

Aquí hay riquezas ante cuya luz el oro palidece. Hay amor más grande que muchos soles. Un modo de vida que es un modo de existencia, una multidimensionalidad de experiencia que hace que los libros sean las sombras que son. Lo invito a entrar. Es fácil.

Deténgase
Respire profundamente
Mire lo que tiene frente a usted.
¿Qué
    sensación
       le
          produce?

EPÍLOGO

Sucedió que, mientras meditaba sobre las cosas como son, llegando
a un estado mental sublime y a una sensación de calma, como de
alguien saciado de placeres o agotado de cansancio, apareció ante
mí un ser de forma inmensa e ilimitada, que pronunció mi nombre
y preguntó:
"¿Qué es lo que quieres saber? ¿Qué es lo que quieres ver?"
— HERMES TRISMESGISTUS

LLEGÓ UN MOMENTO EN QUE ME SENTÍ PROFUNDAMENTE perturbado por lo que está ocurriendo en el mundo. Así que me dirigí a lo alto, a las cumbres de la Tierra, en busca de la sabiduría que sólo las montañas conocen.

Seguí el sendero trazado ante mí, dejé que mi cuerpo se adaptara a los ritmos del terreno, al subir y bajar del alma. Al cabo de un rato llegué a un lugar guarecido donde pude obtener una perspectiva del mundo ante mí y sentirme rodeado del inmenso espíritu de la montaña.

Me senté y me acomodé en el claro, empecé a respirar profundamente, a relajarme, a dejarme caer, sostenido por el lugar. Abrí bien mis sentimientos y dejé que el campo magnético de mi corazón se extendiera mucho más allá, hasta tocar aquellas cumbres que se cernían sobre mí. Dejé que mi corazón se llenara del poder de la montaña. Entonces las sentí en derredor, y dejé que penetraran en mi respiración y que me llenaran con su contacto. Y volví a sentir aquella presencia más antigua que el hombre, a sentir el despertar de una conciencia que está tan lejos de mí como lo están del Sol las estrellas. Se acomodó, se movió y luego me observó mientras yo estaba sentado a sus pies.

Sentí el cariño y el amor que tengo por estas montañas hasta que los sentimientos estuvieron a punto de abrumarme. Entonces sentí la magnitud de mi necesidad y formulé completamente la pregunta que había venido a hacer. Elevé mi súplica y la envié al mundo.

—Dime —imploré—. ¿Por qué hacemos lo que hacemos, por qué somos tan crueles con la Tierra? Quiero saber cuál es la función ecológica de la especie humana.

Sentí una pausa, seguida de una sonda penetrante que recorrió todo mi ser. Me sentí examinado y penetrado, mis rincones más profundos quedaron abiertos por completo a una mirada inquisitiva.

—¿Esto es lo que deseas saber? ¿Esto es lo que deseas ver? —fue la respuesta que me llegó.

—Sí —repliqué, y volví a elevar y enviar al mundo el ferviente poder de mi necesidad y mi afecto.

Un gran afecto fluyó hacia mí en respuesta y me sentí sostenido en el abrazo de un ser casi tan antiguo como la propia Tierra. En alguna parte de su interior también sentí una profunda risa, como si hubiera recordado algo inmensamente gracioso.

—¿Estás seguro —volvió a hablar—, de que esto es lo que deseas conocer?

—Sí —repliqué una vez más—. Porque, sin entenderlo, ¿cómo podrá alguno de nosotros saber realmente lo que somos?

—Entonces mira —fue la respuesta—, y escucha.

En ese momento el claro se desvaneció de mi vista y, en la pantalla de mi visión, empezaron a perfilarse distintas formas.

EJERCICIOS PARA REFINAR EL CORAZÓN COMO ÓRGANO DE PERCEPCIÓN

Empieza a leer la Naturaleza, primero por tu propia iniciativa, y luego cuando vengas aquí aprenderás a interpretarla con gran rapidez.

— GEORGE WASHINGTON CARVER

HE UTILIZADO LOS SIGUIENTES EJERCICIOS conmigo mismo durante más de treinta años y, con mis estudiantes, durante más de veinte. Pueden ayudar inmensamente a mejorar su capacidad de utilizar el corazón como órgano de percepción, para refinar sus percepciones, desarrollar la facilidad con las comunicaciones emocionales y recuperar parte de su ser que tal vez ha alejado de sí desde hace mucho tiempo.

Recomiendo dedicar por lo menos un año de trabajo semanal o diario con estos ejercicios para empezar a convertir estas destrezas en un hábito.

EJERCICIO I: EL MUNDO HUMANO

Es curioso comprobar que usamos menos el sentido que los pájaros y los animales.

— GEORGE WASHINGTON CARVER

Tome un día o una tarde y vaya a una parte de su pueblo o ciudad que le guste. Escoja una parte donde se sienta naturalmente feliz, que le produzca buenas sensaciones. Lo único que tendrá que hacer es caminar por las calles y visitar comercios.

Empiece por caminar por la zona en particular que más disfruta. Déjese llevar por la sensación del lugar, haga una inmersión en él, relájese hasta formar parte de su naturaleza.

Ahora mire en derredor y escoja la tienda o comercio que más le atraiga. Camine hacia ella y párese enfrente. Reciba las impresiones sensoriales del comercio. Permítales cobrar fuerza en su experiencia. Fíjese ahora en las sensaciones que estas impresiones sensoriales le producen. Permítase explorarlas y tocar sus bordes y sus formas. Permítase realizar esta exploración con lentitud, sin premura, y percatarse de cualquier sensación o sentimiento que pueda surgir, por tonto que parezca.

Al principio, esto puede confundir. Es tan común que se reprima la naturaleza multisensorial de la percepción y las sensaciones humanas, que a menudo producen confusión, miedo o torpeza cuando uno se vuelve abrir a ellas. De cualquier forma, permítase percatarse de cualquier cosa que sienta y, lo que es especialmente importante, no haga ningún juicio al respecto. Simplemente percátese.

Preste atención a las puertas de los comercios. A las vidrieras. A lo que está en las vidrieras. Al cartel o los carteles. A la acera que está frente al comercio. A cualquier planta o árbol que haya por allí. ¿Qué sensación le produce cada parte? ¿Algunas partes le producen mejores sensaciones que otras? ¿Se da cuenta de por qué es así?

En sentido general, ¿cuál es la sensación primaria que le produce la tienda? ¿De prosperidad? ¿Lo reconforta? ¿Le comunica alegría? ¿Es sombría? ¿Le inspira melancolía? Dedique todo el tiempo que necesite para sentir que ha explorado con sus sentidos y sensaciones cada aspecto de la tienda y que ha llegado a una conclusión al respecto. Tome nota de todo en un diario especial que llevará en relación con estas exploraciones.

> *Aunque todo esto es perfectamente distinguible para un ojo observador, podría pasar inadvertido para la mayoría de las personas.*
> — Henry David Thoreau

Fíjese ahora en la calle en derredor. Escoja otro comercio, pero esta vez trate de escoger uno que le produzca sensaciones muy distintas al primero. Diríjase allí y repita el proceso.

Compare los dos comercios. ¿Qué diferencia hay entre los tipos de sensaciones que le produjeron? ¿Puede decir a qué se debe esto? ¿Lo puede expresar con palabras? (Tal vez esto requiera práctica).

Diríjase ahora a un tercer comercio y vuelva a repetir el proceso. Compare su experiencia con los dos comercios que exploró anteriormente.

Empiece a estudiar ahora las cosas insignificantes que se encuen-
tran en su propio patio, desde lo conocido hasta lo desconocido más
cercano.

— George Washington Carver

Inconscientemente, todos escogemos ir a comercios o restaurantes que satisfacen deseos emocionales nuestros, ir a los lugares donde nos sentimos más cómodos, aunque tal vez muchas otras tiendas vendan las mismas cosas. Este ejercicio consiste en un proceso de empezar a percibir e identificar conscientemente las comunicaciones incorporadas que vienen del mundo que nos rodea y que se perciben como emociones sutiles.

Los comercios que la gente establece representan las perspectivas básicas del mundo, las creencias y orientaciones subyacentes que poseen sus dueños. Los comercios transmiten significados específicos a los clientes a través de las sensaciones que éstos experimentan, aunque no puedan describirlas. Con mucha práctica, es posible identificar esas sensaciones y, a partir de ellas, determinar la estructura organizacional de un negocio, su nivel de salud psicológica, el efecto que tiene sobre sus clientes, su grado de salud financiera y muchas otras cosas.

Ejercicio 2: Las personas

Me encontré en una especie de aula donde no dejaba de ver y
escuchar cosas que valía la pena ver y escuchar, donde no podía evi-
tar que asimilara la lección, pues ésta venía a mí.

— Henry David Thoreau

Diríjase ahora a una cafetería que le guste (para este ejercicio, es conveniente una cafetería que esté adjunta a una librería) un lugar donde pueda pasar un rato y tomar café o té. Escoja un lugar que le guste especialmente; una mesa que tenga una buena vista del salón, que le permita ver bien a las personas que entran en la cafetería.

Entonces concentre la mirada en la persona que más le atraiga. Permítase realmente ver a esa persona. Dedique el tiempo necesario a dejar que sus impresiones sensoriales realmente penetren en usted.

Dado que la va a observar con cierta intensidad, tiene que proceder con disimulo para no poner nerviosa a la persona ni hacerle preguntarse lo que usted está haciendo, ni por qué lo está haciendo. Esto da mejor resultado si puede observar sin ser observado.

¿Qué impresiones o sensaciones le produce esta persona? ¿De felicidad? ¿Tristeza? ¿Nerviosismo? ¿Vacío? ¿Masculinidad? ¿Feminidad? ¿Fuerza? ¿Debilidad? ¿Comodidad? ¿Seguridad en sí mismo? ¿Riqueza material excesiva? ¿Emotividad excesiva? ¿Pobreza?

¿Qué pensamientos lo embargan cuando mira al rostro a esa persona? ¿Permítase examinar el rostro que ve. ¿Qué sensación le produce el mentón? ¿La nariz? ¿Qué comunican los ojos de esta persona? ¿Sus orejas? ¿Su nariz? ¿Su quijada? ¿Su frente? ¿Su rostro?

Las caras son extraordinariamente fieles al mundo interno de sus dueños, sin importar cuánto entrenamiento tenga la persona en el arte de "mantener la imagen". Cada parte de la cara, a través de las sensaciones que usted tenga, le dirá algo acerca del mundo interno de esa persona.

Ahora fíjese en las manos de la persona. ¿Las manos parecen vivas y despiertas, o dormidas y poco usadas? ¿Son manos fuertes o débiles, felices o tristes? ¿Pragmáticas o sentimentales? ¿Qué edad cree que tiene esta persona desde el punto de vista emocional? Imagínese una cifra. (¿Ha conocido a otros que parezcan tener la misma edad? ¿Las manos de ellos se parecen a las de esta persona?)

Anote todo en su diario.

¿Qué sensación le producen las ropas de esta persona? ¿Qué le comunican? ¿Y los zapatos? ¿Esta persona se ve cómoda con su indumentaria, con la piel artificial que uno ve? ¿La ropa coincide con la sensación que le produce mirar a esta persona a la cara?

Repita este proceso con tantas personas como desee pero, como mínimo, con dos. Compare las experiencias que ha tenido con cada una de ellas.

Trate de imaginarse un diamante cubierto de placas sensibles, como las placas fotográficas que se usan en las mejores cámaras, y luego trate de concebir la infinita variedad de imágenes que se registran cada día, ¡cada hora!, en la mente de un niño, que tiene tal plasticidad y capacidad de impresión. Uno cree que el niño no ve ese rápido gesto de enojo, que no oye esa fea palabra hiriente, que no siente la impaciencia del empujón que le dio, que no entiende las alusiones desagradables, o que no copia sus hábitos chapuceros, pero se equivoca. Todas las imágenes permanecen. Con cada obturación de la lente, queda un registro permanente.

— LUTHER BURBANK

El mundo personal (y los significados) dentro del que vive una persona se comunica con cada gesto y entonación, cada movimiento del ojo y la mano, cada pieza de ropa y cada paso. Con la práctica, es posible aprender a percibir todos los elementos del mundo interior de una persona y sus significados, llegar a conocer cómo es la vida en su piel. Entender la forma en que otros experimentan a esta persona en su vida cotidiana. Comprender el tenor emocional de la existencia en que vive esta persona.

EJERCICIO 3: EL MUNDO NATURAL

Vaya y viva en él . . . pesque en sus ríos, cace en sus bosques, aproveche la energía de su agua, su leña, cultive el terreno y recolecte las frutas silvestres. Esa será la manera más segura y rápida de obtener las percepciones que añora.

— HENRY DAVID THOREAU

Vaya a un lugar de la Naturaleza que le guste. (Asegúrese de llevar consigo su diario). Escoja un lugar donde haya estado antes, con el que tenga cierta familiaridad. Busque allí el rincón en particular que más le guste y relájese hasta integrarse en él. Siéntese, póngase cómodo de veras.

¿Qué sensaciones le produce este lugar? Trate de describirlas con palabras. Sea lo más específico que pueda. Expláyese en su diario si lo necesita. Tome nota de todo lo que le llega, por tonto que parezca. Incluso si le parece una locura.

Cuando haya terminado, deje que sus ojos recorran el lugar y que se concentren en el detalle o aspecto que le resulte más interesante. Tal vez sea una roca, una planta o un árbol.

Mírelo. Deje que sus ojos lo exploren. Percátese de todos sus detalles. Mire de cerca los colores, la estructura, la forma en que crece o descansa en el suelo. Vea su relación con el aire que lo rodea, con las plantas, el agua, el suelo y las rocas.

Fíjese ahora en los sentimientos o sensaciones que le producen este lugar y las partes de él en que se ha fijado. Déjelos crecer con fuerza dentro de usted. Tome nota de todo.

¿Hay alguna parte de lo que está observando que le gusta más? ¿O que le gusta menos? ¿Puede determinar por qué? ¿Todas las partes de lo que está mirando le generan la misma sensación o emoción? ¿O le producen emociones distintas? Escríbalo todo con detalle en su diario.

Proceda del mismo modo, como mínimo, con otras dos cosas que vea.

Procure que una de ellas sea una planta. Puede acercarse si lo desea, puede colocar su vista a ras con las hojas de la planta y asumir la perspectiva que tendría un insecto de su superficie. ¿Qué forma tiene la planta, qué sensación le produce al tacto, cómo huele? ¿Qué emociones genera en usted cada una de estas cosas? Tome nota de todo.

> *La forma adecuada consiste en adquirir enseñanzas directamente de la Naturaleza sin que medie ningún estudio formal.*
>
> — MASANOBU FUKUOKA

Vaya ahora a otro lugar natural, distinto del primero. Siéntese y relájese, póngase cómodo. ¿Qué sensaciones le produce este lugar?

¿Este segundo lugar le resulta diferente del primero? ¿En qué se diferencian las sensaciones? ¿Qué lugar le parece mejor? ¿Hay un nombre que le podría dar a la sensación que tuvo en el primer lugar? ¿O en el segundo lugar? ¿Nombres o descripciones que aclaren la diferencia en la sensación que usted ha percibido? Si no se le ocurre una palabra, puede inventarla.

> *Me eduqué a mi propia manera sin adoptar ningún enfoque establecido ni tradicional. Esto me permitió tomar todo nuevo descubrimiento con entusiasmo y dedicarme a la investigación de las cosas que se habían cruzado en mi camino. Aproveché lo que era útil sin tener que molestarme con lo odioso.*
>
> — GOETHE

Cuando haya terminado ese procedimiento, busque algo más que le atraiga la vista y tome nota de todo lo que siente y percibe. Hágalo también con otros dos objetos y procure que al menos uno de ellos sea una planta.

EJERCICIO 4: EL NIÑO

> *Todas las formas de vida y, en particular, todas las formas de vida animal, son sensibles a las impresiones externas, pero el niño es con mucho el organismo más sensible que hay sobre la faz del planeta . . . He dicho más de una vez que el niño es como un diamante; sus múltiples facetas reciben impresiones tan claras y nítidas como aguafuertes.*
>
> — LUTHER BURBANK

A veces es útil hacer una grabación de este próximo ejercicio y luego reproducirla. En lugar de guiarse por los pronombres de género que uso en este ejercicio, utilice el pronombre correcto para su género. Si practica el ejercicio, llegará a hacerlo con la velocidad, tono y entonación perfectos para luego escucharlo.

Siéntese en un lugar cómodo, donde nadie ni nada lo perturbe. Un lugar donde se sienta seguro y rodeado de afecto.

Cierre los ojos y respire profundamente varias veces. Llénese los pulmones de aire como si fueran globos, casi hasta reventar. Aguante la respiración; aguántela . . . aguántela . . . Entonces . . . lentamente . . . expulse el aire. A medida que vacía los pulmones, libere cualquier tensión que sienta por dentro y déjela salir con su espiración. Repita el ejercicio . . . varias veces.

Empiece por los dedos de los pies, luego los tobillos y las rodillas. Con cada exhalación, deje que las tensiones de esta parte de su cuerpo fluyan hacia fuera. Haga lo mismo con cada parte importante de su cuerpo, hasta terminar en el cuello, la cara y la cabeza.

Imagínese ahora que el suelo o la silla donde está sentado son como dos enormes brazos entrecruzados que lo sostienen. Relájese en su abrazo. No es necesario que se mantenga erguido; déjese sostener. Siga respirando y dejando ir cualquier tensión que tenga en el cuerpo.

Vea ahora, frente a usted, al niño que usted fue alguna vez. ¿Qué efecto tiene sobre usted ver esta parte de su ser?

Fíjese en todos los detalles relacionados con el niño. ¿Cómo está vestido? ¿Qué aspecto tiene su cara? ¿Feliz? ¿Triste? ¿Le alegra verlo? ¿El niño parece contento de verlo a usted? ¿Lo mira a los ojos? ¿Se siente cómodo al verlo?

Fíjese en todos los detalles relacionados con el niño.

Entonces, interiormente, pregúntele al niño si hay algo que desee decirle. Escuche con atención para asegurarse de oír lo que el niño diga.

Después de escucharlo, ¿hay algo que desee decirle al niño?

Hable y escuche tanto como sea necesario hasta que todo se haya dicho. ¿Hay algo que su niño necesite de usted? ¿Hay algo que usted necesite de su niño?

Los pájaros que los niños vieron primero eran aves sagradas, una hermosa armonía de verdad, virtud y belleza.

— MASANOBU FUKUOKA

Entonces, interiormente, pregúntele al niño si quiere darle un abrazo. Si responde que sí, extienda los brazos frente a usted (hágalo en la realidad), alce al niño del suelo, acérquelo a usted y abrácelo fuertemente. Envuélvase fuertemente en su propio abrazo.

Sienta este abrazo y relájese al sentirlo. Sienta lo que significa tener tan cerca esta parte de su ser. ¿Ha pasado mucho tiempo desde la última vez en que se proporcionó este tipo de afecto?

Piense ahora en si tiene algo más que decirle a su niño, o si éste necesita decirle algo a usted.

Permítase convivir con esta experiencia durante tanto tiempo como lo necesite o lo desee. Entonces, al terminar, dé las gracias a su niño por haberlo abrazado y por haber venido a verlo. También es importante que lo encomie por haberlo ayudado. Entonces, cuando esté listo, despídase por ahora.

> *Prestamos mucha atención a la maravilla que representa el desarrollo de la mente de un niño, pero me parece que esa maravilla no se restringe a la niñez.*
>
> — LUTHER BURBANK

En el mundo occidental, especialmente en los Estados Unidos, a menudo se nos enseña a reprimir esta parte de nuestro ser. Es una parte capaz de sentimientos muy profundos y es muy sensible a los matices emocionales del mundo. Para esta labor, es esencial recuperarla del fardo donde ha estado escondida durante tanto tiempo. Porque no hay ninguna parte de nuestro ser que sea más accesible al campo magnético del corazón y que tenga una capacidad mayor de sentir profundamente.

Tal vez muchas personas tengan dificultad para recuperar esta parte de su ser. Si se imagina la situación con un amigo íntimo a quien no ha podido ver en tres o cuatro ocasiones seguidas en que se habían puesto de acuerdo para almorzar juntos, ya puede tener una idea de los tipos de sentimientos que puede haber en una parte de nuestro ser que se haya mantenido encerrada durante quince o veinte años. A veces lleva mucho esfuerzo volver a establecer la comunicación, para ya no hablar de restablecer la confianza. Esta parte de su ser no reacciona bien ante exigencias ni amenazas, pero sí puede reaccionar ante las promesas, especialmente si se cumplen. (Generalmente uno tendrá que hacer algo a cambio de lo que pide; es muy importante que cumpla lo prometido). Vale la pena hacer el esfuerzo necesario para volver a trabar amistad con esta parte de su ser.

El hecho de abrir la puerta a esta parte de su ser abre a su vez la puerta a la reconexión con el mundo y a todos los significados sutiles que hay en él. A menudo sugiero que este ejercicio se debe hacer diariamente durante un año como mínimo. Esta parte de su ser le dirá todo lo que está sucediendo en su interior, todo lo que necesita profundamente. También le revelará muchas cosas sobre el mundo que lo rodea. Verdaderamente es posible que lleguemos a ser nuestro propio mejor amigo.

No es necesario decirle a un niño: "Esta hierba es acedera. Parece trébol, pero no lo es". El niño no entiende de botánica y no tiene ninguna necesidad de esos conocimientos. Si a un niño se le enseña que el trébol es una planta de abono ecológico y que la sagina es una hierba medicinal útil para tratar la diabetes, el niño perderá de vista la verdadera razón de la existencia de esa planta. Todas las plantas crecen y existen por una razón. Cuando atamos a un niño con conocimientos científicos minuciosos del microcosmos, pierde la libertad de adquirir con sus propias manos la sabiduría del macrocosmos. Si a los niños se les permite jugar libremente en un mundo que trascienda la ciencia, desarrollarán por su propia cuenta métodos naturales de cultivo.

— Masanobu Fukuoka

No en balde se ha comparado con niños a personas como Luther Burbank, George Washington Carver, Helen Keller y muchos pueblos aborígenes relacionados con las platas.

Ejercicio 5: El bebé

La integridad de una estructura se pone en peligro y quizás queda en estado precario, si cualquier parte de ella se degrada o se elimina. Lo mismo sucede con las personas y los ecosistemas. La salud de los seres humanos o de los lugares aumenta con la diversidad de su expresión.

— Jesse Wolf Hardin

A veces es conveniente hacer una grabación de este ejercicio (como hizo con el anterior) para luego reproducirla. En lugar de guiarse por los pronombres de género que uso en este ejercicio, utilice el pronombre correcto para su género. Si practica el ejercicio, llegará a hacerlo con la velocidad, tono y entonación perfectos para luego escucharlo.

Siéntese en un lugar cómodo, donde nadie ni nada lo perturbe. Un lugar donde se sienta seguro y rodeado de afecto.

Cierre los ojos y respire profundamente varias veces. Llénese los pulmones de aire como si fueran globos, casi hasta reventar. Aguante la respiración; aguántela... aguántela... Entonces... lentamente... expulse el aire. A medida que vacía los pulmones, libere cualquier tensión que sienta por dentro y déjela salir con su espiración. Repita el ejercicio... varias veces.

Empiece por los dedos de los pies, luego los tobillos y las rodillas. Con cada exhalación, deje que las tensiones de esta parte de su cuerpo fluyan hacia fuera. Haga lo mismo con cada parte importante de su cuerpo, hasta terminar en el cuello, la cara y la cabeza.

Imagínese ahora que el suelo o la silla donde está sentado son como dos enormes manos unidas que lo sostienen. Relájese en ellas. No es necesario que se mantenga erguido; déjese sostener. Siga respirando y dejando ir cualquier tensión que tenga en el cuerpo.

Vea ahora, acostado en el suelo frente a usted, al bebé que una vez fue. ¿Qué efecto tiene sobre usted ver esta parte de su ser?

Fíjese en todos los detalles relacionados con el bebé. ¿Cómo está vestido? ¿Qué aspecto tiene su cara? ¿Feliz? ¿Triste? ¿Tiene los ojos abiertos? ¿O cerrados?

¿Le alegra verlo? ¿Se siente cómodo al verlo? ¿El bebé parece contento de verlo a usted? ¿El bebé se está moviendo? ¿Está respirando? ¿De qué color es su piel? ¿Se ve saludable, o no? ¿Está bien alimentado?

Fíjese en todos los detalles relacionados con su bebé.

siga respirando

Luego, cuando haya terminado de fijarse en todos los detalles, extienda los brazos frente a usted (hágalo en la realidad) y alce al niño del suelo. Apriételo contra su pecho como haría con cualquier bebé; déjelo acomodarse allí. Experimente la sensación de tener tan cerca de usted esta parte de su ser.

Entonces, sin importar si usted es hombre o mujer, empiece a "amamantar" a su bebé. Permita que el alimento fluya desde su interior hasta esta parte tan vulnerable de su ser. ¿Ahora está teniendo lugar un intercambio de afecto que estuvo ausente durante mucho tiempo? ¿Cuánto tiempo hace desde la última vez que usted reconfortó y atendió a esta vulnerable parte de su ser?

¿Cómo se siente al hacerlo?

Mientras sostiene y alimenta a su bebé, fíjese: ¿hay algo que su bebé necesite de usted? ¿Hay algo que su bebé quiera que usted haga? Además, ¿hay algo que usted necesite de su bebé?

Ya queda poco de este ejercicio. Pero, antes de terminar, ¿hay algo que necesite decirle a su bebé? ¿Hay alguna otra cosa que su bebé necesite de usted?

Permítase convivir con esta experiencia durante tanto tiempo como lo desee. Al terminar, mire al bebé y permita que el cariño que usted lleva por dentro le llegue y lo llene. Y, cuando esté listo, dé las gracias a su bebé por haber venido a verlo y, por ahora, despídase.

¿Cómo pretendemos comprender la Naturaleza si no aceptamos como niños estos dones, que son sus regalos más pequeños?
— Henry David Thoreau

Esta parte diminuta y vulnerable de nuestro ser es la que a menudo ponemos en el fardo de las sombras. Es una parte indefensa, que necesita un tipo especial de alimento. Esta parte también es muy importante, porque sabe cómo amamantarse del pecho del mundo, cómo asimilar ese alimento. Esa parte de su ser es extremadamente sensible ante los campos emocionales y sus comunicaciones, pues es la que se desarrolló dentro del campo electromagnético del corazón de su madre. Y conoce esos campos magnéticos tan íntimamente como cualquier cosa que conoce.

Allí [en la Naturaleza] puedo caminar y recuperar el niño perdido que soy sin tener que hacer sonar campanas.
— Henry David Thoreau

Como seguramente ya ha descubierto, los bebés no usan palabras: su percepción se basa en conjuntos de sentimientos. Pero eso no importa, pues el niño que vio en el cuarto ejercicio conoce muchas palabras y, si le pide ayuda a ese niño un tanto mayor, a menudo está dispuesto a servir de intérprete.

Si lo desea, puede repetir este ejercicio con cualquier etapa de desarrollo por la que haya pasado, desde la lactancia hasta las edades de dos, cuatro, ocho años, o la adolescencia, el comienzo de la edad adulta, la mediana edad y así, sucesivamente. Cada etapa tiene su propia inteligencia, su propia conexión especial con el mundo. Las fases de desarrollo no terminan a los doce ni a los dieciséis años; el niño sigue creciendo naturalmente hasta los cuarenta . . . y los ochenta. A cualquier edad se puede mantener la plenitud de sentimiento, sorpresa y apertura. Cada una tiene sus propias enseñanzas. Cada una representa una fase especial de desarrollo en el crecimiento de un ser humano. Cada una aporta percepciones y capacidades especiales que contribuyen a la experiencia de la condición humana.

EJERCICIO 6: EL CUERPO

[Los seguidores de la ciencia] no han conseguido devolver al espíritu humano su antiguo derecho de afrontar la Naturaleza cara a cara.
— GOETHE

Siéntese en un lugar cómodo, donde nadie ni nada lo perturbe. Un lugar donde se sienta seguro y rodeado de afecto.

Cierre los ojos y respire profundamente varias veces. Llénese los pulmones de aire como si fueran globos, casi hasta reventar. Aguante la respiración; aguántela . . . aguántela . . . Entonces . . . lentamente . . . expulse el aire. A medida que vacía los pulmones, libere cualquier tensión que sienta por dentro y déjela salir con su espiración. Repita el ejercicio . . . varias veces.

Empiece por los dedos de los pies, luego los tobillos y las rodillas. Con cada exhalación, deje que las tensiones de esta parte de su cuerpo fluyan hacia fuera. Haga lo mismo con cada parte importante de su cuerpo, hasta terminar en el cuello, la cara y la cabeza.

Imagínese ahora que el suelo o la silla donde está sentado son como dos enormes manos unidas que lo sostienen. Relájese en ellas. No es necesario que se mantenga erguido; déjese sostener. Siga respirando y dejando ir cualquier tensión que tenga en el cuerpo.

Visualice ahora frente a usted sus propios pulmones. Fíjese en su forma y color. ¿Le parecen saludables? ¿Parecen felices? ¿O tristes? ¿Enojados? ¿Asustados?

Concentre en ellos su mirada hasta que le parezcan verdaderamente vivos. ¿Qué sentimientos tiene en relación con sus pulmones? Permita que estos sentimientos aumenten en intensidad hasta que sean lo único que sienta.

¿Qué parte de sus pulmones resalta con mayor claridad ante su mirada? ¿Cuál es el aspecto que exige su atención? ¿Qué necesita de usted?

¿Hay algo que sus pulmones necesiten de usted? ¿O algo que usted necesite de sus pulmones?

Practique este ejercicio hasta que pueda observar sus pulmones sin sentir ninguna incomodidad.

Repítalo entonces con el corazón, el tracto gastrointestinal y la piel, o con cualquier otro órgano que parezca necesitar su atención.

Hágalo hasta que pueda observar con claridad cualquier órgano de su cuerpo y verlo desde múltiples puntos de vista. Practique el ejercicio hasta que haya establecido comunicación con todos sus sistemas orgánicos y hasta que se sienta cómodo con cada uno de ellos.

Ejercicio 7: Sistemas de orgánicos

¡Cuán fragante es ese conocimiento! Penetra la densidad de nuestros cuerpos, atraviesa paredes . . .

— Kabir

Vaya a algún lugar público donde pueda relajarse y pasar un rato, algún lugar que le guste, donde haya muchas personas yendo y viniendo. Una plaza comercial al aire libre sería una buena opción. (Las plazas comerciales cerradas no son buenas para esto debido a los tonos de sensación que suelen poseer).

Cuando se haya posicionado cómodamente, relájese y empiece a observar a la gente que lo rodea. Deje que su vista lo lleve a la persona que más le llame la atención. ¿Qué parte del cuerpo de esa persona le atrae más? Concéntrese en esa parte del cuerpo y, cuando esté listo, haga que su mirada penetre la superficie en esa parte hasta el sistema orgánico que se encuentra debajo de ella.

¿Qué aspecto tiene? ¿Sano o enfermo? ¿Qué sensación le produce: de enojo, tristeza, alegría o temor? Practique esta forma de visión profunda con tantas personas como desee.

Repita este ejercicio a menudo, hasta que pueda penetrar con mayor facilidad en los sistemas orgánicos de otras personas.

Ejercicio 8: Profundizar en el mundo humano

¡Cuán pocos son los que se sienten inspirados por lo que sólo es realmente visible al espíritu!

— Goethe

Repita el ejercicio 1. Vaya a los mismos lugares pero, esta vez, pídale a su niño que lo acompañe y, quizás, que se mantenga su lado, tomados de la mano de forma invisible. Relájese y vuelva a ver y sentir de veras la tienda que está mirando. ¿Qué sensación le produce hoy? Recuerde todo lo que ya sabe acerca de este comercio.

Entonces pregúntele a su niño qué sensación le produce esta tienda ¿Qué parte del establecimiento le produce mejor sensación? ¿Qué parte le gusta más? Pídale a su niño que le diga todo lo que siente y lo que nota en relación con la tienda. Dedique todo el tiempo que sea necesario para que su niño le pueda contar todo lo que tiene que decir. ¿Hay alguna diferencia en comparación con el momento en que fue solo a la tienda? ¿Cuáles son esas diferencias?

Ahora pídale al bebé que venga también. Sosténgalo en sus brazos. ¿Qué sensación le produce la tienda a su bebé? Tome nota de todo lo que el bebé hace al encontrarse en este lugar. Si tiene alguna dificultad para determinar lo que siente su bebé, pregúntele a su niño.

Acuda por lo menos a otro lugar de los que visitó la primera vez que hizo este ejercicio y repita el mismo procedimiento con el niño y el bebé. ¿Qué sensaciones y percepciones tiene su niño? ¿Qué sensaciones y percepciones tiene su bebé? ¿Qué lugar les gusta más? ¿Por qué? Cuando esté listo para terminar, asegúrese, antes de hacerlo, de dar las gracias a su niño y a su bebé por haberlo ayudado.

EJERCICIO 9: PROFUNDIZAR EN LAS PERSONAS

El acceso a la verdadera sabiduría no lo obtendrás mediante las limitaciones ni la severidad, sino mediante el abandono y el júbilo infantil.
— HENRY DAVID THOREAU

Repita ahora el ejercicio 2. Vuelva a llevar consigo a su niño. Una vez que se haya acomodado, pídale al bebé que también venga. ¿Qué sensación les produce este lugar? ¿Les gusta o no? ¿Por qué o por qué no? ¿Le parece distinto a usted ahora que está acompañado por ellos ?

Cuando se haya puesto cómodo, empiece a mirar de nuevo a la gente. Escoja a la persona que más interés le produzca a su niño. Pídale al niño que le diga todo lo que perciba sobre esa persona. ¿Le simpatiza o no? ¿Por qué o por qué no? Una vez que el niño haya terminado de hablar, fíjese también en la reacción de su bebé en presencia de esa persona. ¿Cómo se siente su bebé al respecto?

Cuando haya terminado, pídale a su niño que escoja a otra persona. Si el niño está de acuerdo, pídale que escoja a alguien que le produzca incomodidad. Pregúntele al niño por qué se siente así. ¿Qué tiene esa persona que le produce incomodidad? Pídale al niño que le dé la mayor cantidad de detalles posibles.

Ejercicio 10: Profundizar en la Naturaleza

Si quiere conocer el sabor de las cerezas y las fresas, pregúnteles a los niños y a los pájaros.

— Goethe

Repita el ejercicio 3. Vaya al mismo lugar de la Naturaleza adonde fue antes. Recuerde llevar consigo un diario. Siéntese en el mismo lugar donde se sentó antes. Relájese. Imagínese que la tierra sobre la que está sentado es como dos inmensas manos que lo sostienen y le dan apoyo. Respire profundamente varias veces.

Entonces pídale a su niño que venga a sentarse con usted y que le diga todo lo que sabe sobre este lugar. Busque la planta junto a la que se sentó en la ocasión anterior. Tóquela y olfatéela. Pídale a su niño que la toque y la olfatee y que le diga todo lo que sabe sobre la planta. Anote todo en el diario.

A quienquiera que la siga confiado, [la Naturaleza] le da entrada a su corazón como un niño.

— Goethe

Pídale ahora a su bebé que venga a acostarse en el césped frente a usted. ¿Qué aspecto tiene hoy su bebé? Fíjese en todo lo que esta parte del usted hace en relación con la planta. Anótelo todo. Si lo desea, pídale a su niño que le diga cómo se siente y qué piensa el bebé en relación con la planta.

Luego deje que su niño escoja otra planta, una que realmente le atraiga. Pídale que le diga todo lo que sabe sobre la planta. Anótelo todo. Y, una vez más, pídale a su bebé que venga y fíjese en todo lo que hace en reacción a esta planta.

Cuando haya terminado, váyase de este primer lugar y repita el proceso en el segundo lugar adonde fue la última vez que hizo el ejercicio. Antes de irse, asegúrese de dar las gracias a su bebé y a su niño por haberlo ayudado.

Tengo la sospecha de que, cuando un niño arranca una flor por primera vez, lo hace con una percepción de su belleza y significado que luego nunca retiene cuando se convierte en botanista.
— Henry David Thoreau

A veces ayuda buscar luego las plantas en un libro, quizás en una guía de hierbas medicinales. La profundidad de la información que el niño y el bebé pueden extraer de las plantas es de veras sorprendente. Cuando accede a estas partes de su ser, accede también a su sensibilidad natural al mundo. E incluso si piensa que ya es muy sensible, le sorprenderá comprobar la gran cantidad de información adicional que le llegará a través de estos ejercicios.

Las personas que han practicado estos ejercicios conmigo a lo largo de los años han descrito con detalle información sobre plantas que antes no conocían ni habían visto. Me han relatado usos medicinales, artesanales, de vestimenta y para la construcción que son excepcionalmente sofisticados y que no se pueden deducir de la apariencia exterior de la planta. Incluso he colocado plantas en cajas cerradas y luego he oído al niño de una persona describirlas con detalle, cuando esa misma persona no había sido capaz de hacerlo antes. Parece sorprendente, pero no lo es. Es que simplemente las cosas son así.

Aún hay grandes secretos que están ocultos; muchos de ellos los conozco y de otros muchos tengo una idea.
— Goethe

BIBLIOGRAFÍA COMENTADA

LA SABIDURÍA DE LOS POETAS DE LA TIERRA

Desde hace mucho tiempo me había convencido de que no había nada nuevo bajo el sol y de que, en el conocimiento transmitido, es posible encontrar indicios de lo que recién estamos descubriendo, pensando o incluso, produciendo. Somos originales únicamente porque es muy poco lo que conocemos.

— GOETHE

A las personas modernas les resulta particularmente difícil concebir que nuestra era moderna científica tal vez no represente una mejora en comparación con el período precientífico.

— MICHAEL CRICHTON

SI BIEN NO TODOS LOS ESCRITORES REPRESENTADOS EN ESTA BIBLIOGRAFÍA se han valido de la percepción directa, muchos de ellos se han adentrado en el corazón del mundo y allí han acopiado información. Al hacerlo, se convierten en lo que yo llamo "Poetas de la Tierra". Los más consumados entre ellos se incluyen en las secciones subsiguientes, tituladas "Percepción Directa" y "Miscelánea". Las obras más recomendadas están marcadas con un asterisco (∗).

PERCEPCIÓN DIRECTA

A todo nuestro alrededor vemos evidencias de que pudiera existir un sexto sentido, consistente en cierta facultad adicional de recibir

*impresiones y conocimiento desde el exterior por medios distintos a
los del olfato, el sabor, la vista, el oído o el tacto.*

— Luther Burbank

El uso de la percepción directa en el acopio de conocimientos del corazón del mundo es muy antiguo. Las entrevistas que se han publicado con pueblos aborígenes indican que es común en todas las culturas y todas las épocas. Sin embargo, no es tan conocido el hecho de que esta capacidad también ha sido descrita en materiales publicados acerca de personas enmarcadas en la tradición occidental. En los textos siguientes se ofrecen muestras tanto de la tradición aborigen como de la occidental.

Aborígenes

Una vez un hombre fue al bosque y estuvo en meditación solitaria durante cuatro días. Vagó a solas por el bosque hasta que escuchó una voz suave y tenue que entonaba una canción. Se puso a escuchar y a mirar. Vio una hermosa florecilla que se mecía grácilmente hacia uno y otro lado. Sabía que la canción provenía de la florecilla. El terreno en torno a la flor estaba totalmente despejado. El hombre escuchó hasta que aprendió la canción.

— Swimmer

Los pueblos aborígenes siempre han utilizado la percepción directa para comprender los remedios botánicos y la sanación de las enfermedades. El mayor conjunto de anotaciones directas sobre sus métodos consiste en entrevistas realizadas principalmente por etnólogos y etnobotanistas en el siglo XIX. Los libros de Bruce Lamb sobre el entrenamiento y la experiencia de Manuel Córdova Ríos en esta esfera son una lectura esencial.

✳ Buhner, Stephen Harrod. *The Lost Language of Plants: The Ecological Importance of Plant Medicines to Life on Earth.* White River Junction, Vermont: Chelsea Green, 2000.

✳ ———. *Sacred and Herbal Healing Beers: The Secrets of Ancient Fermentation.* Boulder, Colorado: Siris Press, 1998.

✳ ———. *Sacred Plant Medicine: Explorations in the Practice of Indigenous Herbalism.* Coeur d'Alene, Idaho: Raven Press, 2001.

✳ Córdova-Ríos, Manuel (F. Bruce Lamb). *Rio Tigre and Beyond.* Berkeley, California: North Atlantic Books, 1985.

✳ ———. *Wizard of the Upper Amazon.* Boston: Houghton Mifflin, 1974.

Densmore, Frances. *Teton Sioux Music.* Washington, D.C.: Smithsonian Institution: Bureau of American Ethnology, boletín 61, 1918.

Meyerhoff, Barbara. *Peyote Hunt,* Ithaca, Nueva York: Cornell University Press, 1974.

———. "Shamanic Equilibrium: Balance and Mediation in Known and Unknown Worlds", publicado en *Folk Medicine.* Wayland Hand editores. Berkeley, California: University of California Press, 1976.

Paracelso (1493–1541)

Como nada está tan secreto ni oculto que no pueda ser revelado, todo depende del descubrimiento de aquellas cosas que manifiestan lo oculto.

— Paracelso

Quien desee explorar la Naturaleza tiene que andar por sus libros con sus propios pies.

— Paracelso

Aureolus Phillippus Theophrastus Bombast, conocido como Teofrasto Paracelso, fue un médico suizo de siglo XVI. Sus obras son casi imposibles de leer en la actualidad. Aunque tiene partes maravillosas, el lenguaje que utiliza es por lo general obtuso y arcaico. Es sólo uno de los médicos occidentales que pertenecen a una línea que se extiende hasta los antiguos griegos, que utilizaban la percepción directa para comprender las aplicaciones medicinales de las plantas.

* Goodrick-Clarke, Nicholas. *Paracelsus: Essential Readings.* Berkeley, California: North Atlantic Books, 1999.

Jacobi, Jolande, editora. *Paracelsus: Selected Writings.* Princeton, Nueva Jersey: Princeton University Press, 1951.

Paracelsus. *The Hermetic and Alchemical Writings,* 2 volúmenes. Berkeley, California: Shambhala Press, 1976.

Sigerist, Henry, editor. *Paracelsus: Four Treatises.* Baltimore, Maryland: Johns Hopkins University Press, 1941.

Johann Wolfgang von Goethe (1749-1832)

Lo que me había propuesto hacer era nada menos que presentar al ojo físico, paso por paso, una versión gráfica detallada y ordenada de lo que ya le había presentado conceptualmente y sólo con palabras al ojo interior, y demostrar a los sentidos exteriores que la simiente de este concepto podría convertirse muy fácil y felizmente que un árbol del conocimiento botánico cuyas ramas darían sombra al mundo entero.

— GOETHE

Goethe fue quizás el personaje más famoso de su época. Vivió en uno de los períodos históricos en los que han ocurrido más cambios; conoció y mantuvo correspondencia con casi todos los genios de la época, conoció a Mozart y Napoleón, leyó los escritos de Benjamín Franklin sobre la electricidad cuando se publicaron por primera vez, era rico y gozaba de la amistad de monarcas. Vivió en la abundancia desde la niñez y empezó a adquirir fama desde la adolescencia. Fue aclamado durante casi toda su vida.

Los mejores escritos generales sobre Goethe son de Henri Bortoft. La compilación realizada por David Seamon y Arthur Zajonc es buena, aunque un poco repetitiva. Los propios escritos de Goethe son abundantes, pero su calidad depende de la elegancia del traductor. Contienen muchos elementos que no se incluyen en las compilaciones de Bortoft ni Seamon. Una de las mejores exploraciones generales del pensamiento de Goethe es la extensa (y a veces tediosa) obra de Johann Peter Eckermann, una colección de conversaciones que los dos sostuvieron en los años que precedieron al fallecimiento de Goethe.

Si no fuese por la importancia de su poesía, lo más probable es que la obra de Goethe sobre la percepción directa de la Naturaleza (y los descubrimientos que hizo al respecto) se habría olvidado en nuestra época (y de hecho, casi se ha olvidado) debido a sus ataques contra Newton y el reduccionismo científico.

∗ Bortoft, Henri. *The Wholeness of Nature: Goethe's Way of Science.* Hudson, Nueva York: Lindesfarne Press (Floris), 1996.

∗ ———. *Goethe's Scientific Consciousness.* Kent, Inglaterra: The Institute for Cultural Research, 1986.

Eckermann, Johann Peter. *Conversations of Goethe.* DeCapo Press, 1998.

von Goethe, Johann Wolfgang. *Goethe, the Collected Works,* Vol. 12.

Editado y traducido al inglés por Douglas Miller. Princeton, Nueva Jersey: Princeton University Press, 1988.

———. Goethe's *Botanical Writings*. Traducido al inglés por Berthe Mueller. Woodbridge, Connecticut: Ox Bow Press, 1989.

Seamon, David y Arthur Zajonc, editores. *Goethe's Way of Science*. Albany, Nueva York: State University of New York Press, 1998.

Steiner, Rudolph. *Nature's Open Secret: Introduction to Goethe's Scientific Writings*. n.p.: Anthroposophic Press, 2000.

Henry David Thoreau (1817–1862)

Cuán indispensable para el estudio correcto de la Naturaleza es la percepción de su verdadero significado.

— HENRY DAVID THOREAU

La obra de Thoreau dio voz a la profunda pasión que los estadounidenses sienten por el continente norteamericano; es considerado el primer naturalista importante de los Estados Unidos. No obstante, esta perspectiva de su vida y su obra resulta excepcionalmente superficial. Hizo una inmersión en el mundo y procuró reconfigurarse para poder comprender con la mayor claridad posible el lenguaje de la Naturaleza. Lamentablemente, falleció mucho antes que los otros poetas de la Tierra incluidos en este libro, como Goethe y Burbank. Justo antes de su muerte había estado compilando un gran número de observaciones sobre las plantas. Nadie sabe lo que se proponía hacer con esas observaciones, pues esa parte de su obra quedó incompleta. Aunque escribía profusamente, dedicando a esta actividad muchas horas al día, su caligrafía es horrorosa y resulta prácticamente ilegible. Por eso es que ha pasado tanto tiempo para que gran parte de su obra aparezca impresa, lo que también explica por qué algunos de los libros mencionados aquí tienen fechas de impresión tan recientes. Las mejores perspectivas son las de Odell Shepard, en *The Heart of Thoreau's Journals* [La esencia de las anotaciones de Thoreau] y Robert Bly, en *The Winged Life* [Vida con alas].

* Bly, Robert. *The Winged Life: The Poetic Voice of Henry David Thoreau*. San Francisco: Sierra Club, 1986.

* Shepard, Odell. *The Heart of Thoreau's Journals*. Nueva York: Houghton Mifflin, 1927 (reimpresión de la edición de Dover, 1961).

Thoreau, Henry David. *Faith in a Seed*. Washington, D.C.: Island Press, 1993.

————. *The Journal of Henry David Thoreau:* En catorce volúmenes recogidos en dos. Nueva York: Dover Publications, 1962.

————. *Walden and Other Writings of Henry David Thoreau*. Editado por Brooke Atkinson. Nueva York: Random House (Modern Library), 1937.

————. *Wild Fruits*. Nueva York: Norton, 2000.

Luther Burbank (1849–1926)

Si uno mira por encima de los sabios y los grandes y los útiles, encontrará que están muy cerca del suelo.

— LUTHER BURBANK

Luther Burbank nació en Nueva Inglaterra, como miembro de la clase trabajadora norteamericana, rodeado de agricultores. Llegó a ser uno de los hombres más conocidos en el mundo durante su vida, tanto como Thomas Edison. El propio autor y su obra eran muy solicitados; recibió reconocimientos de todos los personajes importantes del mundo. Reyes, políticos, científicos y autores iban a verlo a su casa en California.

Luther Burbank desarrolló casi todas las plantas alimenticias que hoy consideramos como lo más natural del mundo. Su uso de la percepción directa y su rechazo a la ciencia reduccionista son dos de las razones principales que explican por qué el conocimiento sobre su persona y su obra desapareció tan rápidamente. (Otras dos razones fueron su odio al sistema escolar, a la educación formalizada, y su apoyo en general a la eugenesia). Su mejor obra general es *The Harvest of Years* [Cosecha de los años]; el análisis más completo de la obra del propio Burbank es el conjunto de doce volúmenes publicado en 1914 por la Sociedad Luther Burbank. Todos los materiales sobre su vida y su obra se encuentran en ediciones agotadas, pero se pueden encontrar en Internet, en direcciones como: www.abebooks.com.

★ Burbank, Luther y Wilbur Hall. *The Harvest of Years*. Nueva York: Houghton Mifflin, 1927.

Burbank, Luther. *Partner of Nature*. Editado por Wilbur Hall. Nueva York: Appleton-Century, 1940.

————. *My Beliefs*. Nueva York: Avondale Press, 1927.

★ Whitson, John, Robert John, y Henry Smith Williams. *Luther Burbank: His Methods and Discoveries and Their Practical Applications*, 12 volúmenes. Nueva York: Luther Burbank Press (Sociedad Luther Burbank), 1914.

George Washington Carver (1864?–1943)

Quiero que vean al Gran Creador en las cosas más pequeñas y aparentemente más insignificantes. Cuánto anhelo que cada persona pueda andar y hablar con el Gran Creador a través de las cosas que ha creado.

— George Washington Carver

Aunque Carver y Burbank utilizaron métodos similares y vivieron en épocas similares, nunca se conocieron y, que yo sepa, ninguno mencionó al otro en sus escritos. Quizás esto se deba a lo distintas que eran sus orientaciones.

Burbank se consideraba un científico (igual que Goethe), aunque el concepto que tenía de ser científico era muy distinto al que tenemos en la actualidad. Se refería más bien a lo que hoy en día se llamaría un filósofo de la Naturaleza, que es lo que antiguamente eran todos los científicos. En la época de Goethe ya estaba presente en la filosofía natural la tendencia hacia la especialización, hacia el reduccionismo extremo, y era mucho más severa en la época de Burbank, llegando a ser completa en nuestra época. *Reductio ad absurdum.*

Quizás su aparente falta de conocimiento sobre la obra del otro se debía a las extremas diferencias en sus antecedentes.

Carver era negro y nació esclavo, por lo que sufrió todas las consecuencias culturales y personales de esa condición. Al igual que Burbank y Goethe, experimentó el poder vivo de las plantas y la Naturaleza cuando era niño y esto conformó el resto de su vida. A diferencia de Goethe y Burbank, fue un cristiano nacido de nuevo, y esta orientación se nota y se hace sentir en gran parte de su obra.

Como escritor, era mucho menos prolífico que Goethe o Burbank y, aunque algunas de sus expresiones reunidas han sido impresas, no tengo conocimiento de que haya dejado ningún escrito detallado sobre sus métodos.

Carver, George Washington. *George Washington Carver: In His Own Words.* Ed. Gary Kremer. Columbia, Missouri: University of Missouri Press, 1987.

————. *Soul and Soil.* Edición comentada por Maurice King. Nashville, Tennessee: The Upper Room, 1971.

Masanobu Fukuoka (1913–)

*Una vida de agricultura en pequeña escala puede parecer primitiva
pero, al vivirla, se hace posible contemplar el Gran Camino. Creo que,
si uno penetra profundamente en su propio entorno y en el mundo
cotidiano en que vive, se le revelará el más grande de los mundos.*

— Masanobu Fukuoka

Fukuoka nació en Japón, vivió inmerso en la cultura oriental y recibió
entrenamiento como agricultor científico. Como consecuencia de esto, se
vio expuesto a los pensamientos y métodos occidentales en relación con la
Naturaleza y la agricultura al mismo tiempo que asimilaba las perspectivas
culturales orientales. Si bien es una persona de excepcional cultura literaria,
no he encontrado ningún indicio, a diferencia de Thoreau y Burbank, de
que haya estado en contacto con la obra de Goethe. Aunque es una persona
muy influyente en el movimiento de la agricultura sostenible, su obra ha
tenido una mínima acogida. A diferencia de la permacultura, la agricultura
natural se resiste mucho al reduccionismo. No se puede reducir a una serie
de técnicas porque es (casi) completamente basada en la percepción y la
comunicación directas. No es de sorprender que el único lugar donde hasta
cierto punto se evidencia su aceptación es en la India. Sus obras son difíciles
de encontrar y, a excepción de *The One Straw Revolution* [La revolución de
una brizna de paja], se encuentran en ediciones agotadas y son muy caras,
pero todas merecen ser leídas.

✳ Fukuoka, Masanobu. *The Natural Way of Farming*. Tokio: Japan Publications, 1985.
✳ ———. *The One Straw Revolution*. Mapusa, India: Other India Press,
  1992. (Reimpresión de la edición de Rodale Press de 1978, con una
  nueva introducción del editor).
✳ ———. *The Road Back to Nature: Regaining the Paradise Lost*. Tokio:
  Japan Publications, 1987.

EL CORAZÓN

*Escucha, amigo, este cuerpo es su dulcémele. Tensa las cuerdas y de
ellas sale la música del universo interior.*

— KABIR

Las investigaciones sobre la verdadera naturaleza del corazón se han
ampliado inmensamente en los últimos años, principalmente gracias a la
obra del Instituto Heartmath. Esta obra, aunque importante, ha tenido
la tendencia a ser antropocéntrica, pues se ha concentrado casi exclusivamente en la fisiología, la salud y la interacción humanas. No obstante, ha
sido esencial para comenzar. Es un trabajo excepcional, especialmente las
investigaciones realizadas por Rollin McCraty y sus colegas. Con todo,
es triste comprobar que en nuestra época haya que dedicar tanto tiempo
a "demostrar" que nuestros corazones sienten y que esa capacidad de sentimiento es importante.

Los textos más populares sobre el corazón como órgano de percepción
son terribles, excesivamente simplistas y mal escritos. Tal vez los mejores
sean *The Heartmath Solution* [La solución de la matemática del corazón]
de Doc Childre y las perspectivas expuestas por Joseph Chilton Pearce
en sus libros. Probablemente el más elegante, y el que sirvió de prelu-
dio a gran parte de la obra del Instituto Heartmath, es el libro de James
Hillman titulado *The Thought of the Heart and the Soul of the World* [El
pensamiento del corazón: El retorno del alma al mundo].

Textos

* Childre, Doc. *The Heartmath Solution*. Nueva York: HarperSanFrancisco,
  1999.

Gershon, Michael. *The Second Brain*. Nueva York: Harper, 1998. (Nota:
  una breve perspectiva del sistema nervioso entérico o del tracto
  gastrointestinal).

Glass, Leon, Peper Hunter, y Andrew McCulloch, editores. *Theory of
  Heart: Biomechanics, Biophysics, and Nonlinear Dynamics of Cardiac
  Function*. Nueva York: Springer-Verlag, 1991.

* Hillman, James. *The Thought of the Heart and the Soul of the World*.
  Woodstock, Connecticut: Spring Publications, 1995.

McArthur, David y Bruce McArthur. *The Intelligent Heart*. Virginia
  Beach, Virginia: A.R.E. Press, 1997.

Miyakawa, Kiyoshi, H. P. Koepchen, y C. Polosa, editores. *Mechanism of
  Blood Pressure Waves*. Tokio: Japan Scientific Societies Press, 1984.

Paddison, Sara. *The Hidden Power of the Heart*. Boulder Creek, California: Planetary Publications, 1993.

Pearce, Joseph Chilton. *The Biology of Transcendence: A Blueprint of the Human Spirit*. Rochester, Vermont: Park Street Press, 2002.

———. *Evolution's End: Claiming the Potential of Our Intelligence*. Nueva York: HarperSanFrancisco, 1992.

Pearsall, Paul. *The Heart's Code* [El código del corazón]. Nueva York: Broadway Books, 1998.

Artículos

Armour, J. A. "Anatomy and Function of the Intrathoracic Neurons Regulating the Heart". En *Reflex Control of the Circulation*. Editores: I. H. Zucker y J. P. Gilmore, Boca Raton, Florida: CRC press, 1991.

Bason, B., y B. Celler. "Control of the Heart Rate by External Stimuli". *Nature* 4 (1972): 279–280.

Blalock, J. E. "The Immune System as a Sensory Organ". *Journal of Immunology* 1132 (1984): 1067–1070.

Cantin, M., y J. Genest. "The Heart as an Endocrine Gland". *Scientific American* 254 (1986): 76–81.

de Quincey, C. "Entelechy: The Intelligence of the Body". *Advances in Mind Body Medicine* 18, no. 1 (2002): 41–45.

Feder, M. E. "Skin Breathing in Vertebrates". *Scientific American* 253 (1985): 126–142.

Frysinger, R.C., y R. M. Harper, "Cardiac and Respiratory Correlations with Unit Discharge in Epileptic Human Temporal Lobe" *Epilepsia* 31 no. 2. (1990): 162–171.

Goldberger, A. "Is the Normal Heartbeat Chaotic or Homeostatic?" *News in Physiological Science* 6 (1991): 87–91.

Goldberger, A., et al. "Chaos and Fractals in Human Physiology", *Scientific American* 262 (1990): 42–49.

Goldberger, A., et al. "Nonlinear Dynamics of the Heartbeat". *Physica* 17D (1985): 207–214.

Lacey, J., y B. Lacey, "Conversations Between Heart and Brain". *Bulletin of the Institute of Mental Health*. Marzo de 1987.

———. "Two-way Communication Between the Heart and the Brain: Significance of Time Within the Cardiac Cycle". *American Physiologist* 33 (1978): 99–113.

Laird, J. "Strong Link Between Emotion and Memory". *Journal of Personality and Social Psychology* 42: 646–657.

Libby, W. I., et al. "Pupillary and Cardiac Activity During Visual Attention". *Psychophysiology* 10, no. 3 (1973): 270–294.

Marinelli, R., et al. "The Heart is not a Pump: A Refutation of the Pressure Propulsion Premise of Heart Function". *Frontier Perspectives* 5, no. 1(1995). Véase www.elib.com/Steiner/RelArtic/Marinelli/.

McCraty, R., et al. "The Effects of Emotions on Short Term Heart Rate Variability Using Power Spectrum Analysis". *American Journal of Cardiology* 76 (1995): 1089–1093.

McCraty, R., M. Atkinson, D. Romasino, et al., "The Electricity of Touch: Detection and Measurement of Cardiac Energy Exchange Between People". En *Brain and Values: Is a Biological Science of Values Possible?* Ed. K. Pibram, Mahwah, Nueva Jersey: Lawrence Erlbaum Associates, 1998, 359–379.

McCraty R., W. A. Tiller, y M. Atkinson. "Head-heart Entrainment: A Preliminary Survey". *Proceedings of the Brain-mind Applied Neurophysiology EEG Feedback Meeting.* Key West, Florida, 1996.

McCraty, R., B. Barrios-Choplin, et al. "The Impact of a New Emotional Self-Management Program on Stress, Emotions, Heart Rate Variability, DHEA, and Cortisol". *Integrative Physiological and Behavioral Science* 33, no. 2 (1998): 151–170.

McCraty, R., et al. "New Electrophysical Correlates Associated with Intentional Heart Focus". *Subtle Energies* 4 (1995): 251–268.

Rigney, D. R., A. L. Goldberger, "Nonlinear Mechanics of the Heart's Swinging During Pericardial Effusion". *American Journal of Physiology* 257 (1989): 1292–1305.

Russek, L., y G. Schwartz. "Energy Cardiology: A Dynamical Energy Systems Approach for Integrating Conventional and Alternative Medicine". *Advances: The Journal of Mind Body Health* 12, no. 4 (1996).

———. "Interpersonal Heart-brain Registration and the Perception of Parental Love: A 42 year Follow Up of the Harvard Mastery of Stress Study". *Subtle Energies* 5, no. 3 (1994): 195–208.

Schandry, R., B. Sparrer, y R. Weikunat. "From the Heart to the Brain: A Study of Heartbeat Contingent Scalp Potentials". *International Journal of Neuroscience* 30 (1986): 261–275.

Schwartz, G., y L. Russek. "Do All Dynamic Systems have Memory? Implications of the Systemic Memory Hypothesis for Science and Society". En *Brain and Values: Behavioral Neurodynamics*. Editores: K. Pibram and J. King. Hillsdale, Nueva Jersey: Lawrence Erlbaum Associates, 1996.

Song, L., G. Schwartz, y L. Russek "Heart-focused Attention and Heart-brain Synchronization: Energetic and Physiological Mechanisms". *Alternative Therapies in Health and Medicine* 4, no. 5 (1998): 44–62.

Skerry, T. "Neurotransmitters in Bone". *Journal of Musculoskeletal and Neuronal Interactions* 2, no. 5 (2002): 401–403.

Stroink, G. "Principles of Cardiomagnetism". En *Advances in Biomagnetism*. Ed. S. J. Williamson, M. Mohe, G. Stroink, y M. Kotani. Nueva York: Plenum Press 1989, 47–57.

Telegdy, G. "The Action of ANP, BNP and Related Peptides on Motivated Behaviors". *Reviews in the Neurosciences* 5, no. 4 (1994): 309–315.

Tiller, W. A., et al. "Cardiac Coherence: A New Noninvasive Measure of Autonomic Nervous System Disorder". *Alternative Therapies* 2 (1996): 52–65.

Watkins, A. D. "Intention and Electromagnetic Activity of the Heart". *Advances* 12 (1996): 35–36.

EL MUNDUS IMAGINALIS

Que yo sepa, Henri Corbin fue el primero que escribió varios trabajos sobre este tema. La mayor parte de su obra está incorporada en libros sobre la religión y la espiritualidad islámicas, y es excepcionalmente buena.

Corbin, Henri. "Mundus Imaginalis or the Imaginary and the Imaginal". Consultado el 3 de junio de 2004 en la dirección de Internet: www.hermetic.com/bey/mundus_imaginalis.htm

∗ Hillman, James. *The Thought of the Heart and the Soul of the World*. Woodstock, Connecticut: Spring Publications, 1995.

Tompkins, Ptolemy. "Recovering a Visionary Geography. Henry Corbin and the Missing Ingredient in Our Culture of Images". (Revista *Lapis*, republicado en Internet) www.seriousseekers.com.

LA NECESIDAD DE
UN AUTOEXAMEN RIGUROSO

Como esta tierra, yo también he perdido partes de mi ser.
— JESSE WOLF HARDIN

Éste es un campo poco comprendido. Por lo general el autoexamen tiene lugar dentro de modalidades tradicionales y antropocéntricas. Debido a esto, es de Naturaleza un tanto centrada en el yo y tendiente a perpetuarlo. Si bien todas las religiones contienen trabajos sobre este tema, su expresión generalmente está entremezclada con las dualidades que reflejan intensamente la modalidad de representación de la religión en que están enmarcados. Muy a menudo tienen más visos de propaganda que de información útil. En los textos religiosos, cuando se examina la sombra, es inevitable que de una manera u otra aflore el concepto del "diablo", o de "ser malo" o "pecaminoso" o "incorrecto" en algún aspecto importante. En la realidad, la sombra simplemente tiene que ver con la represión.

Carl Jung escribió mucho sobre este tema y sus escritos son buenos en su mayor parte. Pero Robert Bly, en la obra que sugiero, ha hecho el esfuerzo más importante a este respecto y ofrece una perspectiva un tanto mejor, menos grandiosa y más ampliada que la que se encuentra en los escritos religiosos.

* Berne, Eric. *Games People Play*. Nueva York: Grove Press, 1967.
* Bly, Robert. *A Little Book on the Human Shadow*. Editor: William Booth. Nueva York: Harper and Row, 1988.

EL CARÁCTER NO LINEAL
DE LA NATURALEZA

Se están realizando muchas investigaciones sobre la teoría del caos y la no linealidad. Sobre este tema, es muy poco lo que llega a las escuelas públicas, que lamentablemente siguen usando planes de estudio, criterios y descripciones de la naturaleza basadas en paradigmas del siglo XIX. La mayor parte de los trabajos sobre este tema hacen un amplio uso de la modelación matemática, porque los autores están tratando de demostrar algo a personas cuyos intereses creados les impiden comprender la no linealidad. Esto hace que el material sea de más difícil acceso para el público en general. Es probable que la mejor obra introductoria (y la más disfrutable) sea la de Benoit Mandelbrot, el padre de la teoría de los fractales. Obvie sus pruebas matemáticas, pues no son necesarias para disfrutar el texto.

Por otra parte, aunque Buckminster Fuller no utilizó las palabras "caos", "fractal" o "no lineal" (prefería decir "omnidireccional"), sus trabajos sobre este tema son excepcionales. No obstante, son de muy difícil lectura.

Fuller, Buckminster. *Synergetics: Explorations in the Geometry of Thinking*. Nueva York: Macmillan, 1975.

* Mandelbrot, Benoit. *The Fractal Geometry of Nature*. San Francisco: W. H. Freeman and Company, 1983.

Walleczek, Jan, editor. *Self-organized Biological Dynamics and Nonlinear Control*. Cambridge, Inglaterra: Cambridge University Press, 1999.

West, Bruce. *Fractal Physiology and Chaos in Medicine*. Singapur: World Scientific, 1990.

BIOELECTROMAGNETISMO Y ENERGÍA DE LAS PLANTAS

Las investigaciones sobre la electrofisiología de las plantas y el uso del electromagnetismo por las plantas para comunicarse han sido extremadamente limitadas. Estas investigaciones se encuentran más o menos en la misma fase en que se encontraban hace un siglo el uso de los compuestos químicos por las plantas para comunicarse y para el mantenimiento individual y del ecosistema. (Aún hoy, a pesar de que hay considerables evidencias en sentido contrario, la mayoría de los investigadores siguen negando que haya sutiles comunicaciones químicas entre las plantas y otros miembros del ecosistema).

Aunque a principios del siglo XX se hicieron importantes investigaciones, la mayor parte de ellas fueron suprimidas para favorecer otros criterios que no indicaban inteligencia ni intención en las plantas. Aún hoy, los instrumentos que utilizan los científicos para medir la electrocomunicación de las plantas, no son muy sensibles. Únicamente en años recientes han tenido cierto éxito los investigadores de este campo en convencer a los escépticos de que la comunicación electromagnética interna en las plantas ocurre de veras. Por lo general se niega la posibilidad de que ocurra entre las plantas y otros miembros del ecosistema (o incluso entre los seres humanos).

La mayor parte de las investigaciones sobre el bioelectromagnetismo las han realizado científicos preocupados por los efectos que puede tener en los sistemas vivos la electricidad producida por el ser humano. El hecho de que las plantas poseen un sistema nervioso bien desarrollado, que muestran intencionalidad en su comportamiento e inteligencia en sus acciones, y que en realidad existe muy poca diferencia entre las plantas y los animales es una realidad excepcionalmente amenazadora para las suposiciones actuales acerca de la vida en la Tierra e interfiere considerablemente con la orientación y los resultados de las investigaciones. La probabilidad de que la electricidad generada por los seres humanos produzca interferencia en el funcionamiento normal de los sistemas vivos y que, de hecho, el uso generalizado del espectro electromagnético para la televisión, la generación de electricidad, las ondas de radio, etc., está produciendo interferencia en la sutiles comunicaciones electromagnéticas entre las formas de vida en la Tierra, con lo que perturban el funcionamiento de los ecosistemas, es un elemento que desincentiva fuertemente las investigaciones. El bienestar financiero de demasiados poderes e intereses depende de que se mantenga la falta de exploración en esta esfera.

No es muy buena ninguna de las obras generales sobre el tema. Supongo que la mejor información es la que aparece en la segunda sección del libro de Roger Coghill. La publicación especializada *Bioelectromagnetics* probablemente es la que con más constancia publica materiales de investigación sobre este tema. Por su parte, el autor indio Jagadis Bose, ganador del Premio Nobel, aunque escribe de una manera terriblemente árida, realizó el trabajo más elegante en esta esfera a principios del siglo XIX.

La labor de Cleve Backster sobre la sensibilidad de las plantas es sumamente interesante, está estrechamente vinculada con las afirmaciones de los aborígenes sobre las comunicaciones entre las plantas y los seres humanos, y ha sido atacada enérgicamente.

Textos

Backster, Cleve. *Primary Perception: Biocommunication with Plants, Living Foods, and Human Cells*. Anza, California: White Rose Millennium Press, 2003.

Bose, Jagadis Chandra. *Growth and Tropic Movements of Plants*. Londres: Longmans, Green, and Company, 1929.

———. *Irritability of Plants*. Nueva Delhi, India: Discovery Publishing, 1999.

✳ ———. *The Nervous Mechanisms of Plants*. Londres: Longmans, Green, and Company, 1926.

———. *Physiology of the Ascent of Sap*. Londres: Longmans, Green, and Company, 1923.

———. *Plant Autographs and Their Revelations*. Nueva York: Macmillan, 1927.

———. *Plant Response as a Means of Physiological Investigation*.Londres: Longmans, Green, and Company, 1906.

✳ Burr, Harold Saxton. *The Fields of Life*. Nueva York: Ballantine, 1973.

✳ Coghill, Roger. *Something in the Air*. Lower Race, Inglaterra: Coghill Research Laboratories, 1997.

Copson, David A. *Informational Bioelectromagnetics*. Beaverton, Oregón: Matrix Publishers, 1982.

Ksenzhek, Octavian, y Alexander Volkov. *Plant Energetics*. Nueva York: Academic Press, 1998.

Rochchina, Victoria. *Neurotransmitters in Plant Life*. Enfield, New Hampshire: Science Publishers, 2001.

✳ Russell, Edward W. *Design for Destiny*. Nueva York: Ballantine, 1973.

Artículos

Abe, S., y J. Takeda. "The Membrane Potential of Enzymatically Isolated *Nitella expansa* Protoplasts as Compared with Their Intact Cells", *Journal of Experimental Botany* 37 (1986): 238–252.

Abe, S., et al. "Resting Membrane Potential and Action Potential of *Nitella expansa* Protoplasts". *Plant Cell Physiology* 21 (1980): 537–546.

Davies, E. "Action Potentials as Multifunctional Signals in Plants". *Plant Cell and Environment* 10 (1987): 623–631.

Davies, E., et al. "Electrical Activity and Signal Transmission in Plants. How do Plants Know?" En *Plant Signalling, Plasma Membrane, and Change of State*. Editores: C. Penel y H. Greppin. Ginebra, Suiza: University of Geneva Press, 1991, 119–137.

Davies, E., et al. "Rapid Systemic Up-regulation of Genes After Heat-wounding and Electrical Stimulation". *Acta Physiol Plantarum* 19 (1997): 571–576.

Drinovec, L. M., et al. "The Influence of Growth Stage and Stress on Kinetics of Delayed Ultraweak Bioluminescence of *Picea abies* Seedlings". *Proceedings of the International Institute of Biophysics, Conference on Biophotons*, 1999.

Hashemi, B. B., et al. "Gravity Sensitivity of T-cell Activation: The Actin

Cyto-skeleton". Life Science Research Laboratories, NASA, ASGSB 2000 Annual Meeting Abstracts, 2000.

Pickard, W. F. "A Model for the Acute Electrosensitivity of Cartilaginous Fishes", *IEEE Trans Biomed Engineering, BME* 35 (1988): 243–249.

———. "A Novel Class of Fast Electrical Events Recorded by Electrodes Implanted in Tomato Shoots". *Australian Journal of Plant Physiology* 28 (2001): 121–129.

———. "High Frequency Electrical Activity Associated with Water Stress in *Zebrina pendula*". *Plant Physiology* 80, suplemento. (1986): 56.

Reina, F. G., et al. "Influence of a Stationary Magnetic Field on Water Relations in Lettuce Seeds", segunda parte. *Bioelectromagnetics* 22, no. 8 (2001): 596–602.

Roa, R. L., y W. F. Pickard. "The Use of Membrane Electrical Noise in the Study of Characean Electrophysiology". *Journal of Experimental Botany* 27 (1976): 460–472.

Senda, M., et al. "Induction of Cell Fusion of Plant Protoplasts by Electrical Stimulation". *Plant Cell Physiology* 20 (1979): 1441–1443.

Shepherd, V. A. "Bioelectricity and the Rhythms of Plants: The Physical Research of Jagadis Chandra Bose". *Current Science* 77 (n.d.): 101–107.

Stange, B. C., et al. "ELF Magnetic Fields Increase Amino Acid Uptake into Vicia Faba L. Roots and Alter Ion Movement Across the Plasma Membrane". *Bioelectromagnetics* 23, no. 5 (2002): 347–354.

Stankovic, B., Davies, E. "Both Action Potentials and Variation Potentials Induce Proteinase Inhibitor Gene Expression in Tomato". *FEBS Lett* 390 (1996): 275–279.

———. "Intercellular Communications in Plants: Electrical Stimulation of Proteinase Inhibitor Gene Expression in Tomato". *Planta* 202 (1997): 402–406.

———. "The Wound Response in Tomato Involves Rapid Growth and Electrical Responses, Systemically Up-regulated Transcription of Proteinase Inhibitor and Calmodulin and Down-regulated Translation". *Plant and Cell Physiology* 39 (1998): 266–274.

Stankovic, B., et al. "Characterization of the Variation Potential in Sunflower". *Plant Physiology* 115 (1997): 1083–1088.

Takeda, J., et al. "Membrane Potentials of Heterotrophically Cultured Tobacco Cells". *Plant Cell Physiology* 24 (1983): 667–676.

Yano, A., et al. "Induction of Primary Root Curvature in Radish Seedlings in a Static Magnetic Field". *Bioelectromagnetics* 22, no. 3 (2001): 194–199.

Zawadzki, T., et al. "Characteristics of Action Potentials Generated Spontaneously in *Helianthus Annuus*". *Physiologia Plantarum* 93 (1995): 291–297.

Listas de publicaciones disponibles en Internet

En los siguientes sitios web hay amplias listas de publicaciones especializadas sobre el bioelectromagnetismo y las plantas:

www.papimi.gr/PEMFmagneplant.htm
www.cogreslab.co.uk/magrefs.htm

MISCELÁNEA

Todos los trabajos enumerados en esta sección son maravillosos y vale la pena leerlos.

* Bateson, Gregory. *Mind and Nature: A Necessary Unity*. Nueva York: E. P. Dutton, 1979.

* Berry, Wendell. *Life is Miracle: An Essay Against Modern Superstition*. Washington, D.C.: Counterpoint Press, 2000.

* Bly, Robert. *The Kabir Book*. Nueva York: Harper and Row, 1977.

*———. *News of the Universe*. San Francisco: Sierra Club Books, 1980.

* Keller, Evelyn Fox. *A Feeling for the Organism: The Life and Work of Barbara McClintock*. Nueva York: W. H. Freeman and Company, 1983. Ver especialmente los capítulos 7 a 9.

* McIntosh, Alastair. *Soil and Soul: People Versus Corporate Power*. Londres: Aurum Press, 2001.

* Pendell, Dale. *Living with Barbarians*. Sebastopol, California: Wild Ginger Press, 1999.

* ———. *Pharmakodynamis*. San Francisco: Mercury House, 2002.

* ———. *Pharmako/poeia*. San Francisco: Mercury House, 1995.

* Walker, Alice. *Living by the Word*, Nueva York: Harcourt Brace Jovanovich, 1988.

NOTAS

INTRODUCCIÓN

1. [Citado en] Benoit Mandelbrot, *The Fractal Geometry of Nature* (Nueva York: W. H. Freeman and Company, 1983), 28.

CAPÍTULO 1

1. Mandelbrot, *Fractal Geometry of Nature,* 25.
2. Gregory Bateson, *Mind and Nature: A Necessary Unity* (Nueva York: E. P. Dutton, 1979), 49.
3. Mandelbrot, *Fractal Geometry of Nature,* 19.

CAPÍTULO 2

1. Ary Goldberger, "Nonlinear Dynamics, Fractals, and Chaos Theory: Implications for Neuroautonomic Heart Rate Control in Health and Disease". En *The Autonomic Nervous System*. Editores: C. L. Bolis y J. Licinio. (Ginebra: Organización Mundial de la Salud, 1999). (Consultado el 3 de junio de 2004 en la dirección de Internet www.physionet .org/tutorials/ndc).
2. Friedmann Kaiser, "External Signals and Internal Oscillation Dynamics: Principal Aspects and Response of Stimulated Rhythmic Processes". En *Self-organized Biological Dynamics and Nonlinear Control*. Editor: Jan Walleczek (Cambridge, Inglaterra: Cambridge University Press, 1999), 34.
3. Adam P. Arkin, "Signal Processing by Biochemical Reaction Networks". En *Self-organized Biological Dynamics and Nonlinear Control*. Editor: Jan Walleczek, 112.

CAPÍTULO 3

1. Joseph Chilton Pearce, *The Biology of Transcendence* (Rochester, Vermont: Park Street Press, 2002), 55.
2. Paul C. Gailey, "Electrical Signal Detection and Noise in Systems with Long-range Coherence". En *Self-organized Biological Dynamics and Nonlinear Control*. Editor: Jan Walleczek, 147–148.

CAPÍTULO 4

1. Rollin McCraty, et al., "The Impact of a New Emotional Self-Management Program on Stress, Emotions, Heart Rate Variability, DHEA and Cortisol", *Integrative Physiological and Behavioral Science* 33, no. 2 (1998): 165.

CAPÍTULO 5

1. Joseph Chilton Pearce, *Evolution's End* (Nueva York: HarperSanFrancisco, 1992), 60.
2. Ibíd., 61.
3. Beatrice Lacy y John Lacy, "Two-way Communication Between the Heart and the Brain", *American Psychologist* 33 (1978): 99–100.
4. William Libbey, B. Lacy, J. Lacy, "Pupillary and Cardiac Activity During Visual Attention", *Psychophysiology* 10, no. 3 (1973): 291.
5. Rollin McCraty, declaración pública realizada en agosto de 2003. Consultado en la dirección de Internet www.danwinter.com/McCratyStmt.html.
6. Ibíd.
7. Rollin McCraty, Mike Atkinson, y William Tiller, "New Electrophysical Correlates Associated with Intentional Heart Focus", *Subtle Energies* 4, no. 3 (1995): 252.
8. [Citado en:] Renee Levi, "The Sentient Heart: Messages for Life", 2001. Consultado el 10 de febrero de 2004 en la dirección de Internet: www .collectivewisdominitiative.org/papers/levi_sentient.htm.
9. Rollin McCraty, Mike Atkinson, William Tiller, "New Electrophysical Correlates Associated with Intentional Heart Focus", *Subtle Energies* 4(3) 1995, 256.
10. Renee Levi, "The Sentient Heart: Messages for Life", Ensayo #2, 2001, 4 (en Internet: www.collectivewisdominitiative.org/papers/levi_sentient.htm).
11. Joseph Chilton Pearce, *Evolution's End*, 88.
12. Rollin McCraty, et al, "The Electricity of Touch: Detection and measurement of cardiac energy exchange between people", editor: K. H. Pibram, *Brain and Values* (Mahwah, Nueva Jersey: Lawrence Erlbaum Associates, 1998), 369.

13. Jagadis Chandra Bose, *The Nervous Mechanism of Plants* (Londres: Longmans Green, and Company, 1926), 218.

CAPÍTULO 6

1. James Hillman, *The Thought of the Heart and the Soul of the World* (Woodstock, Connecticut: Spring Publications, 1995), 47.

ÍNDICE

OTROS LIBROS DE
INNER TRADITIONS EN ESPAÑOL

Medicina con plantas sagradas
La sabiduría del herbalismo de los aborígenes norteamericanos
por Stephen Harrod Buhner

El código maya
La aceleración del tiempo y el despertar de la conciencia mundial
por Barbara Hand Clow

La cábala y el poder de soñar
Despertar a una vida visionaria
por Catherine Shainberg

Numerología
Con Tantra, Ayurveda, y Astrología
por Harish Johari

El Calendario Maya y la Transformación de la Consciencia
por Carl Johan Calleman, Ph.D.

El corazón del Yoga
Desarrollando una práctica personal
por T. K. V. Desikachar

Puntos de activación: Manual de autoayuda
Movimiento sin dolor
por Donna Finando, L.Ac., L.M.T.

Los chakras en la práctica chamánica
Ocho etapas de sanación y transformación
por Susan J. Wright

INNER TRADITIONS • BEAR & COMPANY
P.O. Box 388
Rochester, VT 05767
1-800-246-8648
www.InnerTraditions.com

O contacte a su libería local